本书出版得到山东省一流学科建设"811"项目"马克思主义理论学科"经费资助

人工智能与
社会主义核心价值观教育

融合创新研究

夏锋 著

中国社会科学出版社

图书在版编目（CIP）数据

人工智能与社会主义核心价值观教育 ：融合创新研
究 ／ 夏锋著. -- 北京 ：中国社会科学出版社，2024.
9. -- ISBN 978-7-5227-3797-3

Ⅰ. TP18；D616

中国国家版本馆 CIP 数据核字第 2024KX7241 号

出 版 人　赵剑英
责任编辑　许 　琳
责任校对　苏 　颖
责任印制　郝美娜

出　　版　中国社会科学出版社
社　　址　北京鼓楼西大街甲 158 号
邮　　编　100720
网　　址　http://www.csspw.cn
发 行 部　010 - 84083685
门 市 部　010 - 84029450
经　　销　新华书店及其他书店

印刷装订　北京君升印刷有限公司
版　　次　2024 年 9 月第 1 版
印　　次　2024 年 9 月第 1 次印刷

开　　本　710×1000　1/16
印　　张　16.75
字　　数　231 千字
定　　价　98.00 元

序　言

　　立足中国式现代化的本质要求，基于"教育强国、科技强国、人才强国、文化强国、体育强国、健康中国"的战略指向，人工智能对于加快建设教育强国、科技强国、人才强国，发挥着重要的创新驱动作用。坚持以社会主义核心价值观引领文化建设作为文化强国战略的基本制度安排，发挥着凝聚人心、汇聚民力的强大力量。人工智能与社会主义核心价值观教育的融合创新是基于中国式现代化的战略要义，秉持新时代新征程的战略遵循，有力促成二者的价值融通、战略协同与实践贯通。在此意义上，二者融合创新研究是马克思主义研究、思想政治教育研究的重要理论问题，有助于深化社会主义核心价值观的基础学理研究与人工智能的价值哲学研究。二者融合创新研究是推进社会主义现代化强国建设的重要现实问题，有助于促成人工智能与社会主义核心价值观教育之间的内容契合、方法协同与实践创新。

　　立足"为何融合创新"的价值旨归，人工智能与社会主义核心价值观教育融合创新蕴含着高度契合的价值目标与指向。基于必要性与应然性的学理分析，人工智能与社会主义核心价值观教育的共同价值指向设定了二者融合创新的本质要求。立足马克思主义价值哲学视域，人工智能与社会主义核心价值观教育彰显着"是其所是"的鲜明价值定位，形成了内生性的价值关联。人工智能构成社会主义核心价值观教育的价值中介与手段，社会主义核心价值观教育构成人工智能的价值引领内容与路径。与此同时，人工智能与社会主义核心价值观教育锚定着"应是其所是"的应然价值定向，彰显着指向性的价值旨归，以实现人的全面发展锚定二者的根本价值愿景，以满足人民日益增长的美好生活需要锚定二者的根本价值向度。

鉴于"何以融合创新"的价值省察，人工智能与社会主义核心价值观教育融合创新蕴蓄着现实生成的价值条件与前提。基于现实性境遇的实证分析，人工智能与社会主义核心价值观教育的时代际遇促成了二者融合创新的现实条件。人工智能与社会主义核心价值观教育融合创新蕴含着"何以可能"的本然价值关联，催进着互成性的价值实践，构成了具有现实性与生成性的内在逻辑。二者以"视域融合"的价值诠释与实践，构成人工智能与社会主义核心价值观教育之间的价值要素融合，基于价值教育内容与形式、载体与环境、策略与效果等多重维度，构成了"和而不同"的价值耦合关系。与此同时，二者以"吐故纳新"的价值创新与发展，遵循"乘势而上"的现代化发展趋向，优化教育、科技与人才的创新要素耦合，高度彰显中国式现代化的本质要义与时代价值。

聚焦"怎样融合创新"的价值定位，人工智能与社会主义核心价值观教育融合创新秉持着贯通递进的价值内容与策略。立足"是什么"的价值内容规定，人工智能的价值实践拓深社会主义核心价值观"三个倡导"的价值内容诠释，细化价值引领的本质内容。社会主义核心价值观教育将国家、社会与公民层面的价值基准，融入人工智能教育的全要素与全生命周期，引领人工智能的科学观与技术观、产业观与职业观的系统化教育。立足"如何做"的价值方法遵循，社会主义核心价值观作为根本的价值基准，将系统化的价值内容拓深至人工智能发展之中，遵循"落细、落小、落实"的教育原则。人工智能的理论方法、技术手段运用到社会主义核心价值观教育之中，蕴含着价值嵌合的方法论，遵循"因事而化、因时而进、因势而新"的教育策略。

基于"如何融合创新"的价值实践，人工智能与社会主义核心价值观教育融合创新承载着系统自洽的双向价值路径。基于可行性实现的价值实践，人工智能与社会主义核心价值观教育的契合融通设定了二者融合创新的系统路径。人工智能嵌合社会主义核心价值观教育，顺应"人工智能＋"的嵌入融合趋势，为社会主义核心价值观教育注入创新驱动要素，深化推进教育主体协同、载体延展与实践贯通过程。社会主义核心价值观引领人工智能发展，秉持"把社会主义核心价值观融入社会发展各方面"的内在要求，融入人工智能全要素与全生命周期之中，拓宽"强化教育引导、实践养成、制度保障"的教育路径，拓深人工智能治理实践、伦理规范与现实应用的价值引领路径。

综上所言，该成果以马克思主义为理论分析框架，以马克思主义人学与价值哲学，马克思主义文化观、技术观与劳动观为理论基点，系统省察人工智能与社会主义核心价值观教育的本质规定与属性、发展现状与趋向。该成果立足系统观念的方法论原则，具体运用比较研究、实证分析、多科学综合研究等研究方法，深刻阐明人工智能与社会主义核心价值观教育融合创新的必要性意义、重要性价值与可行性路径等学理问题，深化探究二者融合创新的内容拓展、策略优化与路径构建。

目　录

导　论

　　党的二十大报告明确指出，"从现在起，中国共产党的中心任务就是团结带领全国各族人民全面建成社会主义现代化强国、实现第二个百年奋斗目标，以中国式现代化全面推进中华民族伟大复兴"。① 中国特色社会主义进入新时代，在实现第一个百年奋斗目标的伟大历史成就的基础上，开启实现第二个百年奋斗目标新征程。立足中华民族伟大复兴的宏伟目标、社会主义现代化强国的战略目标，如何全面提升物质文明、政治文明、精神文明、社会文明、生态文明构成了新时代的价值要旨，也构成了现代化强国建设的战略要义。

　　习近平总书记强调，"推进中国式现代化，必须坚持独立自主、自立自强，坚持把国家和民族发展放在自己力量的基点上，坚持把我国发展进步的命运牢牢掌握在自己手中"。② 基于社会主义现代化强国的战略目标指向，发展新一代人工智能作为创新驱动发展战略的重要举措，有力促进科技创新体系的深化完善，不断塑造发展新动能新优势。如何为人工智能发展注入软实力的价值支撑、人才资源的战略支撑，必然需要以主流价值观为引领，以社会主义核心价值观为价值基准，协同推进教育强国、科技强国与人才强国建设。与此同时，基于文化强国的战略

---

　　① 习近平：《高举中国特色社会主义伟大旗帜　为全面建设社会主义现代化国家而团结奋斗——在中国共产党第二十次全国代表大会上的报告》，人民出版社 2022 年版，第 21 页。
　　② 习近平：《推进中国式现代化需要处理好若干重大关系》，《求是》2023 年第 19 期。

要义，坚持以社会主义核心价值观引领文化建设是文化强国战略的基本制度安排，有力推动社会主义文化繁荣发展，更加笃定文化自信自强。习近平总书记指明，"要把文化自信融入全民族的精神气质与文化品格中，养成昂扬向上的风貌和理性平和的心态。"① 在此战略背景下，坚持用社会主义核心价值观培育人，必然要遵循"因事而化、因时而进、因势而新"的基本方略，运用人工智能的前瞻性技术与创新性手段，为社会主义核心价值观教育注入科技创新元素。由此，深化人工智能与社会主义核心价值观教育融合创新研究，不仅是思想政治教育、马克思主义研究的重要理论问题，也具有充分彰显中国式现代化的本质要求、深化构建人类文明新形态、深化推进社会主义现代化强国建设的重大现实意义。

一　问题缘起及研究价值

立足新时代新征程，进行人工智能与社会主义核心价值观教育融合创新研究，是在理论逻辑与实践逻辑的契合呼应下，锚定了鲜明的问题视域，是深化探究"缘何融合创新"的意义追问，是系统构建"如何融合创新"的实现路径。

（一）现实依据

推进新一代人工智能发展与社会主义核心价值观教育创新，蕴含着深刻的现实逻辑与实践逻辑。基于现代化强国的战略指向，二者在价值契合与实践融通的深化发展过程中，凝聚着科技强国与文化强国建设合力，承载着新时代战略要义与现实诉求。

1. 社会主义现代化强国建设的战略旨归

立足国家战略维度，新一代人工智能发展与社会主义核心价值观教

---

① 习近平：《在文化传承发展座谈会上的讲话》，人民出版社 2023 年版，第 10 页。

育融合创新，是基于强国建设与民族复兴的战略指向，为构建人类文明新形态、拓深中国式现代化道路，笃实自立自强的科技支撑，笃定"以文化人"的价值滋养。

首先，培育和践行社会主义核心价值观是建成文化强国的战略任务。党的二十大报告明确指出，"社会主义核心价值观是凝聚人心、汇聚民力的强大力量"。①立足文化强国的战略考量，培育和践行社会主义核心价值观是要发挥着根本性与系统性的价值引领作用，有力引领社会文明程度的提高、公共文化服务的优化与现代文化产业体系的发展。在制度安排层面，坚持社会主义核心价值观引领文化建设制度，秉持着繁荣发展社会主义先进文化的制度要义。由此，社会主义核心价值观教育作为培育和践行社会主义核心价值观的基本方式与系统路径，有力拓深价值引领的生活化、常态化与制度化实践。

其次，推动人工智能创新发展是实施科教兴国战略的任务要义。习近平总书记指出，"近年来，互联网、大数据、云计算、人工智能、区块链等技术加速创新，日益融入经济社会发展各领域全过程，各国竞相制定数字经济发展战略、出台鼓励政策，数字经济发展速度之快、辐射范围之广、影响程度之深前所未有，正在成为重组全球要素资源、重塑全球经济结构、改变全球竞争格局的关键力量"。②新一代人工智能作为具有战略性全局性前瞻性的国家重大科技项目，对于深化实施创新驱动发展战略，发挥着基础研究原创、科技创新赋能、创新产业链整合的重要作用。人工智能的业态融合作为发展现代化产业体系的战略性新兴产业，在人工智能与互联网、大数据的技术融合，人工智能与制造业的产业融合过程中，对于产业基础升级、产业链高质量发展，发挥着技术引领、效益提升、竞争力提高等方面的产业增长引擎作用。

2. 应对新时代社会主要矛盾转化的战略举措

立足新时代的历史方位，"新时代新阶段的发展必须贯彻新发展理

---

① 习近平：《高举中国特色社会主义伟大旗帜　为全面建设社会主义现代化国家而团结奋斗——在中国共产党第二十次全国代表大会上的报告》，人民出版社2022年版，第44页。
② 《习近平谈治国理政》第四卷，外文出版社2022年版，第204页。

念，必须是高质量发展。当前，我国社会主要矛盾已经转化为人民日益增长的美好生活需要和不平衡不充分的发展之间的矛盾。"①应对与化解新时代社会主要矛盾，是要立足于客观的国情实际，明确坚持以人民为中心的价值旨归，确立坚持新发展理念的战略路径。

首先，满足人民日益增长的美好生活需要的价值旨归。满足人民日益增长的美好生活需要是基于人的全面发展的价值旨归，在生活需要的多层次实现与高质量提升过程中，不断提高人民的思想道德素质、科学文化素质和身心健康素质。新一代人工智能与社会主义核心价值观教育的创新发展是要立足人民立场，为实现全体人民共同富裕注入科技驱动力，为人民精神生活与物质生活协同发展设定价值基准、强化价值引领。

其次，化解不平衡不充分发展问题的战略任务。不平衡不充分发展问题是以生产力发展程度为根本衡量标准，主要体现在发展结构的不平衡、发展总量不充分。这直接关涉人民美好生活需要的物质基础与保障，具体表征为人民物质生活与精神生活的发展不同步，各领域与区域发展的不平衡，高质量物质与文化供给不充分等问题。基于此，人工智能的创新发展为高质量发展注入科技创新与产业升级的驱动力，不断优化产品与服务供给的质、量、度。与此同时，坚持以社会主义核心价值观引领文化建设是要彰显公共政策价值导向，发挥社会规范的引导约束作用，促进普惠公平均衡的调节规范，优化精神生活领域突出问题的治理效能。

最后，推进新发展理念的战略实施。"贯彻新发展理念是新时代我国发展壮大的必由之路。"②推进新发展理念的战略实施是立足平衡性、协调性与包容性的发展要求，坚持以创新为第一动力的高质量发展，增

① 中共中央文献研究室编：《十九大以来重要文献选编》（中），中央文献出版社2021年版，第781—782页。
② 习近平：《高举中国特色社会主义伟大旗帜　为全面建设社会主义现代化国家而团结奋斗——在中国共产党第二十次全国代表大会上的报告》，人民出版社2022年版，第70页。

强人工智能等前瞻技术的创新驱动力。推进新发展理念的战略实施是具有长期性、艰巨性与复杂性的发展过程，要坚持以共享为根本目的的高质量发展，坚持把社会主义核心价值观融入社会发展，构建更具系统性、整体性与贯通性的发展布局，深化落实具有基础性、普惠性与兜底性的发展举措。

（二）理论背景

人工智能与社会主义核心价值观教育融合创新研究，具有深刻的理论背景与深厚的理论基础。该论题是以马克思主义为理论分析框架，以马克思主义价值哲学、人学与技术观为学理基础，以教育哲学、技术哲学与文化哲学为理论参照，基于价值观与技术观的理论省察，深化人工智能与社会主义核心价值观教育之间的契合性、融通性与协同性研究。

1. 马克思主义理论奠定该论题研究的理论框架

该论题是以马克思主义理论为理论分析框架，透视人与技术、价值观的本质关联，深刻解析人工智能与社会主义核心价值观教育之间契合性、关联性与协同性的学理基础。

首先，基于马克思主义人学与价值哲学，深化社会主义核心价值观教育的基本学理研究。基于马克思主义人学视域，围绕价值观教育的人本意蕴与功用，深化探究新时代培育和践行社会主义核心价值观教育的学理意蕴。基于马克思主义价值哲学研究，探究社会主义核心价值观教育的本质规定与内容、本质属性与功用。

其次，基于马克思主义技术观与劳动观，深刻省察人工智能的本质规定。基于马克思主义技术观，立足技术手段与目的、客体与主体的关系审视，探究人工智能的技术本质，以及人工智能与人的本质关联。基于马克思主义劳动观，探究人工智能的劳动本质与功能，以及人工智能的人本旨归与伦理要求。

2. 关于人工智能的哲学、伦理学与教育学研究构成该研究的理论参照

该论题是以人工智能的学科理论与技术研究为理论参照，梳理人工智能的发展脉络，分析人工智能研究与多学科之间的融合性，以及人工智能发展与社会发展之间的契合性。

首先，基于人工智能的理论范式转向，加强多学科融合研究。基于人工智能的研究范式，从符号主义、行为主义与联结主义等范式维度，以人工智能的哲学研究透视人工智能的本质内涵与定位。基于人工智能的伦理学研究，分析人工智能的伦理规则与要求、现实影响与挑战、应对策略与路径。

其次，基于人工智能的技术瓶颈突破，深化跨学科应用研究。基于人工智能的发展历史，理清人工智能技术的发展阶段与特征，以及技术创新发展与技术融合应用之间的关系。立足人工智能的技术应用发展，人工智能与心理学、教育学等方面融合研究具有现实的成果应用，以及更具创新性与可行性的发展趋势与前景。

3. 思想政治教育学范式构成该论题研究的理论范式

思想政治教育学范式理论为该论题研究构建了基础学理范式，立足目前思想政治教育的学理基础，紧密关注学科前沿问题，以理论研究积极回应时代诉求，运用多学科优势合力推进思想政治教育研究。

首先，思想政治教育人学范式深化了社会主义核心价值观教育的人学理论基础。基于人学的范式要义，思想政治教育作为"人"的教育，始终关注人的本质、人的存在与人的发展，促进人的价值确证与实现。立足"人为"与"为人"的本质关联，社会主义核心价值观教育是坚持人民至上的根本立场，加强"贯穿结合融入、落细落小落实"的价值引领，深化价值引领的生活化、常态化与制度化研究。

其次，思想政治教育文化范式深化了社会主义核心价值观教育的文化机理研究。立足文化的价值省察，社会主义核心价值观教育蕴含着文化属性与功能，以文化生态的研究理路，深化和拓展新时代思想政治教

育理念与规律、载体与方法、机制与路径等方面研究。立足文化生态的要素构成，从社会主义核心价值观的教育主体、内容、方法、载体、路径等层面予以深化研究，增强应用研究的系统性、针对性与实效性。

二　研究现状述评

关于人工智能与社会主义核心价值观教育融合创新研究，围绕价值观教育与人工智能、人工智能教育等核心论题，系统梳理国内与国外研究的相关成果与观点，剖析该论题研究所存在的薄弱点与不足，探明该论题的今后研究趋势与研究重点。

（一）国内研究现状

基于全面建成社会主义现代化强国的战略背景，在文化强国的战略感召下，如何培育和践行社会主义核心价值观、坚持以社会主义核心价值观引领文化建设是目前学界研究的重要理论问题。在科技强国的战略催进下，如何构筑我国人工智能发展的先发优势、增强"人工智能＋"的战略主动与融合应用逐渐成为学界研究的热点理论问题。

1. 社会主义核心价值观教育研究

该成果是以社会主义核心价值观为研究基点，聚焦社会主义核心价值观教育创新研究。围绕该成果的研究焦点，国内学界的研究成果与观点主要包括以下三个方面。

首先，关于社会主义核心价值观的基础学理研究。相关研究主要围绕社会主义核心价值观的内在逻辑规定、历史生成发展等维度，深化丰富了该论题的理论逻辑、历史逻辑与实践逻辑研究。其一，关于价值观的学理阐释。相关研究成果主要是基于马克思主义人学与价值哲学，深化阐释价值观的基本学理问题。陈先达、杨耕、崔秋锁等从马克思主义价值观的维度，阐明价值、价值观与核心价值观的本质要义。李景源、孙伟平、吴向东等阐释价值观与价值导向、价值观的形成与选择、现代价值与价值观等多维度本质关联。其二，关于社会主义核心价值观的本质阐释。田海舰、虞崇胜、张建军等从社会主义核心价值观生成的规律、原则与要素等维度，阐释社会主义核心价值观的本质内涵、表现形态、凝练过程。骆郁廷、江畅、龚群阐析社会主义核心价值体系与核心价值观、当代中国价值观之间的本质关联，分析社会主义核心价值观的根源与实质、性质与定位。李德顺、辛向阳、王宪明、马振清等从国家、社会与公民等层面阐释社会主义核心价值观"三个倡导"的本质内涵。其三，关于社会主义核心价值观的源流发展研究。戴木才、高地等从革命、建设与改革的不同时期，探究中国共产党培育和践行社会主义核心价值观的探索与发展历程。肖贵清、李君如等分析中华优秀传统文化与社会主义核心价值观的内在联系、文化渊源与本质契合，阐明社会主义核心价值观对于传承发展中华优秀传统文化的本质内容、时代意义和原则方法。其四，关于社会主义核心价值观的培育和践行研究。沈壮海、王学俭、韩喜平、冯秀军等围绕培育和践行社会主义核心价值观的本质要求、内在逻辑与实践机理，基于宏观视域与系统观导向，深化培育和践行的原则、路径与机制研究。石中英、刘建军、苏景荣等围绕国民教育、制度保障、实践养成，聚焦大中小学教育、网络环境场域、传播载体与渠道拓展、话语权与话语体系创新等多重维度，深化研究培育和践行社会主义核心价值观的内容与方法、载体与环境、机制与路径。

其次，关于社会主义核心价值观的价值引领研究。相关研究成果主要是以价值引领为研究主题，以社会主义核心价值观为价值引领的价值基准，深化研究价值引领的本质与功能、具体对象与领域、实现机制与方式。相关研究主要聚焦于三个方面。其一，社会主义核心价值观引领的本质与功能研究，梁亚敏、梅荣政等研究社会主义核心价值体系、社会主义核心价值观的引领作用，分析引领的导向、疏导、匡正、整合等本质特征，以及引领社会发展、多样化社会思潮、人的精神发展等多方面功能。阐释价值引领的必要性与契合性，重点阐明历史同源性、目标共有性、思想共通性、实践互动性。其二，社会主义核心价值观引领的机制与方式研究，王秀阁、张军等研究社会主义核心价值体系、社会主义核心价值观引领机制构建，通过主流意识形态引领、主渠道引领、大众化引领等引领方式，提出预测机制、监控机制、规约机制、舆论引导机制等引领机制。其三，社会主义核心价值观引领的具体领域与路径研究。李德顺、陆岩、董朝霞、刘根旺等聚焦公民道德建设、大众文化、网络文化、德育等引领对象与领域，研究引领的理论完善、制度构建、主体认同、队伍建设、策略优化等多维实现路径；围绕指导、融入与转化等引领功能，研究制度构建、主体与载体拓展、举措多样性与实效性提升、环境氛围优化等引领路径。

　　最后，关于社会主义核心价值观教育研究。相关研究成果主要是基于社会主义核心价值观教育的系统要素构成，重点围绕教育对象与内容、教育目标与效果，研究教育机制与方法、教育模式与评价等方面内容。其一，社会主义核心价值观教育机制研究。在宏观教育机制层面，邱仁富、杨晓丹、曾永平等围绕社会主义核心价值观教育的系统要素，提出内在与外在、外生动力与内生动力的协同机制，构建教育引导机制、实践养成机制、制度保障机制、环境优化机制和评价反馈机制。在微观教育机制层面，陆树程、李谨、张婧等提出心理接受、信念引导、践行强化以及文化认同等具体机制。其二，社会主义核心价值观教育方法研究。在原则方法层面，廖桂芳、王延伟、李晓虹、魏晓文、汪庆华等主要是从教育整体层面，确立制度性、目标性、共享性、匹配性及开放性原则，提出"主体互动、体系互联、信息互通、内容互渗、载体互补"等系统协同方法。其三，社会主义核心价值观教育模式研究。覃勇、张丁杰、张泽强等围绕教育理论与教育实践相结合的维度，提出理论灌输、思想感悟、引导选择和组织参与等相关教育模式。陈芝海、王立洲、仇桂且等立足教育主体维度，提出"菜单化""生活化"等主体性教育模式。孔国庆、王刚、朱益飞等围绕教育要素的系统构成，提出教育主体与客体，"家、校、社会"相协同的系统化教育模式。赵本纲、胡凯、徐园媛等围绕教育心理的"知情意信行"过程，以及道德与心理的互动影响，提出道德教育与心理教育相融通的"德心共育"教育模式。其四，社会主义核心价值观教育评价研究。相关研究成果在界定教育评价内涵的基础上，提出科学性与可操作性、评价与建设、总结性与形成性相结合的评价原则。李守可、李春华、张力学、郭晓波等聚焦教育评价的基本原则，明确内部与外部的评价机制、定性分析与定量分析的评价方法、绝对性与相对性的评价标准、宏观与微观的评价指标、动态与静态的评价过程、系统性与专门性的评价体系。

2. 人工智能发展与应用研究

该成果是以人工智能为研究对象，厘清分析人工智能的本质定位与属性，分析人工智能的功能作用与融合应用，深化"人工智能＋"的融合创新研究。围绕该成果关于人工智能的研究焦点，国内学界的研究成果与观点主要包括以下三个方面。

首先，关于人工智能的基础理论研究。其一，人工智能的本质研究。相关研究成果有从马克思主义哲学角度论述人工智能的哲学意蕴，也有从存在主义等哲学视角阐发人工智能与人类的关系问题，具体运用现象学的还原法、分析哲学的语言分析方法阐明人工智能的相关哲学问题。如何玉长、宗素娟、欧阳英等从马克思的劳动价值论视角、异化理论视角，探究人工智能的劳动创造价值，认为人工智能是"人脑外化形式与智能异化物"。其二，人工智能的范式研究。刘晓力等分析人工智能的三种主要范式，研究符号主义用符号演算模拟人类大脑，联结主义通过人工神经网络的并行计算建构大脑，行为主义者通过遗传算法模拟进化出大脑的范式方法及特点。其三，人工智能与人的关系研究。常晋芳等从主体与客体的关系，分析人的类存在和智能机器的关系；从主体间性的关系，探究个人和群体之间与智能机器的关系；主张基于人的自由全面发展的最终目的，端正人工智能产业的发展方向，构建和谐的"人机命运共同体"。其四，人工智能与元宇宙发展研究。自2022年来，元宇宙（Metaverse）成为全球科技领域的关注热词，人工智能与元宇宙的互动赋能与协同发展，成为人工智能研究与应用的新焦点。基于二者的共生关系维度，元宇宙的构建是以人工智能为理论基础支持与关键技术支撑，构建物理世界无缝叠加的虚拟空间，形成虚拟与现实、数字与应用交叉融合的互联网社会形态。元宇宙的生成发展拓深了人工智能应用的多维融合，元宇宙以虚实融合、时空延展的场景构建，推进了虚拟现实、增强现实、物联网、区块链等技术融合应用。

其次，关于人工智能发展现状与趋向研究。相关研究成果主要是围绕人工智能与人的关系定位，探讨人工智能对于人类的现实与未来影响。其一，关于人工智能的发展前景与影响研究。围绕人工智能是否构成人类发展的威胁，江晓原等将人工智能的威胁分为近期、中期及远期威胁，提出"人工智能无论反叛也好，乖顺也好，都将毁灭人类，这就是人工智能的终极威胁"。王礼鑫等从认识论角度对人工智能获取知识的能力进行剖析，得出人工智能的发展不能超越人类文明的结论。孙伟平、戴益斌等从存在论、认识论与价值论的角度，论述人工智能无法获得主体地位，其"准主体地位"是人类所"赋予"的。赵汀阳等从伦理学和存在论角度探讨了人工智能革命所带来的近期与远期影响及其应对策略，认为人工智能发展的"近忧"是伦理学问题，而人工智能的"远虑"是"人工智能可能改变或重新定义'存在'概念"。其二，人工智能的发展机遇与挑战研究。何云峰、成素梅、刁生富、黄欣荣、王阁、蒲清平等从人工智能的本质特征、发展现状与趋势等方面，聚焦ChatGPT等生成式人工智能的新特点与变革影响，分析人工智能对人类进步带来的挑战，诸如对人类的存在与发展方式、财富分配方式、劳动权利与职业多样性方面提出挑战；同时也分析了对人类发展带来的机遇，诸如重构劳动生活、消费生活、精神生活以变革生活方式，增加人类自由支配时间，增强劳动选择的多样性，实现从劳动异化到劳动复归的转变，降低如战争等威胁人类生命因素的影响。

最后，关于人工智能的发展应对研究。相关研究成果主要是人工智能的现实问题分析与未来发展研判，提出化解与应对人工智能问题的制度与法治路径。其一，应对人工智能发展的制度路径研究。邬焜、冯洁、袁燕、马红燕等认为未来人机融合并不意味着人类与机器平权，如何处理人与机器的关系，归结为人与人之间关系以及掌控和调节人与人之间关系的社会制度。其二，应对人工智能发展的法治路径研究。齐延平、鲁楠、张保生、吴旭阳等从法理学与法哲学角度，基于科技革命、法哲学与后人类境况思考，对人工智能法律系统进行法理学研究，深化关于法的定义、功能、范式等方面研究；运用刑法学、民法学、知识产权法学、行政法学等部门法学，研究人工智能的主体地位、可诉性、责任追究等法学问题；围绕人工智能的具体法律问题，探讨人工智能算法的法律属性，以及人工智能算法侵权法律规制的价值选择，分析人工智能算法的侵权面临的问题与归因，探究人工智能算法侵权的法律规制路径，构建以人工智能算法为客体的权利义务体系、人工智能责任体系、人工智能算法侵权后的法律救济体系。

3. 社会主义核心价值观教育与人工智能融合发展研究

该成果是以人工智能与社会主义核心价值观教育的融合创新为研究关键与重点，深化阐释与探究二者融合创新的本质关联性、内在契合性与现实可行性。围绕该成果的研究重点，关于人工智能与教育，以及人工智能与价值观、伦理观等相关研究主题，国内学界的研究成果与观点主要包括以下三个方面。

首先，"人工智能＋教育"研究。相关研究成果主要是聚焦人工智能的技术应用，重点研究在教育领域中人工智能的应用范围、程度与路径。其一，关于人工智能与教育融合应用的基础理论研究。立足机器学习和深度学习的人工智能关键技术，关注教育智能管理与服务、智能教师助理、智能学习过程支持、智能教育评价、智能教育环境营造等方面研究。其二，关于人工智能在具体教育领域的应用研究。围绕设计适应性教学系统中的新课程标准，聚焦初级人工智能的选修模块应用、利用人工智能课堂进行多元学习、制定中小学信息技术课程新规划、促进教育体系智能化发展。其三，关于人工智能与思想政治教育融合应用研究。崔建西、秦蕾、李怀杰、袁周南等分析人工智能的发展现状与趋势，研究人工智能对于思想政治教育的影响与挑战，探讨人工智能对于思想政治教育创新发展的时代价值、应用策略与实践路径。

其次，人工智能的价值引领研究。相关研究成果主要是聚焦人工智能的价值引领，研究在人工智能发展过程中，如何发挥正向的价值引导与规范、价值纠偏与匡正、价值评判与反馈功能。其一，关于人工智能的价值观研究。叶妮等从人工智能国家战略层面，分析人工智能价值观的两种范式，即国家价值取向和区域性价值取向；围绕人工智能的算法治理，从算法决策、算法分歧、算法伦理等维度，分析人工智能国家战略中的算法价值观取向与内容。其二，关于人工智能的价值观影响研究。郑二利、王颖吉等关注人工智能时代的大数据影响，尤其是大数据技术深入嵌入人工智能算法之中，看似中性的大数据所隐含的价值取向甚至是价值偏向，裹挟着政治、经济、文化、资本等多重关系，对人的价值观及价值行为，以及对人的现实存在与虚拟存在产生多重影响。其三，关于人工智能的价值引领研究。陈兵等认为人工智能技术与产业的快速发展，需要社会主义核心价值观引领人工智能，规避人工智能竞争、安全及伦理维度的多重问题；以社会主义核心价值观引领科学立法，以富强平等、民主公正、和谐法治、文明自由等多维度的价值引领，推动人工智能的高质量发展。

最后，人工智能的价值审视与伦理规范研究。相关研究成果主要是聚焦人工智能的价值审视，李伦、王东浩、段伟文等研究如何深化人工智能的科技伦理规范与引导。其一，关于人工智能的伦理定位与原则研究。人工智能是处于"操作型道德体"与真正的道德体之间，标识为"功能型道德体"，人工智能体必须遵守"不伤害"的原则。在此基础上，明确人工智能的价值与伦理取向，分析人工智能技术的人本化趋势，提出"未来不是机器换人，而是机器扩人、机器化人"的观点。其二，关于人工智能的伦理应对策略研究。针对人工智能的伦理冲突与困境研究，修复人工智能体在实践应用中的诸多漏洞，以此规避对人类造成的伤害。构建与人工智能体的发展相对应的伦理道德体系，培养智能体的自主决策能力和道德控制力，实现人机之间的和谐共处；寻求算法决策与算法权力的公正性，构建更加透明、可理解和可追责的人工智能系统。如李伦、孙保学、宋强等聚焦人工智能的道德推理机制问题，提出目前人工智能道德推理模式主要包括理论规则驱动进路、数据驱动进路以及混合式决策进路等三个方向。

（二）国外研究现状

该成果聚焦价值观教育与人工智能之间的本质关联研究。在此方面，国外相关研究主要是基于哲学、教育学与伦理学等维度，研究价值观与价值观教育，以及人工智能的本质、发展与应用等问题。

1. 价值观教育研究

首先，价值观的软实力研究。关注价值观的意识形态影响与软实力意义研究，具有代表性的理论有葛兰西的"文化领导权"、福山的"意识形态终结论"、约瑟夫·奈的"软权力"等。关注价值观的道德哲学与伦理学研究，主要是立足元伦理学对经验伦理学的批判超越，从理性主义转向至非理性主义，规范伦理与美德伦理的交锋并存等多样多变特点，在此影响下主要形成了实用主义、存在主义、分析哲学为理论基底的道德教育观。

其次，价值观教育路径研究。在共和主义、自由主义、社群主义等公民观影响下，研究多样化的价值观教育路径。这主要包括以价值澄清学派为代表的相对主义路径，道德认知发展学派为代表的普遍主义应对路径，以关怀伦理模式为代表，超越普遍主义与相对主义的二元对立的应对路径。

最后，价值观教育策略研究。在人本教育学派影响下，隆·米勒借助生态学、系统论等理论框架，首次提出"全人教育"概念；卡罗·福雷克、爱德华·克拉克等围绕全人教育的目标、价值原则、内容要素等方面，进一步发展以"人的完整发展"为核心概念的全人教育理论。在微观操作模式研究方面，分析不同类型的实践模式与教育策略，如价值澄清学派运用填空法、价值单、群体谈话等应用策略，道德认知发展学派研究道德两难故事的教育策略，弗雷德·纽曼提出"社会行动"道德教育模式。

2. 人工智能的多学科研究

基于该成果研究侧重于人工智能的融合应用问题，国外关于人工智能研究成果主要是基于理论、方法与技术等维度，深化研究其理论的底层逻辑、技术的创新发展与现实的融合应用。

首先，人工智能的理论范式研究。纵观人工智能发展史，关于人工智能的理论范式主要包括符号主义、行为主义和联结主义。其一，符号主义是以形式化语言的符号规则为理论基础，认为计算机的运算过程与人脑的认知过程具有一致性，即二者都是将符号作为人工智能基本操作单位。符号主义代表人物图灵撰写了《论可计算数及其在判定问题上的应用》，约翰·冯·诺伊曼提出了计算机的存储程序原理。其二，联结主义以神经元组成的网络为基础，用网络的多线操作和并行处理来模拟人的心理状态与表征，构建网状底层结构的多线分布表达。1943年联结主义代表人物麦卡洛克与皮兹联合发表了《神经活动内在概念的逻辑演算》，大卫·E.鲁梅尔哈特等人出版了《并行分布式处理：认知微结构中的探索》。其三，行为主义主要是运用人类本身由感知控制行为的模式，推进人工智能通过感知引导行为而实现感知外界环境的智能模式研究。

其次，人工智能的本质省察与反思。其一，关于人工智能的本质问题，主要存在两种价值定位分歧，即理性主义与人本主义的观点分歧。理性主义的人工智能研究将人类看作机器，人类是以类似数字计算机的方式予以建模的。如威诺格拉德提出，人类思维能够通过形式化的符号予以表达，人类能够基于理性主义符号系统创造出智能程序。人本主义的人工智能研究质疑"人类是否真的是'可以思考的机器'"，如本·

施奈德曼提出，基于人与环境的共生性，以及基于人的主体性与需求性，摒弃数字建构的方式，采用迭代化的设计方法。其二，关于人工智能的本质定位，基于理性主义与人本主义的分歧，科学研究面临着 AI 与 IA（智能增强，intelligence augmentation）的发展趋势分歧。关于人工智能的这一概念存在着多重意义与内涵。在理性主义视域中，人工智能是以机器智能为主要存在方式，以"超级智能""超级人类"为终极发展趋向。在人本主义视域中，人工智能是以"智能增强"为发展趋向，以"人机协同"为主要存在方式。归其本质，理性主义者认为，人工智能的发展趋势是实现类人化的 AI 发展，实现类同于人类体验的自动化发展。人本主义者认为，严格意义上类人化的机器智能无法实现，人机交互技术以及智能增强技术是人工智能的发展趋势。其三，关于人工智能的发展趋势，大致有三种价值倾向，即乐观主义、悲观主义与中立主义。基于人工智能算力的发展阶段与技术瓶颈，弗诺·文奇提出计算"奇点"（singularity）概念，人工智能的计算能力一旦超越计算"奇点"，则使机器智能超越成为"超级人类"。人工智能以计算"奇点"为发展阶段的分水岭，低于计算"奇点"的机器智能是人类的机器延伸工具，具有计算"奇点"的机器智能相当于类人化的人类伙伴，超越计算"奇点"的机器智能可以成为奴役人类的"超级人类"。

此外，人工智能的伦理道德研究。基于人与智能化机器、人与具有类人智能的实体关系等维度，考量人工智能伦理的原则设定。其一，在人与机器关系的伦理研究方面，艾萨克·阿西莫夫提出著名的"机器人三定律"。具体包括第一定律：机器人不得伤害人类个体，或者目睹人类个体将遭受危险而袖手不管；第二定律：机器人必须服从人给予它的命令，当该命令与第一定律冲突时例外；第三定律：机器人在不违反第一、二定律的情况下，要尽可能保护自己。其二，在人与具有类人特征的人工智能实体关系方面，迈克斯·泰格马克提出强调自主性原则的"未来生命设定的定律"，第一定律：一个有意识的实体有思考、学习、交流、拥有财产，不被伤害或不被毁灭的自由；第二定律：在不违反第一定律的情况下，一个有意识的实体有权做任何事。基于该伦理原则，迈克斯·泰格马克提出人工智能伦理面临着"道德是应该保护弱势，还是强权即公理"的两难伦理选择。① 其三，在人与人工智能的关系层面存在双向发展的伦理问题，即人工智能具有类人化的智力水平与意识能力，人类与人工智能的深度协同，形成了人机交互的共生关系。如克利莱德描绘了人机交互的未来图景，人类将演化为"赛博格"（Cyborg），即人类思维能力与机器躯体的有机结合的半人、半机器的存在，由此人工智能终将表现为主人、奴隶抑或伙伴的三重伦理关系。

再次，人工智能的政策与治理研究。其一，关于人工智能的政策规划研究。联合国教科文组织（UNESCO）发布《北京共识：人工智能与教育》（2019），提出要深度融合人工智能与教育，全面创新教育，推动人工智能促进教育创新的战略规划和实践模式的有效实施；制定了《人工智能与教育：政策制定者指南》（2021），旨在审视人工智能教育的应用潜在风险，提升教育政策制定者的人工智能教育素养。美国白宫科技政策办公室制定并发布《国家人工智能研发战略规划》（2016），为人工智能的未来发展提供针对性的系统规划。欧盟委员会制定SPARC 机器人创新计划，英国制定了"现代工业战略"，德国制定了"工业4.0"计划。日本政府规划了人工智能产业化路线，部署超智能社会的建设框架。其二，关于人工智能的治理应用研究。该方面研究是以人工智能作为政府治理的科技手段与工具，如何作用于公共政策分析、公共部门应用之中。在公共政策分析方面，人工智能主要是基于系统化与数据化手段，增强政府政策制定与行政决策的科学性与精准性，基于流程模式与社交网络模型的公共政策分析，加强预测分析与数据可视化、知识管理软件等方面的政策应用。在公共管理应用方面，主要侧重于研究公共部门服务效率、人力资源管理、财政经费精简等方面应用，重点研究人工智能的知识管理系统、过程自动化系统、智能数字助

① ［美］迈克斯·泰格马克：《生命3.0》，汪婕舒译，浙江教育出版社2018年版，第362页。

理、虚拟代理等具体应用案例。如伯恩德·W.维尔茨分析了人工智能应用的主要领域在于信息整合与处理、政务处理速度与质量、工作分配与转接、人员与经费精简等方面。其三，关于人工智能的风险应对研究，重点研究人工智能在社会领域应用中的风险挑战与问题对策。在风险挑战方面，主要存在着人工智能技术的失控性风险、人工智能决策的合法性质疑、人的主体性剥夺、个人隐私的泄露等现实问题，同时存在因人工智能系统的失控，导致人为责任认定的模糊性问题，以及人工智能的处理能力与复杂场景之间的失调性问题。在解决问题的应对策略方面，主要是聚焦于人工智能应用的系统化影响，注重基于核心社会价值的整体监管与治理。如欧盟制定《通用数据保护条例》，旨在协调欧盟的数据隐私法，保护欧盟公民的数据隐私；制定《欧洲数字能力框架》，旨在提高公民的信息和数据素养，增强公民的数据安全、信息沟通与风险应对能力。扬·C.韦耶尔提出了人工智能应用挑战的"四维模型"，包括人工智能技术实施、人工智能法律法规、人工智能道德和人工智能社会等四个维度的系统化应对举措。

最后，人工智能的法律问题研究。其一，在人工智能立法层面，主要是聚焦于弱人工智能，在应用领域较为广泛与问题较为突出的方面，进一步进行立法完善。如欧盟发布《就机器人民事法律规则向欧盟委员会提出立法建议的报告草案》（2016）、《欧盟机器人民事法律规则》（2016）。相关立法主要聚焦于人工智能侵权的责任主体认定与归责原则制定，以及人工智能机器侵权责任的构成要件和赔偿性质等焦点问题。与此同时，关于立法的范式逐渐由经验立法转向为前瞻立法，由防范犯罪风险转向为刑法规制。其二，在人工智能的责任认定方面，聚焦人工智能是否是责任主体这一问题，有学者认为人工智能具有部分人格，即"电子人格"；有学者认为目前人工智能主要是辅助型人工智能产品及应用，自然人对人工智能承担监督职责。其三，在人工智能的犯罪研究方面，主要侧重于人工智能的犯罪风险、主观罪过、责任分担等方面研究，如瑞安卡洛将人工智能的犯罪风险划分为自主实施、被利用实施、过失实施等三类；杰里·卡普将人工智能作为"代理人"，研究人工智能犯罪的责任划定问题。

（三）研究趋势与不足

通过上述国内外研究现状分析，关于人工智能与社会主义核心价值观教育融合创新研究，主要是在概念范畴界定、学理关联厘清、实证分析研究与实现路径研究等方面存在不足。

首先，关于该论题的相关概念范畴界定尚待明晰。主要是关于人工智能的概念界定方面，在何种意义上探讨人工智能的现实影响、发展趋向，以及未来的机遇与挑战。这要避免人工智能等概念的混淆与混用，立足当前科技界与学术界的主流观点与倾向，进一步厘清关于"弱人工智能""强人工智能"与"超人工智能"的相关概念，在此基础上深入辨析"教育人工智能""人工智能＋教育""人工智能教育"等论题的核心范畴与概念。

其次，关于该论题的相关学理研究有待完善。立足马克思主义人学与价值哲学，深化阐释社会主义核心价值观的学理研究，进一步拓深社会主义核心价值观教育创新发展的内容与方法、载体与路径、评价与反馈等问题研究。基于马克思主义技术观与劳动观，关于人工智能的本质省察、发展研判、应对策略研究有待深化，关于人工智能教育与人工智能价值观引领问题的研究有待进一步拓展。

再次，关于该论题的实证分析研究仍待拓深。关于人工智能教育、教育人工智能以及人工智能的价值观教育等方面的实证研究相对薄弱，相关调研、案例研究与定量分析有待拓深。尤其是立足教育人工智能、通用人工智能的应用案例研究，人工智能与社会主义核心价值观教育之间的契合性、协同性与实效性研究有待进一步加强。

最后，关于该论题的实现路径研究需待深化。目前学界在宏观层面的研究较多，但聚焦微观层面，基于"贯穿结合融入、落细落小落实"的价值引领路径，关于社会主义核心价值观引领人工智能发展、融入人工智能教育、推动人工智能创新等方面研究尚处于起步阶段。尤其是在社会主义核心价值观引领人工智能的制度建设、治理实践与伦理规范等方面的研究成果相对薄弱，有待于进一步加强人工智能价值引领的实践路径研究。

三　主要内容、方法及创新之处

关于该论题的研究是以马克思主义为基本理论分析框架，以马克思主义人学与价值哲学、马克思主义技术观与劳动观为理论基点，省察人工智能与社会主义核心价值观及教育的本质规定与属性、发展现状与趋向；运用系统研究、实证分析、多学科综合研究等研究方法，力求阐明人工智能与社会主义核心价值观教育融合创新的必要性意义、重要性价值与可行性路径等方面问题。

（一）研究内容

该成果在基础学理研究层面，厘清人工智能及人工智能教育，分析人工智能与社会主义核心价值观教育的学理关联与现实关系；在实证研究层面，梳理人工智能与社会主义核心价值观教育融合创新的现状与趋向；在对策研究层面，探究人工智能与社会主义核心价值观教育融合创新的内容拓展、策略优化与路径构建。主要研究内容包括以下六个部分。

第一章，人工智能与社会主义核心价值观教育的基本学理阐释。基于"是什么"的本质阐释，重点厘清人工智能与社会主义核心价值观教育融合创新的本质规定与内在逻辑。其一，二者融合创新的相关范畴界定，在界定人工智能等相关概念的基础上，辨析教育人工智能、人工智能教育、"人工智能＋教育"等相关概念。其二，关于融合与创新的价值哲学阐析，重点阐明融合与创新是基于价值的本质规定，构成互生互成的价值关系，承载着相契合的价值指向，蕴蓄着相耦合的价值动力。其三，关于人工智能与社会主义核心价值观教育融合创新的必然性与可行性分析，阐明二者融合创新的本质关联及内在逻辑。

第二章，人工智能与社会主义核心价值观教育融合创新的现状与趋向研究。基于"怎么样"与"怎么看"的问题意识，以实证分析与价值省察的双重进路，探究人工智能与社会主义核心价值观教育的时代影响与发展趋势。其一，二者融合创新的发展机遇，分析人工智能成为国际竞争的新焦点、经济发展的新引擎与社会建设的新动能，以及人工智能在教育领域信息化建设、人才培养创新、教育模式变革中的发展机遇。其二，二者融合创新的问题瓶颈，分析人工智能的技术困境与风险影响、教育人工智能的应用瓶颈与现实挑战，以及人工智能时代社会主义核心价值观教育面临的问题与挑战。其三，二者融合创新的发展趋向，分析人工智能、教育人工智能的创新发展趋向，以及人工智能时代社会主义核心价值观教育的价值引领趋向。

第三章，人工智能与社会主义核心价值观教育融合创新的内容延展研究。基于"如何融合创新"的内容延展，深化人工智能与社会主义核心价值观教育的内容融通与拓展。其一，基于二者融合创新的内容契合，阐明社会主义核心价值观教育如何深化人工智能的价值内容释义与表达，人工智能如何拓深社会主义核心价值观教育的文化渗透、价值凝聚与道德熏陶等教育功用。其二，基于人工智能场域的社会主义核心价值观教育内容延伸，围绕国家价值目标、社会价值取向与公民价值规则，探究如何丰富拓深社会主义核心价值观教育内容。其三，基于社会主义核心价值观引领的人工智能教育内容拓深，重点阐析如何价值引领人工智能的科学观教育、技术观教育、产业观教育与人才观教育。

第四章，人工智能与社会主义核心价值观教育融合创新的方法论构建研究。基于"何以融合创新"的方法论原则，深化人工智能与社会主义核心价值观教育互动融通的原则及策略研究。其一，二者融合创新的方法论原则，在社会主义核心价值观引领人工智能发展层面，阐明一元化与多样性、合目的性与合规律性、本土化与全球化相统一的方法论原则；在人工智能嵌合社会主义核心价值观教育层面，阐明差异性与协同性、动态性与平衡性、整体性与效能性相统一的方法论原则。其二，社会主义核心价值观引领人工智能发展的原则及策略，立足"落细、落小、落实"的价值引领原则，深化人工智能的人本性、安全性与透明性的价值引领策略。其三，人工智能嵌合社会主义核心价值观教育创新的原则方法，立足"全员全过程全方位育人"的价值嵌合原则，深化"因事而化、因时而进、因势而新"的价值嵌合策略。

第五章，人工智能融入社会主义核心价值观教育的创新路径研究。基于"怎样融合创新"的实践指向，构建人工智能融入社会主义核心价值观教育的系统化实践路径。其一，人工智能嵌合社会主义核心价值观教育的主体协同。重点阐释"人工智能＋教育"促进教育主体协同、"人工智能＋交往"促进社会主体协同的创新路径。其二，人工智能嵌合社会主义核心价值观教育的载体拓展，阐析"人工智能＋媒体"拓深社会主义核心价值观教育全媒体传播、"人工智能＋话语"拓深社会主义核心价值观教育话语体系拓展的创新路径。其三，人工智能嵌合社会主义核心价值观教育的实践贯通，探究"人工智能＋治理"深化社会主义核心价值观教育在社会治理领域实践、"人工智能＋生活"深化社会主义核心价值观教育的日常生活实践的创新路径。其四，人工智能嵌合社会主义核心价值观教育的效度评价，探究数据化、智能化的教育评价路径，更为精准评价与考量社会主义核心价值观教育的目标达成度、过程引领度与效果反馈度。

第六章，社会主义核心价值观引领人工智能发展的系统实践路径研究。基于"怎样融合创新"的实践指向，构建价值引领人工智能的系统化创新实现路径。其一，社会主义核心价值观引领人工智能发展的制度保障路径，推进人工智能发展的制度系统构建与法律法规完善。其二，社会主义核心价值观引领人工智能发展的治理实践路径，推进人工智能的治理框架构建、治理规则完善与治理功能优化。其三，社会主义核心价值观引领人工智能发展的伦理规范路径，构建人工智能伦理的基本原则与整体框架，推进科技伦理、市场伦理、行业伦理及生活伦理的规范完善。

（二）研究方法

该成果研究是聚焦人工智能与社会主义核心价值观教育之间的双向创新与融合，基于理论反思、现实考察与实践探索的研究理路，主要运用系统研究方法、实证分析方法与多学科综合研究方法。

1. 坚持系统观的研究方法

基于马克思主义的系统观，深化阐释人工智能、社会主义核心价值观教育的系统要素构成、功能作用、互动关联等学理问题，深化二者融合创新的本质关联、内容拓展、策略优化与路径构建等方面研究。

2. 运用实证分析方法

在宏观研究层面，注重权威数据的搜集与权威文献的参考，系统梳理人工智能发展历程与机遇、挑战，以及社会主义核心价值观教育的发展脉络、经验凝练与问题不足。在中观和微观研究层面，采取实证分析、经典案例与个案分析的方式，加强价值引领的内在机理与实践路径研究，力求在对策上提出有针对性的应对策略。

3. 运用多学科综合研究方法

基于马克思主义的学理框架，综合运用哲学、教育学、文化学、心理学、传播学、语言学等多学科研究方法。基于人工智能的本质特征与社会主义核心价值观教育的本质要求，注重多学科研究方法的整体性、动态性与协同性运用，拓展多学科研究该论题的理论深度与实践融合度。

（三）研究创新之处

该成果基于鲜明的问题指向，立足"为什么"与"是什么"、实然与应然相结合的逻辑分析，探究"怎么看"与"怎么办"、理论与实践相融通的逻辑理路，阐析人工智能与社会主义核心价值观教育的本质关联，以及二者融合创新的理论与现实意义、现实分析与路径构建，推进该论题的理论与实践的深化创新。

1. 研究视角方面

在总体视角方面，以人工智能与社会主义核心价值观教育为研究对象，以二者的融合创新为研究焦点，以社会主义核心价值观引领人工智能业态发展与教育创新，以及人工智能融入社会主义核心价值观教育为研究重点，推进社会主义核心价值观教育与人工智能发展的双向融通及协同创新。

在具体视角方面，主要是基于新时代的现实视域与马克思主义的理论视域予以深化研究。一是立足新时代的历史方位，以"坚持和发展中国特色社会主义"为根本主题，秉持社会主义现代化强国建设的战略指向。基于文化强国与科技强国的战略协同，推进社会主义核心价值观教育与人工智能的协同创新，提升培育和践行社会主义核心价值观、"用社会主义核心价值观培育人"的针对性与实效性，深化人工智能技术、业态链与教育体系的协同创新。二是立足马克思主义的理论分析框架，基于马克思主义人学与价值哲学范式，深化研究社会主义核心价值观教育创新的本质规定与目标指向、内容完善、策略优化与路径构建。基于马克思主义技术观与劳动观，辩证省察人工智能与人的本质关系，深刻考量人工智能创新的本质内涵与内容，深化人工智能创新的衡量与评价维度、实现策略与路径研究。

2. 研究观点方面

第一，关于融合创新的价值哲学阐释。在价值哲学视域中，融合是价值目标、价值规则与价值实现之间的契合、自洽及贯通；创新是以价值扬弃的方式，保持"守"与"变"之间的价值张力，推进"吐故"与"纳新"的价值生成。

第二，关于人工智能与社会主义核心价值观教育的价值哲学审思。基于价值关系的本质定位，二者是在价值主体与客体、价值目的与手段、价值旨归与实践等多维价值关系中，呈现出高度的价值契合性、共生性与融通性。

第三，关于人工智能嵌合社会主义核心价值观教育的价值本质规定。基于人工智能发展的战略性与前瞻性，价值嵌合是人工智能作为创新性的理论与方法、技术与载体，嵌入融合至社会主义核心价值观教育的主体与载体、实践路径与效度评价。

第四，关于社会主义核心价值观引领人工智能发展的价值路径构建。在人工智能的技术应用与产业发展等领域中，社会主义核心价值观教育发挥着文化渗透默化、价值凝聚涵化、道德熏陶教化的价值引领功用，构建"贯通结合融入、落细落小落实"的系统化教育路径。

3. 研究内容方面

第一，人工智能与社会主义核心价值观教育融合创新的策略构建研究。在人工智能融入社会主义核心价值观教育方面，基于适用性、契合性与普及性的价值融入原则，深化研究算法、算力与算料的应用策略；在社会主义核心价值观引领人工智能教育方面，基于"落细、落小、落实"的价值引领原则，深化研究人本性、安全性与透明性的价值引领策略。

第二，人工智能融入社会主义核心价值观教育的协同创新研究。"人工智能＋"是以价值嵌合的方式，融入学校教育、日常生活、基层治理等多维场域，发挥人工智能的创新驱动作用，深化推进社会主义核心价值观教育的主体协同、载体延展与实践贯通。

第三，社会主义核心价值观引领人工智能治理研究。社会主义核心价值观引领人工智能的法律规制完善，深化民事与刑事责任、隐私与产权保护、信息安全利用、追溯问责制度等方面研究；社会主义核心价值观引领人工智能的治理功能完善，加强合理规制、风险防控、社会稳定、前瞻预防、舆论引导等治理功能研究。

第四，社会主义核心价值观引领人工智能伦理研究。在伦理规范构建方面，深化伦理多层次判断结构、人机协作伦理框架的价值引领研究；在伦理决策优化方面，深化人工智能产品研发、设计、生产与应用的系统化决策研究；在伦理风险应对方面，深化数据滥用、算法歧视、数字鸿沟、侵犯个人隐私等伦理风险应对研究。

第五，社会主义核心价值观引领人工智能的技术应用路径研究。在人工智能技术的价值锚定方面，深化安全性、可用性、互操作性、可追溯性的目标引领研究；在人工智能技术的价值匡正方面，加强人工智能发展的预测、研判和跟踪的过程匡正研究；在人工智能技术的价值评判方面，聚焦人工智能设计，产品和程序系统的复杂性、风险性、不确定性、解释性差等问题，深化人工智能评价反馈的动态机制研究。

四　研究意义

人工智能与社会主义核心价值观教育融合创新研究，是基于理论与现实的呼应契合，深化该论题的相关学理研究，可以推进人工智能的创新发展，增强社会主义核心价值观教育的针对性、实效性与契合性。

（一）理论意义

该成果是以人工智能与社会主义核心价值观教育的融合创新为研究焦点，基于马克思主义的理论分析框架，促进多学科之间研究视域的有机融通，有助于深化二者融合创新的学理阐释与理论发展。

1. 有助于深化社会主义核心价值观的基础学理研究

该成果是以社会主义核心价值观研究为学理基础，从社会主义的本质规定、人民性的价值向度、"以文化人"的价值功用等方面，深化中国式现代化道路研究、人类文明新形态研究，丰富拓深新时代马克思主义价值观、文化观等理论研究。该成果是以社会主义核心价值观教育创新为落脚点，以此作为理论基点与纽带，在宏观层面推进思想政治教育文化范式与人学范式研究，在微观层面深化社会主义核心价值观教育的内在机理研究。

2. 有助于深化人工智能的马克思主义价值哲学研究

该成果是基于人文学科与社会科学的研究视域，深化关于人工智能的马克思主义价值哲学研究，深刻辨识与省察人工智能理论、方法与技术等本质要素，深入省察与剖析人工智能面临风险与挑战的本质归因，前瞻研判与锚定人工智能发展的未来趋向与应然图景，系统构建"人工智能＋"融合创新机制与路径的学理基础。

3. 有助于推进社会主义核心价值观教育与人工智能教育协同创新的学理研究

该成果是基于马克思主义理论视域，基于价值观与技术观的本质要义，透视人的存在、人的本质与人的发展，切实深化"人之为人"的价值观教育、"目的与手段相统一"的技术观教育研究。该成果立足人工智能融入价值观教育的研究焦点，深化教育人工智能的学理研究，拓深人工智能在社会主义核心价值观教育中的应用策略与方法、内容与手段、效能与评价等方面的理论基础。该成果立足人工智能教育的学理研究，切实加强人工智能教育的本质规定与目标指向、教育对象与策略、教育内容与方法等方面学理研究。

（二）现实意义

该成果是以社会主义核心价值观教育与人工智能发展为现实关注焦点，在二者学理研究的基础上，增强二者融合创新路径的可行性与实效性。

1. 有助于拓深社会主义现代化强国建设的实践路径

该成果是基于系统观念的实践路径，拓深从宏观到中观，再至微观的强国建设路径。立足宏观层面的全局战略考量，基于社会主义现代化强国的本质要求，深化探究文化强国与科技强国的战略协同路径。立足中观层面的系统战略任务，推进"坚持以社会主义核心价值观引领文化建设"的系统化路径，延展至"人工智能发展放在国家战略层面系统

布局"的实践路径。该成果围绕微观层面的具体战略举措，推进培育和
践行社会主义核心价值观教育的生活化、常态化与制度化实践，助力加
强人工智能发展的风险防范、潜力发挥与协同发展。

2. 有助于提升社会主义核心价值观教育的创新性、针对性与实
效性

该成果立足社会主义核心价值观引领的系统化路径，推进满足人民
精神文化需求、提高社会文明程度的系统化建设，深化价值引领的生活
化、常态化与制度化实践。该成果立足"用社会主义核心价值观培育
人""社会主义核心价值观深入人心"的育人要求，秉持社会主义核心
价值观教育的本质要义，充分发挥其育人功能。该成果"以培养担当民
族复兴大任的时代新人为着眼点"，顺应新时代的发展机遇与趋向，基
于人工智能应用的技术创新、载体拓展与环境营造，增强社会主义核心
价值观教育的理念与内容、方法与策略、路径与手段等系统化创新。

3. 有助于构建完善的人工智能教育策略与发展路径

该成果立足"深入实施科教兴国战略、人才强国战略"的战略任
务，有力激发人工智能领域人才创新活力，深化拓展人工智能理论、方
法、技术、产品与应用等系统化教育路径。该成果围绕"加快培养聚集
人工智能高端人才"的任务要求，发挥社会主义核心价值观对于人工智
能价值观与伦理观、法治观、技术观与劳动观等多维度引领作用，拓深
社会主义核心价值观引领人工智能发展的系统化路径。

第一章

人工智能与社会主义核心价值观教育融合创新的基本理论阐释

关于人工智能与社会主义核心价值观教育融合创新研究，首先要基于"是什么"的问题意识，清晰界定人工智能与社会主义核心价值观教育的相关范畴，在此基础上深化阐明二者融合创新的本质规定，深刻阐析二者融合创新的必然性、契合性与可行性等学理问题。

第一节　人工智能与社会主义核心价值观教育融合创新的相关概念界定

基于"是其所是"的本质界定，关于该论题的研究是聚焦人工智能与社会主义核心价值观教育的相关概念分析，清晰界定相关概念的内涵与外延，明确划定该研究的问题视域。在此基础上，关于该论题的研究是立足马克思主义价值哲学的理论视域，深化阐释人工智能与社会主义核心价值观教育融合与创新的价值要义及本质关联。

一　人工智能的相关概念界定

纵观人工智能的发展历程，人工智能是立足控制论、信息论、计算科学等相关理论发展，运用计算机技术、信息技术等共性技术，呈现为多样性、共享性、颠覆性与不确定性等多重发展趋向。由此，在何种意义上界定人工智能，在何种语境中论及人工智能，构成了该论题研究的理论前提。这首先要明确界定人工智能的相关概念，以此确立该论题研究的问题视域与研究焦点。

1. 智能、人工智能等相关概念界定

在人工智能的数十年发展过程中，科学界及学术界关于人工智能的界定，以及人工智能的未来发展，分化为多样乃至迥异的学术观点。这不仅包括人工智能与智能增强之间的发展趋向分歧，还涵盖着弱人工智能、强人工智能及超人工智能等发展阶段差异。

第一，关于智能的概念界定。其一，关于智能的内涵界定，即"完成复杂目标的能力"和"获得和应用知识与技能的能力"①。在英文语境中，智能"intelligence"，"既可以指人乃至动物的内在智力（更多是使用 mind，中文译成心智），也可指心智的外显功能，以及从外在功能来研究内在智力"②。其二，关于智能的外延界定，所涵盖的范围包括逻辑能力、理解能力、计划能力、情感知识、自我意识、创造力、解决问题能力、学习能力等。其三，关于智能的本质特征。在控制论、信息论等学科维度，智能是以多维目标为导向，呈现为机械化的体力目标、社会化的关系目标、信息化的技术目标；以能力"谱"为系统化特征，以多维能力的协同作用，达成复杂目标的实现。基于人的本质规定，人的自我意识是构成智能的本质规定与根本前提。"意识能够表达每个事物和所有事物，从而使一切事物都变成了思想对象""意识能够对意识自身进行反思，即能够把意识自身表达为意识中的一个思想对象"③。在此意义上，智能承载着人的"类本质"属性，是具有自我意识的本

---

① ［美］迈克斯·泰格马克：《生命3.0》，汪婕舒译，浙江教育出版社2018年版，第67页。

② 桑新民：《教育视野中的人工智能与人工智能教育——理念、战略和工程化设计》，《中国教育科学（中英文）》2022年第3期。

③ 赵汀阳：《人工智能的自我意识何以可能?》，《自然辩证法通讯》2019年第1期。

质表征，具体呈现为"理性反思能力的自主性和创造性意识"①。

第二，关于人工智能的概念界定。其一，关于人工智能的概念发展过程。在词源学意义上，人工智能是 artificial intelligence 的直译表达，亦简称为 AI。这一概念是在 1956 年的"达特茅斯会议"上首度提出，由马文·明基、约翰·麦卡锡、克劳德·香农等人发起与组织该会议。该会议亦被誉为"人工智能的起点"，约翰·麦卡锡在该会议首次明确提出"人工智能"概念。值得指出的是，在此会议中关于"人工智能"这一学科的定名，还包括其他备选名称，诸如"控制论""自动机研究""复杂信息处理""机器智能"等。由此可见，关于人工智能的原初概念设定，主要关涉机器、信息、智能与控制等本质特征。其二，关于人工智能的概念界定。关于"人工智能"这一概念既有一定的研究共识，也存在着不同程度的争议。关于争议主要聚焦于两个方面：在内涵维度，关于人工智能"是什么"的本质属性与特征；在外延维度，人工智能"涵盖什么"的基本范围。由此，人工智能是基于计算机、互联网、大数据等关键技术，经历了硬件设计、软件系统以及软硬件融合的发展阶段，主要呈现为三个阶段的发展特征。第一阶段，人工智能的本质是机械硬件，以机器化为具象化形态，如神经网络机 SNARC、工业机器人；第二阶段，人工智能的本质是系统软件，如用自然语言指挥机器人的系统 SHRDLU、计算机系统"深蓝"；第三阶段，人工智能是硬件与软件的统一体，以机器学习为高阶发展目标，如人工智能程序"AlphaGo"、无人驾驶汽车等。其三，关于人工智能与人类智能的关系辨析。人类智能是在广度层面，具有通用类智能（universal intelligence），能够促成多种能力的协同运用及均衡发展。反之，人工智能则是在专一化层面，具有相对单一的复杂目标处理能力，在完成特定具体目标方面具有与人类相类似，甚至有超越人类的处理能力。其四，关于人工智能与"智能增强"的概念辨析。智能增强（intelligence augmen-

---

①　赵汀阳：《人工智能的自我意识何以可能？》，《自然辩证法通讯》2019 年第 1 期。

tation，IA）是主张"以人为本""以人类为中心"的智能计算，制造能够增强人类智慧的智能工具。人与智能工具之间有着明确的界限划分，智能工具是辅助人类的有效手段。例如"增强现实"（augment reality）技术，以人机互动的方式，营造具有强烈现实感的虚拟情境。人工智能（AI）与智能增强（IA）之间根本区别在于二者逻辑起点的差异，即在人机关系的本质定位方面存在分歧。具体而言，人工智能是以尝试对人类智能建模为研发起点，智能增强是以构建人机交互系统为研发起点。其五，关于人工智能的本质定位。从人与人工智能的关系审视中，确立人工智能的本质定位。基于"人机交互"（human – computer interaction）的本质定位，人工智能是人所制造与使用的工具，在自动化技术发展中的"机械性延展人"（mechanically extended man），即人之力量的技术延展与机械化形态，成为人类解决难题的工具。"人机交互应该是一种对话形式的、动态的过程，参与其中的人相互了解。"①基于"人机共生"（man – machine symbiosis）的关系定位，人工智能是人类所需要与依赖的"伙伴"，人工智能与人类构成了共生关系。基于人工智能的"类人"定位，人工智能是以人类体验自动化为发展趋向，具有类人脑的功能，类同于人的理性思考能力，"它们将不断进步，直到让我们相信它们具有人性"②。

　　第三，关于弱人工智能的界定。弱人工智能（Artificial Narrow Intelligence，ANI）是目前人工智能的主流技术，即以机器人为载体，具有特定操作系统，聚焦解决某一具体问题，专长于某一领域或执行某一类任务。弱人工智能呈现为人工智能的本质特点，具有专业领域的高度智能数量级，弱人工智能表现为"弱"的智能样态，即具有"窄化""专一化"的人工智能系统。即便是多个弱人工智能系统组合起来形成一个

---

　　① ［美］约翰·马尔科夫：《人工智能简史》，郭雪译，浙江人民出版社 2017 年版，第 305 页。

　　② ［美］约翰·马尔科夫：《人工智能简史》，郭雪译，浙江人民出版社 2017 年版，第 15 页。

更复杂的人工智能系统，所达到的智能程度是智能化机器的仿人性，即"像人一样思考""像人一样行动"，而不具有自主意识，也无法自主推理与解决复杂问题。

第四，关于强人工智能的界定。强人工智能（Artificial General Intelligence，AGI）拥有足以匹敌人类智慧和自我意识的能力，拥有类人脑的智能与思考能力。人工智能具有人的核心特征，即目标、广度、直觉、创造力和语言能力。强人工智能是人工神经网络模拟生物形态的神经网络，构成"机器学习"（machine learning）的算法体系，即从经验中自我改善的人工智能算法。"人工神经网络模型用一个数字来表示每个神经元的状态，也用一个数字来表示每个突触的连接强度。在这个模型中每个神经元以规律的时间步骤来更新自己的状态……将数据输入最顶层的神经元函数中，然后从底层神经元中获得输出数据"。[①] 由此，强人工智能具有自我复制的特征与能力，呈现为能够记忆、计算和学习的形态，具备某种学习获得的信息复制能力和信息处理能力。

第五，关于超人工智能的界定。超人工智能（Artificial Super Intelligence，ASI）是"出现超过人类的超级智能"，"人工智能或许会从网络中自行产生"，形成自我迭代的存在方式。人工智能的应然角色定位，直接关涉人工智能对于人类的意义与价值，由人类的工具与技术手段，转变为具有人格化的人类助手与同事，甚至最终有可能成为控制、奴役或取代人类的智能主体。关于超人工智能的形象描画，主要呈现在科幻作品的文学与影视作品之中，例如"赛博格"（Cyborg）的形象（人与机器相融合，以人工智能技术增强人的肉身力量），或者是上传者（Uploads）、仿真者（Emulation）。其中，"赛博格"（Cyborg）在词源层面是控制论（Cybernetics）和有机体（Organism）的组合，意指人与可控制机器之间紧密结合为统一功能体。关于超人工智能的技术路径，是在遵循物理定律的前提下，运用纳米机器人、智能生物反馈系统等技

---

① ［美］迈克斯·泰格马克：《生命3.0》，汪婕舒译，浙江教育出版社2018年版，第95页。

术，对人体器官与肉身进行升级，使其在现实世界与虚拟现实之间能够自主切换与自由生存。关于超人工智能的结果预期，人类与人工智能构成了融洽的共生关系，人类与人工智能之间和谐相处，甚至人类与人工智能融为一体。在此情境下，人工智能对于人类而言，呈现为迥异而多样的价值角色。人工智能是人类的善意"控制者"，以仁慈善良的超级智能体掌控世界，为人类谋求幸福生活，满足人类所有的基本需求，营造人类安定的生活环境。与此同时，人工智能是人类的征服者，以更具智慧的生命形式取代人类。人工智能是人类所掌控与运用的超级智能体，构建安全运用人工智能的最佳管理体系。

2. 教育人工智能、人工智能教育、"人工智能 + 教育"等基本概念辨析

基于人工智能的理论与技术、应用与产业之间的融合发展，人工智能在教育领域的深化应用与创新发展，催生出教育人工智能、人工智能教育、"人工智能 + 教育"等新应用与新样态。

首先，关于教育人工智能的界定。在内涵层面，教育人工智能（Educational Artificial Intelligence，EAI），是以人工智能为关键支撑，以学习科学的深化延展为研究基础，构建人工智能与学习科学密切衔接的跨学科新领域。基于这一概念界定，教育人工智能主要呈现为两个方面的融合创新。其一，教育人工智能是基于人工智能的理论范式，即汲取符号主义（计算机科学）、行为主义（控制论、信息论）与联结主义（神经生理学、语言学、心理学）的理论范式及研究成果。在此基础上，教育人工智能以人工智能为教育技术与手段，促进高效、灵活与个性化的教育学习。具体而言，教育人工智能重点运用关键技术方法，例如在教育学领域运用知识表示、智能代理方法，脑神经科学领域运用机器学习与深度学习算法，语言学领域运用自然语言处理方法，心理学领域运用情感计算方法等。其二，教育人工智能是以学习科学为跨学科研究对象，呈现为"视域融合"的学科创新，推进教育学、心理学、神经科学、社会学、人类学等具体学科的突破发展；以人工智能为教育研

究与分析手段，成为破解"学习黑箱"机制的精确计算方法，透视教育与学习过程中隐性、微观的发生机制，继而构建系统化的教育模型。具体而言，教育人工智能侧重构建三类教育模式：一是领域认知模型，即基于人的认知特点与倾向，构建具体学科的专业知识体系；二是教学模型，即运用智能学习工具，构建教学知识、技能与方法相贯通的高效教学模型；三是学习者模型，基于人机互动，精确化分析学习者的认知过程、情绪体验等学习过程及效果。

其次，关于人工智能教育的界定。目前学界，尤其是国内学界关于"人工智能教育"的概念界定及运用，主要呈现为两个层面的差异。其一，诸多研究成果运用"人工智能教育""智能教育"等概念，其内涵等同于"教育人工智能"，即基于"人工智能教育应用"，运用人工智能的关键技术为教育赋能，为教育创新注入技术支撑；以教育应用为手段，重组教育要素与过程，重构教育领域的新模式、新方法、新场景，呈现为智能化、自动化、个性化、多元化与协同化等五个方面的主要特征。其二，"人工智能教育"的概念等同于"关于人工智能的教育"，即以人工智能为教育对象，以人工智能的理论化、应用化、普及化发展为教育目的，围绕人工智能的理论研究、技术研发、产业应用、技能培训、价值伦理等方面，构建整体衔接的教育体系，主要是由专业化的人工智能人才培养体系、普及化的人工智能专业知识传播、职业化的人工智能技术能力培训等教育要素构成。基于第二种概念界定，人工智能教育主要呈现为两个方面的本质特点。一方面，人工智能教育是以人工智能的核心理论为根本教育内容，围绕知识及其表示、推理与专家系统、人工智能语言与问题求解等教学内容，重点培养教育对象关于人工智能的理论素养、思维能力、操作技能及认知水平。例如在中小学阶段开设人工智能方面的相关课程，拓深全民智能教育的普及化与学段衔接化。另一方面，人工智能教育是以人才培养为教育的关键目标，构建人工智能人才培养体系，"完善人工智能教育体系，加强人才储备和梯队建设，特别是加快引进全球顶尖人才和青年人才，形成我国人工智能人才高地"①。在此申明，本书中所谈及的人工智能教育，主要是基于第二种概念界定与运用，即关于人工智能的教育。

再次，关于"人工智能＋教育"的界定。关于这一概念的运用，主要是基于"人工智能＋"，深度促进人工智能与教育领域的融合创新。在此意义上，"人工智能＋教育"的本质内涵等同于"教育人工智能"，均是以实现人工智能为教育创新发展赋能为本质规定。与此同时，"人工智能＋教育"呈现为"人工智能＋"的形态特征与外延特点，又区别于"教育人工智能"的外延特征。具体而言，"人工智能＋教育"的基本特征主要体现在三个方面。其一，"人工智能技术＋教育"是基于人工智能技术的复杂程度与应用深度，由浅层至深层的递进应用呈现为"计算智能＋教育""感知智能＋教育""特定领域认知智能＋教育"。其二，"人工智能专业＋教育"是以专业体系建设为重要路径，尤其是在高等教育领域中，构建形成"人工智能＋X"复合专业培养新模式，实现人工智能与数学、计算科学、心理学、法学、社会学等学科教育的交叉融合。其三，"人工智能平台＋教育"是基于人工智能的软硬件平台建构，在算力层面的基础设施层，以云计算、云存储的云平台为支撑，运用混合增强智能支撑平台，构建在线智能教育平台；在算料层面的大数据层，包含着教育资源、管理、行为与评价数据；在算法层面的学习处理层，包含深度学习、语音识别、自然语言处理、计算机视觉等学习算法；在教育实践层面的应用层，包含着智能化评测、自适应学习、自动化批改等智能化教育应用。

最后，关于"人工智能的价值观教育"与"人工智能＋价值观教育"的概念辨析。在界定"人工智能教育""人工智能＋教育"概念的基础上，该论题研究关注的焦点是人工智能与价值观教育的关系问题，由此衍生出两个相互补充与对应的基本概念，确立了该论题基本研究范畴，即"人工智能的价值观教育"与"人工智能＋价值观教育"。其

① 《新一代人工智能发展规划》，人民出版社 2017 年版，第 5 页。

一，"人工智能的价值观教育"是"人工智能教育"的具体类型，基于
"如何引领人工智能创新活力与可控发展"的价值指向与教育旨归，构
建人工智能的价值观、伦理观、科技观等系统化教育内容。基于此，
"人工智能的价值观教育"承载着鲜明的目标导向，以"人的全面发展
与社会全面进步"为价值旨归，以主流价值观为根本价值基准，发挥着
价值引领、匡正与规范作用；蕴含着突出的问题导向，要应对人工智能
的理论技术不确定性、道德伦理的挑战性、法律问题的风险性等诸多问
题，构建人工智能所涉及社会各领域的价值观教育体系，完善人工智能
的理论研究、技术研发、产业运作与技术操作等各环节人员的价值规则
及道德规范。其二，"人工智能 + 价值观教育"作为"人工智能 + 教
育"的具体形态，基于"如何以人工智能推进价值观教育创新"的本
质要求，以人工智能作为价值观教育的技术支撑与创新要素。在此意义
上，"人工智能 + 价值观教育"锚定了明确的目标指向，以人工智能为
价值观教育的创新驱动要素，将增强主流价值观教育的针对性与实效
性、创新性与可操作性作为本质要求；设定了鲜明的问题指向，聚焦价
值观教育面临的问题与不足，围绕价值观教育的内容与形式、载体与方
法、情境与效果等系统化要素，整合人工智能的算法、算力与算料，构
建价值观教育创新的人工智能平台与技术，以期推进价值观教育的新模
式构建、新载体应用、新场景创设与新效果整合。

二　社会主义核心价值观教育的相关概念界定

在界定人工智能相关概念的基础上，阐明人工智能与社会主义核心
价值观教育融合创新的本质规定，这必然要深刻省察与厘清社会主义核
心价值观教育的相关概念及本质规定。

1. 价值观教育的概念阐析

基于"是什么"的本质省察，首要厘清价值观的本质内涵，阐明
价值观教育的本质规定。由此，价值观教育的本质规定是基于价值、价
值观的哲学审视，立足教育的本质要求，构建价值观教育的目标指向、

内容与形式、载体与方法、路径与效果等系统化要素。

首先，在哲学范畴中，价值是指在实践基础上形成的主体和客体之间的意义关系，是客体对个人、群体乃至整个社会的生活和活动所具有的积极意义。价值呈现为价值主体与客体、价值目的与手段、价值定位与定向、价值选择与实现、价值效果与评价等多维关系。

其次，基于价值的本质界定，价值观是人们关于价值本质的认识以及对人和事物的评价标准、评价原则和评价方法的观点的体系。基于价值关系的考量，价值主体形成具有倾向性、稳定性的价值态度，由此奠定了价值观的心理活动过程与个性化特征。基于马克思主义的理论视域，价值观呈现为先进与落后、正确与错误、积极与消极的价值分野。先进、积极与正确的价值观是以满足绝大多数人的利益为是非、善恶、美丑的评价标准，以人的全面发展、社会的全面进步、全人类的解放为根本评价旨归。

最后，基于教育的系统要素构成，价值观教育是以主流价值观为价值基准与教育内容，在系统化的教育过程中，以有目的、有计划的方式，实施价值观的系统化影响。由此，价值观教育是以价值外化的方式，基于系统化的价值标准与价值规则，构建教育者与受教育者相协同、教育内容与方法相契合、教育载体与环境相融通的教育实践体系；以价值内化的方式，促成价值认知的理解与共识，价值情感的稳固与共鸣、价值意志的磨砺与激发、价值信念的稳固与笃定。

2. 社会主义核心价值观教育的概念界定

基于价值、价值观与价值观教育的本质规定，社会主义核心价值观教育既承载着价值观教育的共性本质，也蕴含着培育和践行社会主义核心价值观的本质要求。

首先，关于社会主义核心价值观的本质界定。核心价值观是立足国家、社会与民族的宏观视域，承载着一个民族、一个国家的精神追求，体现着一个社会评判是非曲直的价值标准。核心价值观是以最持久、最深层的精神力量，构建最稳固的价值基准，直接关系国家长治久安与社会和谐稳定。社会主义核心价值观是当代中国精神的集中体现，凝结着全体人民共同的价值追求。社会主义核心价值观是立足中国特色社会主义的本质规定，以"三个倡导"的价值凝练，锚定"建设什么样的国家"的价值目标，确立"建设什么样的社会"的价值取向，拓深"培育什么样的公民"的价值规则。

其次，关于社会主义核心价值观教育的本质界定。社会主义核心价值观教育是立足社会主义核心价值观的本质要求，以深塑国家价值目标、社会价值取向与公民价值规则为本质要求的系统化教育实践。基于教育的本质规定，社会主义核心价值观教育承载着鲜明的育人目标，着力培养担当民族复兴大任的时代新人；遵循着"人之为人"的教育规律，基于价值观教育本质、必然的内在联系，立足人的全面发展的价值旨归，具体遵循着人的成长规律、思想品德塑造规律、价值心理塑造规律。

第二节　融合与创新的价值哲学阐析

立足马克思主义价值哲学视域，关于人工智能与社会主义核心价值观的融合创新，是基于二者的价值关联，深化阐释二者"为何要融合创新"的必然性、"如何能融合创新"的规律性与"何以融合创新"的可行性。在此问题视域中，关于融合与创新的价值哲学阐释，构成了该论题研究的重要理论前提。就此而言，融合与创新是基于价值的本质规定，促成价值关系的内在融通、高度自洽与生成发展。在此指明的是，在该成果中所论及的融合与创新，意指价值融合与价值创新，秉持"为人"的价值归属，聚合"人为"的价值动力，确证"人之为人"的价值规定。

一　融合与创新的价值规定

融合与创新是本成果研究的基本范畴。厘清融合与创新的本质内涵，阐明融合与创新的本质关联，是本成果予以深化研究的逻辑前提与价值基点。

1. 关于"融合"的价值本质

在字源意义上，"融合"具有"融通""和合"之意，初指事物间的融化消融、汇集聚合，又引申为逻辑意义的融会贯通、关系意义的融洽和睦。

首先，在价值逻辑层面，价值融合蕴含着价值目标、价值规则与价值实现之间的契合性与自洽性。价值融合是价值关系的融贯自洽，蕴含着互为条件、高度自洽的价值内生逻辑，促成着相互依存、消弭抵牾的价值共生关系。就契合性而言，价值融合是实然的价值定位与应然的价值定向之间相符合，确立"合目的性"与"合规律性"相统一的价值目标。就自洽性而言，价值融合是价值逻辑内在的一致性，构成价值预设、价值规则与价值效果之间的有机统一与内在耦合。

其次，在价值关系层面，价值融合蕴蓄着价值主体之间、主体与客体、目的与手段的关系共生性与统一性。就共生性而言，价值融合是构成以"合"而"和"的价值关系，达成价值主体之间的关系和谐，实现个体、群体与类之间共有的价值在场状态。价值融合是保持价值主体与客体之间双重存在的关系和谐，作为价值主体之人寻求自我价值，作为价值客体之人实现社会价值，臻于自我价值与社会价值的关系融通。就统一性而言，价值融合是促成价值主体与客体之间的关系依存，以价值主体审视自身价值需求的合理性，探究价值客体的价值属性及价值效用，达到价值主体的需求实现与价值客体的效用优化之间有机统一。价值融合是确立价值目的与手段之间的价值位序，既充分考量价值目的之合理性，又适度选择价值手段的有效性与正当性，避免因价值目的与手段的关系倒置，致使人陷入价值空场状态。

2. 关于"创新"的价值规定

究其字面之意，"创新"意指"抛开旧的，创造新的"①。究其本质

---

① 夏征农、陈至立主编：《辞海》（第六版缩印本），上海辞书出版社 2010 年版，第 263 页。

内涵，创新是运用创造、首创的方式，促进新生事物的生成发展。在马克思主义价值哲学视域中，价值创新是基于价值的本质规定，以人的需要生成与满足为价值创新基点，实现价值的创造生成与发展更新过程。

首先，在价值实现层面，价值创新是保持"守"与"变"之间的价值张力，厚植"从心所欲"的价值创新动力，持守"不逾矩"的价值创新底线与边界。由此，价值创新是执持"守"的价值要义，秉持价值的本质规定，始终聚焦于满足人的需要、人的发展与人的本质的根本要义，为价值创新划定了明确的价值边界与底线。具体而言，价值创新是持守"为人"的价值规定，在人的需要层面，满足实现人的合理诉求；在人的发展层面，提升人的劳动能力、社会素质与精神素养；在人的本质层面，深化确证与实现人的个体、群体与类本质。与此同时，价值创新是立足"变"的价值动力，在秉持"为人"的价值规定前提下，聚焦于人的需要、人的发展与人的本质，不断拓深价值创新的意义空间与价值广度。就此而言，价值创新是深化聚合"人为"的价值动力，在人的需要动态实现过程中，以更高标准要求与品质追求，更好满足人的物质需要、精神需要与社会需要；在人的全面发展过程中，推进人的劳动能力提升、社会文明程度提高与精神文化素质的协同发展；在人的本质确证过程中，立足"现实的个人"的个体本质、"社会关系的总和"的群体本质与"自由的自觉的活动"的类本质，深化个体、群体与类之间价值关系的内在融通及高度自洽。

其次，在价值过程层面，价值创新是推进"吐故"与"纳新"的价值生成，基于价值发展的本质要义，达到"破旧"与"立新"的价值实现。在价值发展过程中，"以往一切的现实的东西都会成为不现实的，都会丧失自己的必然性、自己存在的权利、自己的合理性。一种新的、富有生命力的现实的东西就会替代正在衰亡的现实的东西。"[1] 在此意义上，价值创新是以"吐故"的扬弃方式，基于"为人"的价值

---

① 《马克思恩格斯选集》第4卷，人民出版社2012年版，第222页。

基准，遵循人的发展规律与社会发展规律，摒弃价值关系中的消极不利因素。价值创新是以"纳新"的建构方式，在价值关系中注入新的价值要素，以价值要素的结构优化、价值实现条件的创设，构建更具活力、更优功用、更为稳固的价值体系。

二　融合与创新的价值关联

基于马克思主义价值哲学视域，价值融合与价值创新是互生互成的价值关系，承载着相契合的价值指向与价值要义，蕴蓄着相耦合的价值动力，构成了一体两面的价值存在方式。

1. 价值融合与价值创新承载高度契合的价值旨归指向

价值融合与价值创新始终是基于价值的人本定位，立足人的存在与本质、人的价值与发展，审视、观照与实现人的需要动态生成、优化满足。

首先，价值融合与价值创新是以价值为共有本质规定，构成了价值的表征方式与确证方式。价值融合与创新是价值的过程性存在，以具象化的方式呈现出价值的本质意蕴。价值融合促成了价值主体之间以及价值主客体之间的依存关系，将多维价值主体耦合为价值共同体，将价值主体与客体聚合为价值统一体。价值创新则促成了价值主体间以及价值主客体之间的关系优化与重构，在物质生产、社会交往与精神交流的创新发展过程中，深刻改变价值主体间的关系耦合方式，基于人类社会形态的发展过程，呈现为"人的依赖关系""以物的依赖性为基础的人的独立性""自由个性"的发展阶段。与此同时，价值创新是基于价值主体的多维需求、价值客体的本质属性之间的价值认知与实践，以本质力量对象化的实现方式，拓深了价值主客体之间的依存关系。

其次，价值融合与价值创新是以价值实现为共同目标指向，构成了价值的实现方式与路径。价值融合与创新基于价值的内生性存在，以价值需要的生成、满足与升华为价值内驱力，实现了价值主体与客体、目的与手段、过程与结果之间的动态协同过程。在此意义上，价值融合是以价值实践为内在归因，以自由自觉的实践活动，构成了实践主体、中介、客体之间的价值契合与融通。价值创新是以价值实践为内生动力，在人的全面发展与自由个性生成的内生动力催进下，以渐进生成的方式，臻于"自由人的联合体"的价值愿景。

2. 价值融合与价值创新蕴蓄协同共生的价值内生动力

基于二者的本质规定，价值融合与价值创新构成了价值实现的方式与动力，二者以须臾难离的方式，构成了价值实现的一体两面关系。

首先，价值融合是价值创新的实现条件与方式。基于系统的本质构成，价值融合是以价值要素之间的耦合方式，促成了价值功能的更迭，实现了价值体系的结构优化与重构。正如恩格斯所言，"历史是这样创造的：最终的结果总是从许多单个的意志的相互冲突中产生出来的，而其中每一个意志，又是由于许多特殊的生活条件，才成为它所成为的那样。这样就有无数互相交错的力量，有无数个力的平行四边形，由此就产生出一个合力，即历史结果，而这个结果又可以看作一个作为整体的、不自觉地和不自主地起着作用的力量的产物"。① 基于历史合力的动态生成，价值融合是价值主体的实践方式与交往方式的聚合，为价值创新注入价值实践的历史合力。

其次，价值创新是价值融合的实现动力与结果。价值创新是以价值主体间的视域融合，拓宽了价值主体之间的物质生产、社会交往与精神交流的深度及广度，进而拓展与延伸了价值主体的意义空间。正如马克思所言："时间实际上是人的积极存在，它不仅是人的生命的尺度，而且是人的发展的空间。"② 由此，价值创新是以价值关系的有机耦合与内在融通，基于价值主体需要的生成性与价值客体条件的限定性，由原初的生命内驱力，到社会化的历史合力，直至自由自觉的价值动力，本质确证着人的自然属性、社会属性与精神属性。

---

① 《马克思恩格斯选集》第 4 卷，人民出版社 2012 年版，第 605 页。
② 《马克思恩格斯全集》第 47 卷，人民出版社 1979 年版，第 532 页。

第三节 人工智能与社会主义核心价值观
教育融合创新的价值规定

立足马克思主义价值哲学视域，人工智能与社会主义核心价值观教育融合创新是基于必然性、可行性与生成性的价值规定，蕴含着二者内生性、指向性与互成性的价值逻辑。为明晰阐释二者融合创新的价值规定，首先要厘清二者"怎样融合创新"的价值关联，以及"如何融合创新"的价值逻辑。

一 人工智能与社会主义核心价值观教育融合创新的价值关联

基于"融合创新"的价值阐释，人工智能与社会主义核心价值观融合创新彰显着"是其所是"的价值定位，构成了内生性的价值关联。人工智能与社会主义核心价值观教育融合创新是基于价值关系的本质定位，深化探究价值主体与客体、价值目的与手段、价值引领与实现等多维价值关联。

1. 人工智能构成社会主义核心价值观教育的价值中介手段

聚焦社会主义核心价值观教育的目标设定与过程实施、功能发挥与效能评价，人工智能究竟是发挥着何种价值作用、处于何种价值关系、充当何种价值角色。基于上述价值追问，这首先要明确人工智能与人的价值关系，在此基础上明确人工智能在社会主义核心价值观教育中的价值定位。

首先，人工智能与人的价值关系定位。关于人工智能的价值审视，首要是明确人工智能的本质定位，即人工智能是否具有等同于人的价值地位，由此分化为三种不同观点的价值分野。第一种观点是人工智能与人类产生冲突，乃至二者形成对立关系。人工智能在拓展人类操作能力、运算能力的同时，也产生了取代人类甚至奴役人类的风险。人工智能由被动构建知识体系，转化为自主创造知识体系，拥有标记信息的能力，以信息交换方法，将符号化数据赋予语义信息与功能。人工智能成为价值主体，终将替代人类。"广义上的人工智能和机器人正以很快的速度变得强大，'人在环中'争论之中的人类已经失去了自己的优势和存在的价值。"① 第二种观点是以人工智能与人作为双重价值主体，此种观点的前提是将人工智能定位为强人工智能体或超人工智能体。由此，人工智能与人类具有协同共生关系。在高难度机械操作、重复枯燥工作中，人工智能发挥重要作用，使人类有更多的精力、更充裕的时间，从事更有创造力的工作。基于人本主义的价值预设，这不是以单一的人类思维建模为关注焦点，而是以人类与环境的共生关系为价值前提，以价值协作的方式，主张人机交互，实现人类与人工智能共存。"当机器人变得足够复杂的时候，它们既不是人类的仆人，也不是人类的主人，而是人类的伙伴。"② 第三种观点则是以人工智能为价值客体，无论人工智能是弱人工智能，还是强人工智能或超人工智能，均是人类创造与运用的价值工具或手段。需要指明的是，在文本中关于人工智能的价值定位，是基于第三种价值视域，即人与人工智能构成了价值主体与客体、价值目的与手段的价值关系。人工智能终究作为价值客体，是造福于人类的价值手段与中介。

其次，人工智能在社会主义核心价值观教育中的价值定位。鉴于人工智能发展的多重不确定性，人工智能的共同价值尚未达成共识，关于人工智能的能力上限仍莫衷一是。立足当下的发展现状，人工智能作为人类科技革命的前沿技术，构成了社会主义核心价值观教育的创新技术、载体与方法。与此同时，社会主义核心价值观教育是以社会主义核心价值观为根本价值基准，基于价值目标、价值取向与价值规则的内在

---

① ［美］约翰·马尔科夫：《人工智能简史》，郭雪译，浙江人民出版社2017年版，第167页。

② ［美］约翰·马尔科夫：《人工智能简史》，郭雪译，浙江人民出版社2017年版，第208页。

贯通，构建教育目标与效果、内容与方法、载体与环境相衔接的教育体系。基于此，人工智能在社会主义核心价值观教育中呈现为三个层面的价值定位。其一，人工智能是社会主义核心价值观教育的技术手段。人工智能以算力的迭代升级，为社会主义核心价值观教育注入了创新驱动力，运用交互式学习、智能学习等教育基础，促进了教育主体协同、教育载体聚合与教育氛围营造。其二，人工智能是价值观教育的内容构成。人工智能以算料的大数据资源，促进社会主义核心价值观教育的资源整合，既促进了社会主义核心价值观教育的文化资源、教育资源有机贯通，也拓深了社会主义核心价值观教育在人工智能领域的有机融入。其三，人工智能是社会主义核心价值观教育的策略方法。人工智能是以算法的创新应用，推进社会主义核心价值观教育的方法创新，提升教育方法的多样化运用、教育效果的科学化评价，增强人工智能融入社会主义核心价值观教育的适应性、契合性与普及性。

2. 社会主义核心价值观教育构成人工智能的价值引领方式

人工智能是以人为根本的价值主体，蕴含着"人之为人"的底层逻辑，人工智能构成了人之本质的确证方式，推进人之发展的前沿技术，实现人之价值的路径方式。人工智能构成"人为"的价值中介与手段，蕴含着"为人"的价值旨归，以此作为价值引领、规范与匡正的衡量基准。由此，社会主义核心价值观教育作为培育和践行社会主义核心价值观的系统化价值实践，构成了人工智能的价值引领方式与路径。

第一，在发展指向层面，价值引领彰显人工智能的人本性。习近平总书记强调，"实践没有止境，理论创新也没有止境。要使党和人民事业不停顿，首先理论上不能停顿"。[①] 价值引领的本质目标具有鲜明的价值定向，坚持以人为本，创造有益于人类发展的人工智能，引领人工智能理论、方法与技术的创新发展方向；坚持人民至上的根本立场，充

_____

① 中共中央文献研究室编：《习近平关于社会主义文化建设论述摘编》，中央文献出版社 2017 年版，第 65 页。

分发挥人工智能为人民谋福祉的价值功用。由此，价值引领是具有系统性的价值耦合，即构建人工智能所关涉的各领域之间的价值自洽关系，在计算机科学、经济学、法学、伦理学、哲学与社会学等学科领域，综合审视与应对人工智能的技术风险、利益冲突、法律盲区、伦理困境、价值抵牾等多重问题。

第二，在技术层面，价值引领确保人工智能的稳定性。习近平总书记指出，"以信息技术、人工智能为代表的新兴科技快速发展，大大拓展了时间、空间和人们认知范围，人类正在进入一个'人机物'三元融合的万物智能互联时代。"① 人工智能技术的广泛应用存在着创新性、颠覆性与不确定性等多重现实影响。基于不确定性的潜在风险，价值引领是要确保人工智能按照正确指令操作，避免出现致命故障或者遭受黑客攻击。与此同时，价值引领是要增强人工智能的纠错性，在应用过程中构建相对透明与简洁高效的纠错机制，避免出现技术应用的"黑箱难题"。由此，价值引领是将社会主义核心价值观教育拓深至人工智能的价值观教育与技术伦理教育，增强人工智能技术操作与运作的价值规范及匡正。

第三，在经济层面，价值引领提升人工智能的效益性。习近平总书记指出，"要紧紧抓住新一轮科技革命和产业变革的机遇，推动互联网、大数据、人工智能、第五代移动通信（5G）等新兴技术与绿色低碳产业深度融合，建设绿色制造体系和服务体系，提高绿色低碳产业在经济总量中的比重。"② 人工智能自动化程度的深化发展，为提高经济发展的高质量效能注入创新驱动力。价值引领是基于社会效益与经济效益的有机统一，将社会主义核心价值观贯穿融入人工智能的全要素与全生命周期，将社会主义核心价值观具象化为人工智能的行业规则，促成人工智能的设计初衷、技术应用与产品终端之间的价值贯通。

第四，在法律层面，价值引领增强人工智能的规范性。习近平总书

---

① 《习近平谈治国理政》第四卷，外文出版社2022年版，第196页。
② 《习近平谈治国理政》第四卷，外文出版社2022年版，第373页。

记强调，"加快数字经济、互联网金融、人工智能、大数据、云计算等领域立法步伐，努力健全国家治理急需、满足人民日益增长的美好生活需要必备的法律制度"①。价值引领是以更为公正有效的法治方式，促进人工智能与法律之间的协同发展，进而有效规避人工智能衍生的法律风险。社会主义核心价值观教育融入法治教育，将社会主义核心价值观的价值要求融入法律法规，拓展价值引领的治理功能，发挥"良法"的"善治"功能，提升法律的适用性，以高度权威的法律解释，拓展应对人工智能风险的法律适用领域。

第五，在伦理层面，价值引领增强人工智能的契合性。习近平总书记指出，"为人工智能、数字经济等打造各方普遍接受、行之有效的规则，为科技创新营造开放、公正、非歧视的有利环境，推动经济全球化朝着更加开放、包容、普惠、平衡、共赢的方向发展，让世界经济活力充分迸发出来"②。人工智能的契合性是人工智能的理论、技术、方法与法律、伦理、价值观之间的有机契合。价值引领是要构建人工智能的系统化实现机制，以伦理体系作为价值观与技术应用之间的规则中介，促成价值逻辑、法律逻辑与技术逻辑之间的高度契合。社会主义核心价值观教育融入人工智能是要增强人工智能的职业伦理与道德教育，在人工智能设计、制造与应用中，增强伦理责任的可追踪性，形成系统化的倒查追踪机制，将所产生的伦理责任与道德后果落实到具体相关者。

二　人工智能与社会主义核心价值观教育融合创新的价值逻辑

基于"融合创新"的价值审视，人工智能与社会主义核心价值观融合创新蕴含着"何以可能"的本然价值关联，催进着互成性的价值实践。基于人工智能的应用拓深与社会主义核心价值观教育的贯穿融

---

① 《习近平谈治国理政》第四卷，外文出版社2022年版，第301页。

② 习近平：《坚定信心　勇毅前行　共创后疫情时代美好世界——在2022年世界经济论坛视频会议的演讲（2022年1月17日）》，人民出版社2022年版，第5页。

入，二者以"视域融合"的价值诠释与实践，构成了现实性与生成性相融通的价值逻辑。

1. 人工智能与社会主义核心价值观教育相耦合的价值逻辑

基于"应如何"的价值趋向，人工智能与社会主义核心价值观教育锚定着"应是其所是"的应然价值逻辑，彰显着指向性的价值旨归。二者融合创新是以高度的价值自觉，承载着共同的价值旨归，始终孜求于人的全面发展；以高度的实践自觉，遵循着现代化的发展趋向，推进人的现代化发展。具体而言，人工智能发展与社会主义核心价值观教育是基于价值融合创新的本质促进人的自由全面充分发展；不断满足与实现人民的美好生活需要，增强人民综合素质的协同提升。

首先，实现人的全面发展构成了二者的根本价值愿景。人的全面发展是人的自然属性、社会属性及精神属性的全面占有与充分发展。人工智能与社会主义核心价值观教育是基于人的实践存在，促进人的物质需要、社会需要与精神需要的满足实现。人工智能作为引领未来的战略性技术，是以人的物质实践、社会实践与精神实践为本质规定，在"科学技术是第一生产力"的科技变革中，加强科技发展的社会化协同，深化人工智能的基础理论创新和研究。在此意义上，人工智能深刻改变着人类生产生活方式和思维模式，拓深了人的实践广度与深度，提升了人的劳动素质的同时，也替代人从事高安全风险、高操作难度的生产实践活动。人工智能拓深了人的生存意义空间，由现实性的社会关系与空间，延展为由现实增强技术营造的虚拟现实空间。在智能经济、数字经济的发展成形过程，以及人机协同服务方式的深度融合与应用过程中，人工智能促进了人的自由个性生成。人的价值选择与实现呈现为多样化、差异化与个性化特征，以鲜明的精神标识与价值诉求，促成个性与共性相融通的价值自洽状态，构筑具有终极价值指向的精神世界。在此意义上，人工智能的应然状态是友好的人工智能，"友好的人工智能的基石就是：自我迭代的人工智能在它日益聪明的过程中依然保持它的终极目标——对人类友好"①。发展人工智能是要保持人工智能对人类的友好目标，以学习、接受与保持人类的目标为根本价值原则。与此同时，社会主义核心价值观教育承载着确定性与指向性的价值目标，基于人的全面发展与自由个性生成的根本价值指向，锚定实现全体人民共同富裕的美好愿景。具体而言，价值引领是以人民精神世界的可塑性、生成性与多样性为价值确证。精神世界的构建、意义空间的拓展过程促成了价值意义的个性化塑造、价值实现的多样化选择。社会主义核心价值观教育是基于价值引领的本质要求，将社会主义核心价值观的价值内容转化为系统化的价值观教育，拓深为市民公约与村规民约、学生守则与行业规范。由此，社会主义核心价值观教育是以价值引领的精神实践，立足"人的全面发展取得实质性进展"的时代愿景，在人工智能应用与数字经济深塑过程中，推进全民终身学习理念的践行，推动人民身心健康素质、科学文化素质与思想道德素质的全面发展。

其次，满足人民日益增长的美好生活需要构成了二者的现实价值诉求。人的需要是人之存在与发展的内生动力，也是人之价值确证与实现的根本指向。新时代取得的历史性成就，奠定了满足人民美好生活需要的物质基础、制度保障与文化根基，也激发人民对美好生活需要的强烈指向，对美好生活提出更高的标准要求、更优的品位追求。立足新时代的历史方位，"人民美好生活需要日益广泛，不仅对物质文化生活提出了更高要求，而且在民主、法治、公平、正义、安全、环境等方面的要求日益增长"。② 在此意义上，人工智能发挥着科技创新驱动作用，在经济发展、社会治理与文化建设等各个层面，更高质量满足人民的物质需要、社会需要与精神需要。具体而言，人工智能发挥着经济发展引擎的重要作用，以科技创新推进高质量发展，重构生产、分配、交换、消

---

① ［美］迈克斯·泰格马克：《生命3.0》，汪婕舒译，浙江教育出版社2018年版，第365页。

② 习近平：《决胜全面建成小康社会　夺取新时代中国特色社会主义伟大胜利——在中国共产党第十九次全国代表大会上的报告》，人民出版社2017年版，第11页。

费等经济各环节的业态发展，催生新技术、新产品与新业态，以经济增量的高效发展，不断满足人民对物质生活的高标准需求。在社会层面，人工智能在教育、医疗、养老、司法服务等领域的广泛应用，提高了人民的社会生活品质，优化了民生保障与公共服务的精准化水平，提升了社会治理的智能化与专业化程度。在文化层面，人工智能运用大数据技术、人机协同技术等，形成"信息找人"的数据推送模式，为满足人民的精神文化需要，提供了更为多样与丰富的文化产品供给。与之相契合的是，社会主义核心价值观教育是以社会主义核心价值观为根本价值基准，引领人民以高度的价值理性，自觉辨识与甄别物质需要、社会需要、精神需要的合理性与正当性。社会主义核心价值观教育发挥着价值引领的本质功用，实现满足人民文化需求和增强人民精神力量相统一。在价值旨归层面，社会主义核心价值观教育是立足实现人的全面发展，合力激发人民文化创新创造活力，促成人民精神需求实现、精神力量凝聚与精神境界升华相协同。在价值路径层面，社会主义核心价值观教育是引领人民积极自觉地审视自我与他者、社会的价值关系，自主考量价值选择的次序排位，自行践履价值实现的合理路径。在价值实现层面，社会主义核心价值观教育是以人民精神力量的积极性、自主性与能动性为价值动力源泉，涵濡"高山仰止"的价值情怀，激发"心向往之"的价值感召，凝聚"于我心有戚戚焉"的价值共鸣与共情。

2. 人工智能融入社会主义核心价值观教育的价值逻辑

价值逻辑蕴含着价值条件的必然性、前提性与限定性。人工智能缘何融入社会主义核心价值观教育的价值逻辑，是人工智能作为理论范式、前沿技术、新型业态与方法创新，以"视域融合"的价值诠释与价值实践，融入至社会主义核心价值观教育的现实范畴。在此背景下，立足弱人工智能向强人工智能、通用人工智能发展的主流趋向，人工智能的价值引领不仅是以主流价值观为价值引领与匡正，也要将人工智能所蕴含的价值观与伦理观，融入整合至主流价值观之中。

首先，坚持造福人类的根本价值目标。人工智能根植于人类生存与发展的价值诉求，也必然遵循着人类共同价值的本质要求。人工智能的发展亟待全人类共同价值的引领与匡正，基于"和平、发展、公平、正义、民主、自由"的全人类共同价值观，凝聚人工智能最广泛的价值共识。归其本质，坚持造福人类是以规范与匡正人工智能发展为价值导向，凝聚全人类的价值共识，构建人工智能发展的价值取向，规范人工智能应用的价值规则。坚持造福人类是从根本上规范人的价值取向与行为，规避人的异化与失范，避免因价值冲突、利益博弈与文化隔阂，导致人工智能成为反噬人类发展的技术陷阱；避免因人工智能的价值错位，形成信息茧房与洞穴幻象，导致人的肉体异化与精神异化问题。

其次，坚持"和平"的价值取向。发展人工智能的主旨是造福全人类，要规避人工智能应用的技术异化。立足人工智能的现实应用性，坚持"和平"的价值取向是要避免以人工智能为技术主导的军备竞赛，规避研发人工智能自动化的致命武器，加强对人工智能的安全性与可控性予以系统化严格评估。坚持"和平"的价值取向是要加强人工智能的风险评估，运用系统思维方式观照与省察人工智能的非线性发展过程，避免多重风险的共同叠加而导致不可逆转的灾难性后果。坚持"发展"的价值取向是要促进人工智能理论、方法、技术与应用，构成生态链的协同发展，在此基础上人工智能构成全球化发展的创新驱动、科技动力与产业要素。

再次，坚持"公平"的价值取向。发展人工智能所产生的经济效益与社会效益，衍生的经济利益、社会资源及文化成果，应惠及所有人，由更多的国家、地域与群体所共享。坚持"公平"的价值取向是要避免因人工智能在国家、地域及群体间的不平衡发展，导致全球两极分化加剧，人工智能"只应该被开发以服务于广泛认同的伦理观念和全人类的利益，而不是服务于单个国家或组织的利益"①。与此同时，坚持"正义"的价值取向是在人工智能发展过程中，秉持共有的价值基

---

① ［美］迈克斯·泰格马克：《生命3.0》，汪婕舒译，浙江教育出版社2018年版，第440页。

准、趋同的法律规范，以公开透明与合作信任的方式，确保人工智能在法律框架下，有力维系社会秩序的安定与公民权利的保障，避免出现人工智能的颠覆性的反向效果与社会性的失范后果。

最后，坚持"民主"的价值取向。人工智能分析与运用大数据的同时，保护人类拥有访问、管理与控制自身数据的权利与能力，增强个体、群体与社会对数据保护及使用的控制能力与决断能力。坚持"民主"的价值取向是增强人工智能运用的透明度与知情权，确保人类的现实自由与虚拟自由，避免因人工智能以大数据的"信息茧房"，营造"现实虚拟"的异化空间，导致对人类自由意识与行为的剥夺。

3. 社会主义核心价值观教育融入人工智能发展的价值逻辑

价值逻辑蕴含着价值实践的生成性、过程性与趋向性。社会主义核心价值观教育为何融入人工智能发展的价值逻辑，是基于人的实践生成过程，在价值实践广度层面，促成了人工智能的理论研究与技术研发，发展至产业构建与社会应用等各方面，正在逐步形成知识群、技术群、产业群互动融合；在价值实践深度层面，逐步构成了人才、制度、文化相互支撑的生态系统。由此，人工智能的发展必然需要以主流价值观为价值基准，凝聚人工智能发展的价值共识，进而构建人工智能的伦理规则、职业道德、法律规范，规避人工智能领域的各环节各方面出现价值"真空"与价值盲区。正是如此，社会主义核心价值观教育立足社会主义核心价值观的本质内容，基于价值引领的本质功用，融入人工智能发展的各层面。社会主义核心价值观教育是立足价值目标锚定、价值实践过程与价值实现效果等多重维度，遵循"落细落小落实"的实践要求，构建"贯穿结合融入"的实践路径，在人工智能领域中发挥着根本的价值导向、匡正与评判作用。

首先，在价值目标维度，社会主义核心价值观教育发挥着价值导向作用。习近平总书记强调，"建设世界科技强国，得有标志性科技成就。要强化战略导向和目标引导，强化科技创新体系能力，加快构筑支撑高端引领的先发优势"。① 人工智能的发展已跃升为国家层面的战略安排，国家出台"新一代人工智能发展规划"，将人工智能发展作为加快建设创新型国家的重要战略任务。人工智能对于强国建设、社会和谐稳定与人民生活品质提升，发挥着重要的创新驱动与加速作用。基于此，社会主义核心价值观教育是以教育实践的方式，发挥着强力的价值导向与统摄作用，以最大同心圆的价值通约，聚合最广泛的价值合力，引领人工智能保持高度的价值定力、抢得前瞻性的战略先机，实现价值目标共识性、价值取向趋同性与价值规则协同性之间高度统一。其一，"富强、民主、文明、和谐是国家层面的价值目标"②。社会主义核心价值观教育以社会主义现代化为本质要求，以建设社会主义现代化强国为价值愿景，围绕全面提升社会生产力、综合国力和国家竞争力，锚定人工智能的国家发展目标，充分彰显社会主义的先进性与优越性，勾画国家富强与人民富裕的强国图景。其二，"自由、平等、公正、法治是社会层面的价值取向"③。社会主义核心价值观教育是以建设社会主义社会为本质要求，立足提高社会文明程度的价值基准，围绕增进民生福祉、维护社会和谐稳定，以建设安全便捷的智能社会为发展目标，确立人工智能的社会建设与治理目标，充分彰显人民性的本质规定，达到人与道德的价值契合、人与人的关系协同。其三，"爱国、敬业、诚信、友善是公民个人层面的价值准则"④。社会主义核心价值观教育是基于公民个人的价值准则，注重价值目标、过程与规则相协同，围绕人工智能的个性化、多元化、高品质的服务供给，促进人民综合素质的优化提升，"推动形成适应新时代要求的思想观念、精神面貌、文明风尚、行为规范"⑤。

---

①　《习近平谈治国理政》第三卷，外文出版社 2020 年版，第 248 页。

②　《关于培育和践行社会主义核心价值观的意见》，人民出版社 2013 年版，第 4 页。

③　《关于培育和践行社会主义核心价值观的意见》，人民出版社 2013 年版，第 4 页。

④　《关于培育和践行社会主义核心价值观的意见》，人民出版社 2013 年版，第 4 页。

⑤　中共中央党史和文献研究院编：《十九大以来重要文献选编》（中），中央文献出版社 2021 年版，第 804 页。

其次，在价值过程维度，社会主义核心价值观教育发挥着价值匡正作用。社会主义核心价值观教育是基于"以文化人"的价值功用，发挥着先进性与广泛性相融通的价值匡正与道德规范功能。社会主义核心价值观教育是以"志于道，据于德"的价值遵循，蕴含着"道"的价值指向，遵循社会主义核心价值观的价值目标与价值取向，勾画未然可期的价值图景，塑造"心向往之"的理想人格特征；蕴含着"德"的规则遵循，恪守社会主义核心价值观的价值规则，将价值要求转化为道德规范行为准则。其一，基于"道"的价值指向，社会主义核心价值观教育蕴含道德建设的先进性，以向上向善的价值引领、美德义行的价值实践，发挥"美教化，移风俗"的价值功用。社会主义核心价值观教育聚焦人工智能的发展趋向，围绕人工智能的具体应用领域，审视价值判定不明、伦理规则模糊、伦理责任缺失等问题，进而构建伦理道德多层次判断结构。其二，基于"德"的规则遵循，社会主义核心价值观教育蕴含道德建设的广泛性，以"德"之规则达到"德"之发展，在育人与自育的道德实践张力中，实现个体、群体与社会之间道德建设的有机协同，推动全民道德素质提升与社会文明程度提高，构建人工智能的伦理道德框架，完善人工智能各领域从业人员的道德规范。

最后，在价值实现维度，社会主义核心价值观教育发挥着价值评判作用。其一，就应然性而言，社会主义核心价值观教育遵循价值引领的"合目的性"，把握"为我性"的价值个体尺度，审视价值客体的效用；基于"为我们"的价值关系尺度，考量自我价值与社会价值之间的协调性，省思价值目的与手段之间的合理性。由此，社会主义核心价值观教育是秉持社会主义先进文化的本质规定与发展趋向，促进物质文明与精神文明协调发展。社会主义核心价值观教育是聚焦人工智能发展的标准体系构建，基于安全性、可用性、互操作性、可追溯性的教育原则，可以加强人工智能的前瞻预防和约束引导。其二，就实然性而言，社会主义核心价值观教育是遵循价值引领的"合规律性"，以价值主体对价值客体的正确认识为前提，以高度的实践自觉使价值关系形成发展为具有现实需要的客观基础。习近平总书记强调，"促进人民精神生活共同富裕。促进共同富裕与促进人的全面发展是高度统一的。要强化社会主义核心价值观引领，加强爱国主义、集体主义、社会主义教育，发展公共文化事业，完善公共文化服务体系，不断满足人民群众多样化、多层次、多方面的精神文化需求"。① 社会主义核心价值观教育以人民的价值实现为引领旨归，人民的精神文化需求满足程度为价值衡量标尺，促进物质生活富裕与精神生活富裕的协同发展。社会主义核心价值观教育围绕人工智能设计、产品和系统的全业态产业链，聚焦复杂性、风险性、不确定性、可解释性、潜在经济影响等问题，深化预测、研判和跟踪的系统化教育机制，促成日常教育生活化和终身教育定制化。

---

① 《习近平谈治国理政》第四卷，外文出版社 2022 年版，第 146 页。

第二章

人工智能与社会主义核心价值观教育融合创新的现状与趋向

人工智能与社会主义核心价值观教育是基于价值融合与创新的本质规定，以"视域融合"的价值诠释与实践，构成二者之间的价值要素融合；基于价值观教育内容与形式、载体与环境、策略与效果等多重维度，构成了二者"和而不同"的价值耦合关系。与此同时，人工智能与社会主义核心价值观教育以"吐故纳新"的价值创新与发展，遵循"乘势而上"的现代化发展趋向，优化教育、科技与人才的创新要素耦合，自觉彰显和高扬中国式现代化的本质要义与时代价值。

第一节 人工智能与社会主义核心价值观教育融合创新的发展机遇

党的二十大报告强调，"教育、科技、人才是全面建设社会主义现代化国家的基础性、战略性支撑"。① 人工智能与社会主义核心价值观教育缘何能够融合与创新，是立足全面建设社会主义现代化国家的战略宏图，遵循中国式现代化的发展路向，促成了二者之间内在的价值契合

---

① 习近平：《高举中国特色社会主义伟大旗帜 为全面建设社会主义现代化国家而团结奋斗——在中国共产党第二十次全国代表大会上的报告》，人民出版社 2022 年版，第 33 页。

与深度价值交融。二者融合创新是自觉顺应与把握"乘势而上"的重大发展机遇，秉持科教兴国战略、人才强国战略、创新驱动发展战略指向，基于新发展格局的加快构建，凝聚人工智能的创新驱动合力。二者融合创新是基于"坚持为党育人、为国育才"的教育旨归，深化落实"立德树人"的根本任务，以培养担当民族复兴大任的时代新人为育人目标，提升社会主义核心价值观教育的时代性、针对性与实效性。

一　人工智能的创新引领作用与影响凸显

党的二十大报告明确指出，"推动战略性新兴产业融合集群发展，构建新一代信息技术、人工智能、生物技术、新能源、新材料、高端装备、绿色环保等一批新的增长引擎。"① 人工智能纳入国家战略层面的系统布局，已成为建设现代化产业体系的战略性新兴产业。新一代人工智能已列为创新驱动发展战略的重要内容，进行系统化的战略部署，有力赢得提升国家竞争力的战略先机、维护国家安全的战略主动。

1. 人工智能成为国际竞争新焦点

新一代人工智能是在理论范式与关键技术的协同发展过程中，以整体推进的方式引发了链式突破，实现了新理论、新技术与新应用之间的深度融合。在此背景下，人工智能作为引领未来的战略性技术、经济发展的创新驱动引擎、社会发展的智能化载体，成为提升国家竞争力、维护国家安全的重大战略技术。

首先，人工智能成为引领未来的前沿性技术。人工智能作为前沿性技术的价值定位，主要归结于人工智能发展的导向性与系统性特征。其一，人工智能呈现为前沿性的发展态势。纵观人工智能 70 多年的发展演进，在控制论等理论支撑，在计算机硬件、计算机系统及编程语言、移动机器人等技术支持下，人工智能经历了快速发展、低谷萎靡及繁荣猛进等数次曲折发展阶段，始终发挥着技术引领与创新驱动作用。尤其

---

① 习近平：《高举中国特色社会主义伟大旗帜　为全面建设社会主义现代化国家而团结奋斗——在中国共产党第二十次全国代表大会上的报告》，人民出版社 2022 年版，第 30 页。

是当下移动互联网、大数据、超级计算、传感网等新技术突破，脑科学等新理论发展，有力促进人工智能的协同化加速发展。其二，人工智能发挥着系统性的全方位影响作用。基于经济社会发展的需求驱动，人工智能是运用其科技属性的创新要素，发挥着经济属性的发展引擎、社会属性的民生保障作用，趋于形成具有生态化特征的人工智能业态链，促进经济社会发展由数字化与网络化向智能化的迭代升级。

其次，人工智能被列为世界主要发达国家的国家重大战略。基于人工智能的前沿性影响，人工智能已跃升为国家层面的战略性技术。其一，人工智能成为提升国家竞争力的重点战略规划。各国先后制订人工智能发展规划，围绕核心技术的尖端攻关、顶尖人才的梯队培养、标准规范的整体构建，明确发展规划的重点内容与阶段节点。如美国制定《国家人工智能研发战略规划》，欧盟委员会制定"SPARC"机器人创新计划，英国制定"现代工业战略"，德国制定"工业4.0"计划，日本制定人工智能产业化路线与超智能社会规划。其二，人工智能成为维护国家安全的重要战略内容。尤其是世界主要发达国家关注军事安全、公共安全、网络安全以及社会安全等方面的最新成果应用，并出台相关政策法规，防范相关安全领域的潜在风险。如美国《人工智能、自动化和经济》《人工智能与国家安全》国情咨文报告，提出人工智能研究与开发的七大战略之一是"确保人工智能系统的安全性与可控性"。

最后，人工智能成为全面建设社会主义现代化国家的科技创新战略。在科教兴国战略的深化实施过程中，我国正着力构建具有全球竞争力的开放创新生态。其一，我国人工智能发展形成了独特优势，主要体现在五个方面。一是基础研发有持续积累，我国在人工智能领域取得重要进展，国际科技论文发表量和发明专利授权量已居世界第二。二是部分领域核心关键技术实现重要突破，语音识别、视觉识别技术世界领先，自适应自主学习、直觉感知、综合推理、混合智能和群体智能等核心技术初步具备跨越发展的能力。三是关键技术广泛应用，中文信息处理、智能监控、生物特征识别、工业机器人、服务机器人、无人驾驶逐步进入普及应用与规模量产阶段。四是企业发展的势头迅猛，人工智能创新创业日益活跃，一批龙头骨干企业加速成长，在国际上获得广泛关注和认可。五是格局发展具有独特优势，加速积累的技术能力与海量的数据资源、巨大的应用需求、开放的市场环境有机结合。其二，我国正加快人工智能与经济、社会、国防深度融合，其发展趋势主要呈现为三个方面。一是逐步构筑人工智能知识群、技术群、产业群互动融合，以及人才、制度、文化相互支撑的协同发展体系。二是在人工智能的基础研究、技术研发、产业发展和行业应用层面，逐步形成系统化的生态链。三是人工智能发展的体制机制改革和政策环境营造协同发力，形成全要素、多领域、高效益的军民深度融合发展新格局。

2. 人工智能成为经济发展的新引擎

人工智能是加快建设数字中国的重要战略支撑，也是建设现代化产业体系的创新驱动力量。目前人工智能在理论、方法、工具、系统等方面取得变革性、颠覆性突破，在学科发展、理论建模、技术创新、软硬件升级等整体推进过程中，构成引领科技革命与产业变革的核心力量。

首先，人工智能成为推进经济结构重大变革的核心驱动力。其一，人工智能是以源头供给的创新驱动方式，正在催进经济结构变革。基于"效率、和谐、持续"的价值坐标，人工智能发展是在理论与技术、平台与队伍的系统化框架构建过程中，推进"数字经济"向"智能经济"转型，引发经济结构新变革。人工智能创新是以源头供给的方式，在前沿基础理论、关键共性技术、基础平台、人才队伍等方面进行系统化创新，催生新技术、新产品、新产业、新业态、新模式，逐渐呈现出智能经济四个方面的新形态特征。其二，人工智能是以技术赋能与产业赋能的方式，促成经济结构变革。智能经济运用数据驱动，基于人机协同的技术构架，增强人与智能机器人、智能传感器之间的深度交互，有效优化经济运行方式与决策。智能经济注重跨界融合，推进科技与人文、艺术之间彼此交融，逐渐催生"元宇宙"的概念生成与行业生态，通过人工智能新兴产业的发展，加快推进产业智能化升级。智能经济深化共创分享，以开源共享的方式，系统提升持续创新能力，运用大数据的算料整合，逐步构建一体化算力网络技术体系，以更为共享的算力服务，为经济发展注入算力赋能。

其次，人工智能成为重构经济活动各环节的创新驱动力。其一，人工智能的发展坚持应用导向。人工智能的发展是以智能软硬件的系统化设施为应用前提，不断深度整合人工智能芯片、云服务、人工智能算法、人工智能应用开发平台，将人工智能的构成要素深化融入生产、分配、交换、消费的各环节。在生产环节，人工智能的技术革新有力提高经济运行效能与生产效率，以产品创新推进产品迭代升级与质量提升，形成智能化、规模化与定制化相结合的产品供应模式。在流通环节，人工智能的算法优化有力促进仓储、运作等流通环节的流程简化与成本缩减。其二，人工智能的发展遵循市场规律。人工智能的发展突出了企业在技术路线选择和行业产品标准制定中的主体作用，加快人工智能科技成果商业化应用，逐步形成聚合化的竞争优势。由此，在传统产业的智能化转型、新兴产业的智能化创新过程中，人工智能与实体经济企业形成双向贯通发展，即人工智能产业化的企业发展趋向更为鲜明，产业智能化的企业运作模式更为成熟。

3. 人工智能带来社会建设的新机遇

人工智能引发的产业变革，推进了经济结构的重塑与经济形态的深塑，在智能经济、数字经济的发展驱动作用下，为社会建设奠定了坚实的物质基础，注入了创新驱动的发展活力。

首先，人工智能在民生建设方面，提升民生福祉的保障能力。其一，人工智能的广泛社会应用，不断提高公共服务的精准化水平。人工智能在民生领域的应用拓展，涌现出"人工智能＋教育""人工智能＋医疗""人工智能＋康养"等应用模式。人工智能在城市运行、交通出行等公共服务领域，以精准化、便捷化与人性化的智能服务，构建智能政务、智慧城市、智能交通等智能公共服务体系，催生智能网联汽车行业；在生态环境与公共卫生等领域，加强人工智能在气候与环境保护、流行性疾病防控等方面的深度应用。其二，人工智能的深度融入生活，有力提升人民生活品质。人工智能经济以数字共享方式，有效打破时间与空间的阻隔限制，提高社会公共资源的互动共享程度与普惠均衡化水平。"人工智能＋"对于各行业的拓展渗透，促进新的商业模式不断涌现，也催生与满足更多新的消费需求。人工智能的共性技术与生活需求的个性化、差异化选择相结合，以"智能家居"为代表的日常生活智能应用，构建物联网化的智能生态链，提升了日常生活的便利性与舒适性。在美好生活需求的质量与增量优化过程中，人工智能运用以"泛知识"学习为代表的智能学习方式，有助于满足个性化的学习方式，推进构建智能化的学习型社会，不断满足人民群众更高标准、更高层次的精神生活需要。

其次，人工智能在社会治理方面，提升现代化治理能力。提高社会治理社会化、法治化、智能化、专业化水平，是打造共建共治共享的社会治理格局的必然要求与实现路径。由此，提升社会治理智能化水平是社会治理现代化的必要技术支撑，所发挥的重要作用日益凸显。其一，人工智能的应用有助于提升社会治理的共建程度。人工智能技术可准确感知、预测、预警基础设施和社会安全运行的重大态势，增强政府数字化治理能力，增强政府治理的精准性与协调性、迅捷性与高效性，有助于健全政府治理和社会调节、居民自治良性互动的基层治理机制。运用人工智能技术有效提升公共安全保障能力，及时把握群体认知及心理变化，予以主动决策反应，健全风险应急响应处置流程和机制，提升系统性风险防范水平，推进预防和化解社会矛盾机制建设。其二，人工智能的应用有助于提升社会治理的共享程度。人工智能技术有助于拓宽更为多样的治理渠道，拓展智媒平台的治理方式与效能发挥，进而畅通多元主体诉求表达、权益保障与矛盾纠纷化解渠道，增强多元治理的人民主体性与社会参与度，有效保障人民的人身权、财产权与人格权。

二　教育人工智能的探索创新与推广应用

教育人工智能立足学习科学的学理基础，以人工智能为关键技术支撑，深化人工智能在教育领域中的应用广度与创新深度。基于人工智能理论范式、技术融入与方法创新等多维影响，教育人工智能的应用特征更为鲜明，关键技术的运用逐渐定型，所应用的范围广度更为拓展。

1. 教育人工智能的应用特征更加鲜明

教育人工智能是基于教育的本质规定，聚焦教育体系的要素耦合，依托人工智能的技术特点，基于教育智能化这一本质特征，呈现为多维化的应用特征。

首先，教育人工智能呈现出个性化特征。基于教育主体的构成，教育人工智能围绕教师与学生的教育角色，构建教师为主导、学生为主体的教育关系，聚焦教与学所存在的普遍性问题，注重智能学习系统、智能教学系统在教学过程中的应用。基于"教学相长"的辩证关系，教育人工智能关注教师之"教"的个性化发掘，运用智能决策支持服务，增强教师教学的优势发挥与积极个性塑造；关注学生之"学"的个性化教育，运用智能学情分析技术，增强学生培养的个性与潜能发掘。

其次，教育人工智能呈现出自动化特征。基于教育目标的设定，教育人工智能以自动化的算力与算法，关注学生"知情意信行"的教育实践贯通。具体而言，教育人工智能是在认知方面，运用学习支持系统，精准化测评学生的学习状态与知识掌握、技能培养情况；在情感、意志等层面，运用适应性学习平台，关注学生的学习情绪与态度的特点及变化；在行为层面，基于学习支持系统，运用智慧课堂、智慧学习等系统，引导与督促学生的学习行为与习惯养成，运用智能考试系统、作业批改系统，实现更为精准及时的学习行为与效果的检查反馈。

再次，教育人工智能呈现出多元化特征。基于教育场域的特点，教育人工智能注重多元化的教育场景运用。基于教学管理、组织与服务的场景划分，教育人工智能主要呈现为教学系统与学习系统、管理系统与服务系统等多元化场景应用，增强情境化的学习氛围与效果。与此同时，基于教育学段与领域的特点，教育人工智能综合考量学段与学情，以及普通教育与职业教育的特点，遵循学生成长规律与教育规律的内在特征，聚焦不同学段学生的成长特点与心理特征，结合普通教育与职业教育的育人要求，运用更具多元化与互补化的智能系统。

最后，教育人工智能呈现出协同化特征。基于教育载体的融合，教育人工智能注重硬件与软件的系统化运用，在学校管理与服务方面运用教育机器人等智能系统，在家庭教育场域以智能玩伴为基本应用；在教学设计、实施与评价环节，主要应用智慧课堂、智慧在线考试等软件系统。基于教育要素的耦合，教育人工智能注重教育应用的系统化，在教育技术层面，注重教育的个性化倾向；在教育模式层面，注重教育的学科特征；在教育实践层面，注重教育的学段贯通与一体化培养。

2. 教育人工智能的关键技术取得新进展

基于教育领域的实践应用视角，教育人工智能是围绕知识、学习、语言、评价等教育要素，在人工智能关键技术的瓶颈突破过程中，深化教育领域的智能化技术创新应用。

首先，知识表示方法与自然语言处理技术。其一，知识表示方法以关于知识的智能表示技术，推进了知识的符号表示法（一阶谓词逻辑表示法）与连接机制表示法（过程表示法、框架表示法、神经网络知识表示法）等阶段化技术演进。目前教育领域主要运用人工神经网络知识表示法，构建知识表示框架，模拟与优化人脑关于知识表示、存贮与推理的能力，并应用于教学专家系统之中，增强解决知识表示的复杂性与非线性问题。其二，自然语言处理是人工智能在机器学习、深度学习的契合与支撑下，接收、处理与反馈人类的自然语言。在语言输入层面，自然语言处理是对输入的语言信息进行复述与刻画，对自然语言所表述问题进行信息转化。在语言处理层面，自然语言处理是对语言信息的本质内容进行适当处理，实现自然语言到数据信息的转化，进而正确表述与回答自然语言所呈现的问题。由此，自然语言处理以文本识别、分析与评价的方式，主要运用于人机互动的智能问答系统、文本话语评价与纠错系统、计算机辅助语言教学等教育技术方面。

其次，机器学习与深度学习技术。其一，机器学习是模拟人类的自主性特征与自组织特点，以计算机为机器控制的类脑，通过数据搜集与整理、分析与决策，自动化提高与改善自身性能，试图实现计算机拥有类脑智能。机器学习作为自适应的系统化方法，目前应用于专家系统的知识获得、分析与整合方面的教育难题，解决自动获得新知识与技能的学习策略优化、流程简化等问题。其二，深度学习是基于机器学习的技术框架，模拟人脑的深层结构，构成由底层至高层的分层化数据学习结构，构建数据输入与提取、数据刻画与识别的过程化学习功能，达到由数据信号到语音、语义乃至语用的深层次转化。深度学习之"深"是在于数据层次的拓深，即由符号化的数据转化为文字、图像、声音等信息，再将相关信息进行识别并转化为语义解释，以此应用于多媒体学习、机器翻译等教育技术或教育载体。

最后，情感计算与智能代理技术。其一，情感计算是人工智能以系统化的程序设计，运用智能硬件进行人的情感信息捕捉与搜集，设定智能程序进行人的情感识别与理解。情感计算是结合智能软硬件功能，对人的情感进行模拟反应与实时处理，以情感信息的人性化处理与建模方式，构建人际协作的和谐关系。情感计算运用在具体教育场景中，瞬时精确捕捉与侦测辨识教育者与受教育者的情感状态，基于情感的动态变化与质性差别，采取具有针对性与个性化的教育激励及辅助手段。其二，智能代理是基于人工智能的软硬件系统，在现实物理世界中，以移动机器人为技术研发重点，运用传感器与效应器，增强移动机器人对现实环境的适应性与主动性。在虚拟信息世界中，智能代理是以软件机器人为技术关键，以主动适应和代理的方式，提供信息处理及其他相关服务，增强代理服务的智能性、机动性与个性化。由此，智能代理是依托主动服务的软件程序，运用分布式系统，提高教育资源的整合性、教育方法的个性化与教学策略的迁延性。

3. 教育人工智能在教育领域逐渐推广应用

基于人工智能的三个发展阶段，即由计算智能、感知智能到认知智能的发展，人工智能在教育领域主要呈现为三个方向的技术应用，具体包括蚁群算法等计算智能领域运用，计算机视觉、语音识别等感知智能领域运用，以及图像识别等认知智能领域运用。综合审视国内外的应用现状，教育人工智能是基于人工智能关键技术，深化教育管理服务的教育技术运用，推进教学设计、实施与评价的教育模式塑造。

首先，在教育管理与服务应用方面的推广应用。教育人工智能主要运用智慧校园等教育技术。其一，教育人工智能在教育管理的应用。智慧校园的应用是在校园管理环节，加强校园安全的预警防护机制以及日常管理事务，例如安保机器人、图书馆的智能图书管理员。在课堂管理环节，智慧校园的应用是在于加强教室考勤与纪律管理，如运用声纹识别技术的无感知考勤体系。其二，教育人工智能在教育服务层的应用。教育机器人是以智能机器人学伴、特殊教育智能助手等技术方式，发挥着智能玩具或工具的辅助形式及作用，尤其是对于特殊教育人群，进行听觉与视觉障碍辅助，语言感知、识别与合成，以及孤独症情绪感知、表达与引导。教育机器人作为教师辅助工具，运用机器学习与自然语言理解等技术，帮助教师完成具有重复性特点的教学工作。教育机器人运用语音识别、自然语言理解技术，以人工语音的方式进行问题识别、搜索与回答。

其次，在教育设计、实施与评价模式方面的探索应用。教育人工智能处于起步阶段，主要运用智能学科工具、智能学习过程支持系统，打造智能教学平台，构建更具智能化的教育模式。其一，在教育设计环节，智能学科工具运用大数据技术，进行教学数据的搜集和整合。智能学科工具运用学习分析与数据发掘技术，分析学习者的知识习得与能力塑造效果。智能学科工具立足教与学之间个性化智能教学平台，运用知识图谱可视化与语义搜索技术，针对不同学习者的特点，提高教学设计的精准性与个性化。其二，在教育实施过程，智能学习过程运用智能诊断技术，进行个性化课程内容的及时反馈与精准推荐。智能学习过程根据学习者的能力特点、个性禀赋与兴趣倾向，对照学科知识的逻辑结构与特点，分析学习者的学习障碍与盲区，进行个性化课程内容的及时反馈与精准推荐。与此同时，智能学习过程是以智能化、交互化的学习模式，增强课堂数据、教学资源与教学情境之间的高度协同，提升沉浸式的视觉体验和学习体验。其三，在教学评价方面，智能学习过程是根据课堂授课内容与过程，结合教师与学生之间的情绪分析、语音转化与互动效果，进行多维度的教学效果智能评价。教学评价系统运用图像识别、自然语言处理技术，进行课程作业的自动批改、综合评价、全程追踪与即时反馈，构建优化教学设计、实施与评价的互动反馈机制。

三　人工智能时代社会主义核心价值观教育的发展契机

基于教育的本质属性，社会主义核心价值观教育蕴含着指向性与生成性、主体性与客体性、个性与共性等多重维度，包含着教育主体与对象、教育目标与效果、教育内容与载体、教育方法与环境等系统化要素。在人工智能的广泛应用与影响作用下，尤其是人工智能的理论方法、技术研发与产业应用过程中，社会主义核心价值观教育在教育目标与效果、教育内容与载体等方面，融入了技术驱动、策略支持、载体拓展等创新要素。

1. 社会主义核心价值观教育目标更具共识性

在教育实践层面，社会主义核心价值观教育基于价值观教育的本质要求，具有目的性、计划性、组织性的教育指向。社会主义核心价值观教育锚定了新时代价值观教育的根本目标，有力发挥着思想政治教育功能，深刻蕴含着价值观教育的政治属性、教育属性与文化属性。

首先，国家层面的教育目标更为聚合。新时代愿景目标高度彰显了社会主义核心价值观在国家层面"富强、民主、文明、和谐"的价值目标，以社会主义现代化为本质要求，以推进社会主义现代化强国建设为价值指向。文化强国作为社会主义现代化强国的重要内容，在国家战略层面由战略目标向战略使命与任务拓深，"围绕举旗帜、聚民心、育新人、兴文化、展形象的使命任务……推进社会主义文化强国建设"。① 基于文化强国建设的使命任务，社会主义核心价值观教育锚定了五个维度的教育目标。"举旗帜"的使命任务是基于加强和改进意识形态建设的本质要求，以中国特色社会主义为本质规定，牢牢坚持马克思主义在意识形态领域的指导地位。"聚民心"的使命任务是基于以人民为中心的基本方略，以巩固共同思想基础为时代要求，达到"促进满足人民文化需求和增强人民精神力量相统一"②。"育新人"的使命任务是立足新时代的历史方位，以培养担当民族复兴大任的时代新人为育人指向。"兴文化"的使命任务是充分彰显中国特色的文化发展趋向与社会主义的本质特征，以推动社会主义文化发展繁荣为任务指向。"展形象"的使命任务是立足文化强国的战略使命，基于现代化国家的发展趋向，塑造高扬当代中国精神的良好国家形象。

　　其次，社会层面的教育目标更为聚焦。社会主义核心价值观教育是立足提高社会文明程度的价值基准，秉持"自由、平等、公正、法治"的社会层面价值取向。社会主义核心价值观教育目标以高度的价值凝练、认同与表达，构成了社会道德评判的价值准则、风向标与评判尺度，营造积极正向的社会风尚，建立公序良俗的社会规范。与此同时，社会主义核心价值观教育目标以关系协同的方式，使个体、群体与社会之间保持适度的关系张力，既具有主体自由的独立性，也具有主体间的凝聚性；以价值规则的柔性约束性，发挥法治的刚性约束与保障作用，将公民自由保障、权利平等、规则公平贯彻到社会各方面，达到"从心所欲"的自由空间与"不逾矩"的规则限定相协同。

　　最后，公民层面的教育目标更为协同。基于公民层面"爱国、敬业、诚信、友善"的价值准则，社会主义核心价值观教育注重引领公民道德实践，以培育社会主义公民为教育目标，促成公民道德素养的优化

---

　　① 中共中央党史和文献研究院编：《十九大以来重要文献选编》（中），中央文献出版社2021年版，第283页。

　　② 中共中央党史和文献研究院编：《十九大以来重要文献选编》（中），中央文献出版社2021年版，第804页。

提升。基于此，社会主义核心价值观教育基于"明大德、守公德、严私德"的公民道德建设指向，促进社会公德、职业道德、家庭美德、个人品德的协同培养。具体而言，社会公德建设是立足"做一个好公民"的道德指向，遵循文明礼貌、助人为乐、遵纪守法等社会公德要求，营造包容和谐的公共空间。职业道德建设是立足"做一个好建设者"的道德指向，持守爱岗敬业、诚实守信、奉献社会等职业道德要求，促成职业道德与职业能力的协同发展。家庭美德建设是立足"在家庭里做一个好成员"的道德指向，恪守尊老爱幼、夫妻和睦、邻里互助等家庭美德要求，促进家庭关系和谐、家庭氛围优化、家风家训传承。个人品德建设是立足"在日常生活中养成好品行"的道德指向，恪守爱国奉献、明礼遵规、自律自强等个人品德要求，促进个人品行的积极塑造与生活习惯的正向养成。

2. 社会主义核心价值观教育的话语更具多维性

基于教育内容的话语表达，社会主义核心价值观教育在话语诠释、话语转化与话语接受方面，深化价值内容完善、价值意义通约与价值态度培育，构建话语解释与释义、话语交互与融合、话语接受与转化的系统化教育内容。

首先，以社会主义核心价值观教育的话语内容诠释，优化价值引导功能。在话语体系各要素的耦合作用下，社会主义核心价值观的话语诠释是社会主义核心价值观的意义界定与意义阐发。其一，在意义界定层面，社会主义核心价值观的话语诠释对价值内涵予以清晰界定，实现价值目标、价值取向与价值原则之间的意义明晰、逻辑贯通与脉络清晰。社会主义核心价值观的意义界定是将社会主义核心价值观的"三个倡导"，以"是其所是"的内涵阐释方式，以高度精练的语言清晰表达其本质概念，更为明晰地界定相关概念的内涵与外延。其二，在意义阐发层面，社会主义核心价值观将抽象意义上的价值观，以"应是其所是"的意义阐释方式，具体阐发为理想信念、价值理念与道德观念。由此，社会主义核心价值观的意义阐发是将抽象化的价值原则，转化为彰显文化底蕴、富含时代特点与传承中华文明的价值观念。

其次，以社会主义核心价值观教育的话语内容转化，增强价值渗透功能。其一，社会主义核心价值观话语转化蕴含"一"与"多"的价值协同与价值融通。在"一"的层面，社会主义核心价值观话语转化具有价值意义上的确定性，保持价值观本质内容与内涵意义上的"一元化"诠释，加强意识形态领域建设的主导权与话语权。在"多"的层面，社会主义核心价值观话语将一般意义上的价值观表达转变为具体的话语表述，转化为多样的话语表达方式，实现话语内容与话语载体的内在契合、多样化表述与全息化表达。其二，社会主义核心价值观话语转化促成话语内容与话语受众的匹配契合。话语转化是基于受众的群体特点，通过价值叙事、人物刻画等方式，将社会主义核心价值观的价值理念转化为大众话语与日常话语，转化为具象化、生动化、直观化的话语表达、情境呈现与事例表述。

最后，以社会主义核心价值观教育的话语内容接受，增强价值辐射功能。其一，社会主义核心价值观话语接受是价值主体的价值态度形成与巩固过程。话语接受是通过主流媒体的舆论宣传，实现价值观的情感共鸣、理性认知与行为实践的有机协同。话语接受是深化宣传教育、渗透熏陶与氛围营造的过程，通过创设具有鲜明价值指向的话语情境，实现话语传达与价值情境渲染有机结合。其二，社会主义核心价值观话语接受是话语受体对话语内容的理解、认同与践行的过程。话语接受是通过媒体传播、媒体推送等方式，发挥精神文化产品在创作生产传播过程中的价值引领作用。同时，话语接受依托主流媒体，增强社会主义核心价值观对社会心态的引导与匡正，培育自尊自信、理性平和、积极向上的社会心态。

3. 社会主义核心价值观教育载体更具全媒体属性

全媒体是基于媒体的要素构成，在主体、内容、过程与效果等方面，既涵盖了媒体要素的全面性，也囊括了媒体之间的融合性，彰显并发挥着"全"的本质属性与功用，深化构建"立体多样、融合发展"

的传播体系。基于此，全媒体的应用发展，促成了传统媒体与新媒体之间的界限逐渐消解，构建出"融媒体"的技术趋向与平台渠道，增强了社会主义核心价值观教育的迅捷性与情境性、交互性与贯通性。

首先，全程媒体增强了社会主义核心价值观教育的迅捷性。全媒体的全程意指媒体关注对象的发生全过程。其一，在媒体对象方面，全程媒体是全过程的媒体传播。习近平总书记指出，"探索将人工智能运用在新闻采集、生产、分发、接收、反馈中，用主流价值导向驾驭'算法'，全面提高舆论引导能力。"① 全程媒体根据公众的关注热点或焦点，全过程跟进报道某一现象或对象的发展始末，通过权威、全面与真实的跟踪报道，使人民关注的热点、难点与焦点问题得到及时回应与反馈，提高了主流媒体话语权的引导力。其二，在媒体时段方面，全程媒体是全时段的媒体传播。全程媒体实现了"多形式采集，同平台共享，多渠道、多终端分发"的全程传播方式。全程媒体是以"因时而进"的全程报道方式，将社会主义核心价值观融入热点引导与舆论监督之中，深化价值引导、传播与渗透的协同功能。例如"信息流漏斗算法"运用信息推送与信息关注度的即时反馈，类似于漏斗的累加过程，在流量倾斜的反馈过程中，促成即时的舆论热点与正向的舆论引导有机结合。

其次，全息媒体增强了社会主义核心价值观教育的情境性。全媒体的全息意指媒体进行全信息传播的方式。其一，在媒体技术方面，全息媒体是充分运用各种媒体传播与制作技术。全息媒体实现了媒体信息的全面记录与传播，深化主题宣传、典型宣传的内容系统性、信息客观性，达到"可信""可敬"的宣传引导效果。其二，在媒体受众方面，全息媒体是通过发挥媒体传播的信息协同。全媒体是以浸入情境的方式，将跨时空、跨地域的人文精神与价值理念予以全面呈现，以直观化、沉浸式的媒体情境，将社会主义核心价值观的教育内容予以具象化

---

① 《习近平谈治国理政》第三卷，外文出版社 2020 年版，第 318 页。

与情境化呈现，充分实现价值引领与文化传播的有机结合。

再次，全员媒体增强了社会主义核心价值观教育的交互性。全媒体的全员意指全民具有媒体传播的可行性与主体性。其一，就可行性方面，全员媒体具有实现自媒体传播的技术手段。伴随着 5G 技术的普及，媒体传播的即时性更高，媒体产品制作的成本更低，媒体平台的多样性与普及性更强。全员媒体实现了由单向的内容供给转变为多向的内容互动，将点对面的传播方式转变为点线面多维共存的互动方式，将生活化素材、大众化内容融入社会主义核心价值观教育传播过程中。其二，在主体性方面，全媒体是全民皆可进行媒体传播。全员媒体是借助各种新媒体平台与人工智能算法、算力技术应用，深化主流媒体与自媒体之间的融合程度，构建更为系统化的新媒体核心数据。由此，全员媒体适应分众化特点，发挥互动式的全员参与作用，使大众的文化产品制作与传播融入媒体渠道，提高媒体受众对弘扬与践行社会核心价值观的文化自觉性与主动性。

最后，全效媒体增强了社会主义核心价值观教育的贯通性。全媒体的全效意指具有个性化、层次化的传播效果。其一，在个性化层面，全效媒体具有针对媒体受众的个性化特点。全效媒体是以社会个体、社会群体与全体社会成员为多层面媒体受众，营造出具有对象化特征的媒体传播效果。"中国的媒体融合已进入 3.0 阶段，其内外部表现包括体制机制融合、报（台）网端融合、云平台、省市县融合"。① 由此，运用全效媒体是发挥其新兴文化业态、文化样式的特点，以更具针对性的媒体受众与媒体表达方式，使社会主义核心价值观教育以"落细"的方式融入全效媒体中。其二，在层次化层面，全效媒体具有媒体受众的分众化特点。全效媒体是基于媒体受众"破圈""入圈"与"出圈"的媒体效果，发挥社会主义核心价值观"落细落小落实"的价值贯通作用，营造出具有社群化、分众化的媒体传播效果，增强教育内容的思想性与艺术性。

_____

① 梅宁华、支庭荣：《中国媒体融合发展报告（2019）》，社会科学文献出版社 2019 年版，第 11 页。

第二节　人工智能与社会主义核心价值观
教育融合创新的问题瓶颈

人工智能发展围绕关键技术的研发方向，取得了理论范式发展与技术突破创新。与此同时，人工智能的发展呈现出诸多不确定性的研发与应用难题，其"双刃剑"效应也无法完全估量。与此同时，人工智能的发展作为前沿性科学研究与技术应用，正在引发链式突破，推进经济社会各领域的智能化发展。在此背景下，社会主义核心价值观教育融入人工智能领域的系统化机制尚未建立，社会主义核心价值观教育自身也面临着一定的机制障碍与问题瓶颈，这在一定程度上阻滞了二者融合创新的广度、深度与协同度提升。

一　人工智能的技术困境与风险影响

人工智能是影响面广的颠覆性技术，在一定程度上存在着发展的不确定性与影响的不可预见性。这意味着，发展人工智能必然要预判与防范其风险、挑战和隐患，有力协调产业政策、创新政策与社会政策，实现发展激励与合理规制的有机协同。

1. 人工智能具有发展的不确定性，在一定程度上衍生经济安全问题

人工智能以关键技术的突破与更迭，发挥着创新驱动作用，催生了实体经济的新模式与新业态；也发挥着溢出带动作用，重构经济活动各环节，促成了数字经济的快速发展。与此同时，人工智能面临着一体两面的优劣势共存，存在着技术短板与风险，对于经济发展存在一定的阻滞作用与隐患风险。

首先，人工智能存在技术短板，导致人工智能与实体经济的深度融合存在一定的技术障碍。新一代人工智能的发展是以算法、算力与算料

为"三驾马车"，其中算力发挥着更为关键的基础作用。深度学习面临着天文数字般的海量数据处理，如何实现海量芯片之间的通信协作能力是当前算法无法克服的技术瓶颈。目前人工智能以深度学习作为主流范式与关键技术，使人工智能系统逐渐具有感知外界、自主学习的适应性、灵活性、扩展性。值得注意的是，人工智能的深度学习模型存在内在缺陷，即鲁棒性弱①、可解释性差、泛化能力较低、推理能力欠缺等缺陷。人工智能系统在模型参数发生大幅度变化或其结构发生变化时，无法保持渐进稳定过程及状态。可解释性差是人工智能的算法具有"黑箱"运作的特征，使人工智能的透明度和可解释性遭受质疑。具体而言，人工智能自身无法对算法分析与算法决策做出系统化解释，同时面临着算法精准性与可解释性之间无法有效兼顾的问题。人工智能系统面临泛化能力较低的问题，在复杂实际情况中，缺乏关于相关性知识的泛化与习得能力，不具备关于海量数据的规律分析与趋向预判能力。由此，在人工智能应用于实体经济的具体行业与场景的过程中，因具体行业操作要求的多样性、具体场景的复杂性，使人工智能深度融入实体经济面临着技术障碍，呈现为具体应用场景的"碎片化"、产业生态的单一化、基础硬件建设的薄弱化等应用障碍。

其次，人工智能存在技术风险，导致人工智能对数字经济的发展产生一定的负面影响。《"十四五"数字经济发展规划》指出，"我国数字经济规模快速扩张，但发展不平衡、不充分、不规范的问题较为突出，迫切需要转变传统发展方式，加快补齐短板弱项，提高我国数字经济治理水平，走出一条高质量发展道路。"人工智能融入数字经济发展，目前存在着网络安全、数据安全、数字经济治理等显性或隐性风险。在网络安全防护方面，人工智能的算法、算力与算料之间的协同化程度，仍受制于人工智能的泛化能力较低、推理能力欠缺，在跨领域网络安全信息共享和工作协同能力方面出现短板，重要行业领域中关键信息基础设

---

① 鲁棒性，即英文 robustness 一词的音译，也译为稳健性。

施的网络安全防护能力有待进一步加强。在数据安全保障方面，人工智能以数据作为深度学习的信息基础与依据，在目前生产与生活场景的智能化应用过程中，使数据采集终端呈现井喷式增长，形成愈加庞大的数据资源库，有力提升数据采集与传输、分析与挖掘能力。这在很大程度上存在着数据监管的隐患性、数据运用的不透明性，以及数据依赖的不确定性。由此，人工智能系统的技术风险可能会引发经济风险，导致社会治理的隐患问题衍生，继而造成各类风险相叠加，导致数字经济普惠共享发展面临着技术障碍与瓶颈。

2. 人工智能具有应用的不同步性，在一定程度上衍生社会治理问题

在全球范围，人工智能在关键技术的突破、经济社会领域的应用过程中，逐渐形成了技术属性与社会属性的广泛融合及互动影响。人工智能应用的影响和后果具有一定程度的不协同性，对于国家与社会治理，以及经济安全和社会稳定产生深远影响。

首先，人工智能融入社会应用，对于法治建设提出新挑战。人工智能作为颠覆性技术而产生"溢出效应"，由此对于社会治理影响的具体方面与程度，无法做出精准化估量。正如网络上流传着这样一个问题，"AI永远无法取代什么？答案是，它无法替人坐牢"。由此可见，人工智能对结果负责到何种程度，引发出广泛的社会责任与法治责任担忧。就目前而言，大数据技术是人工智能应用最为广泛的技术系统，也是最受社会各方面关注的问题焦点。如何更为安全依规地使用大数据，这对于法治建设提出新的要求。人工智能的应用在法律法规层面存在一定的盲点。2021年，国家出台并实施《中华人民共和国数据安全法》《个人信息保护法》《网络产品安全漏洞管理规定》，加快了关于大数据及人工智能的立法进程。整体而言，对于行业安全合规性的安全审查与防范机制尚未/仍未系统化建立，人工智能的新领域发展、新技术应用的法律法规尚未/仍未予以系统化完善。尤其是关于人工智能算法可解释性不足、数据处理不可预测等问题，亟待进一步予以增强其法律条款的适

应性。

其次，人工智能融入社会生活，对于社会治理带来不确定风险。目前新一代人工智能的诸多技术大多处于研究转化为应用的初期阶段，对于应用的当下效果与长远影响的认识仍无法系统化与精准化研判。尤其是人工智能安全性的风险评估与效能测评工具较为匮乏，人工智能数据保护机制、应对数据攻击的防御机制尚未有效建立。与此同时，人工智能逐渐应用于社会治理各环节，既在宏观层面嵌入至社会治理的整体格局，也在微观层面融入基层治理的末梢环节。人工智能在社会治理的基层运用中，存在着不同社会群体间"数字鸿沟"风险可能性，造成社会治理主体间的信息壁垒，继而影响整体性与协同性相统一、刚性与柔性相契合的社会治理效果。由此，人工智能赋能社会治理是要科学把握人工智能在社会治理中的应用限度、边界与效果，构建完善"人机协同"的社会治理模式。

3. 人工智能具有技术的颠覆性，在一定程度上引起道德伦理冲突

人工智能作为具有颠覆性与影响面广的前沿技术，其安全性、可靠性与可控性的发展程度直接关涉对人类发展的责任性与确定性。换言之，人工智能发展有内在的不确定性，衍生出侵犯个人隐私权利，冲击法律、主流价值观与道德伦理等问题。聚焦道德伦理问题，人工智能主要涉及隐私伦理与算法伦理问题。

首先，人工智能的应用触发了隐私伦理问题。"人工智能伦理风险是指由于人工智能技术应用效果的难预测性和不确定性，以及技术使用者的使用不当等因素而引起的失业、人的异化、贫富差距加剧等已知或未知的伦理负面影响。"[①] 在诸多的人工智能伦理风险之中，基于人工智能的技术特质，其伦理隐私问题备受关注，其伦理主体责任问题成为不可忽略的现实问题。关于隐私伦理问题是源自信息技术的隐私保护问题，又在人工智能技术具有不透明性、解释性差等问题影响下，形成了

---

① 卢艺、崔中良：《中国人工智能伦理研究进展》，《科技导报》2022 年第 18 期。

新的隐私伦理问题。这主要表现在人工智能在信息应用过程中所产生的伦理问题。诸如人工智能的过度使用，在一定程度上存在侵害公民隐私权的问题。人工智能的解释性差、算法黑箱会导致算法决策的不透明性以及难解释性等问题，进而有可能损害程序正当性，在一定程度上会导致侵害公民知情权、监督权等问题。精准信息推送、定向信息传播等技术存在一定的滥用或误用风险，在一定程度上会导致信息茧房、信息孤岛等问题。

其次，人工智能的应用引发出算法伦理冲突。人工智能是基于深度学习的关键技术支撑，具有一定的算法分析、算力提升与算料搜集的自主性，也具有一定的决策和分析能力及权限，由此衍生出社会责任归属与社会伦理问题。具体而言，算法伦理冲突主要表现在算法歧视、算法安全和算法责任等方面。在算法歧视方面，人工智能在算法设定与运用过程中，存在着目标失范、数据偏失等方面的可能性，在一定程度上易于引发侵害公民平等权的风险。尤其是算法决策在社会各领域中逐渐广泛应用，因"算法支配"有可能造成决策者被"算法"驯服的认知风险。在算法安全方面，人工智能的算法缺陷、算法误导的问题易于引发多重叠加的安全风险，诸如个人信息大规模泄露、交通系统瘫痪等社会安全问题。在算法责任方面，人工智能基于技术设计与价值设定，有可能引发侵害公民生命权与健康权问题，由此衍生关于伦理责任的划分与认定问题，例如无人驾驶技术产生的伦理困境。鉴于此，国家新一代人工智能治理专业委员会于 2019 年、2021 年先后发布了《新一代人工智能治理原则——发展负责任的人工智能》《新一代人工智能伦理规范》，明确提出了"尊重隐私""安全可控"等人工智能治理原则，确立了"促进公平公正""保护隐私安全""提升伦理素养"等基本伦理规范。

二　教育人工智能的应用瓶颈与现实挑战

教育人工智能的应用是基于人工智能理论范式的底层逻辑，聚焦教育领域的学科研究与实践应用，聚合为承载着人工智能关键技术，并具有教育领域学科属性与应用特征。在人工智能理论、技术及方法的协同应用过程中，教育人工智能既面临人工智能的内生性与共性问题，也产生教育领域自有的困境及难题。

1. 教育人工智能的算法风险衍生

基于人工智能的内在逻辑与技术架构，教育人工智能是以人工智能的算法、算力与算料为根本技术支撑，应用于相关教育领域与具体环节，由此相应衍生出人工智能所具有的共性问题。

首先，教育人工智能存在算法瓶颈。教育人工智能的算法首先是基于计算机信息技术，实现特定函数代码的输入、分析、运算及输出的处理机制。与此同时，基于机器学习与深度学习的运用，教育人工智能的预期目标是运用一定的教育信息数据，进行教育内容分析、方法选择、效果评价与方案优化。就现实应用而言，针对具体教育要素，教育人工智能的算法存在着简单化倾向，导致运用于多样化教育场景等方面的契合性不足。教育人工智能对于教育场景的简单化处理，偏重于"现实虚拟"的情景化营造，反而影响了现实情境体验以及教育习得的场景效果。针对教育过程的动态性，教育人工智能对于教育过程予以模式化处理，加之机器学习的滞后性与单一性，无法及时有效处理好教育过程的变量因素，影响到教育过程的即时反馈。针对应用范围的拓深，教育人工智能的算法存在着程式化倾向，导致运用于具体教育对象的个性化与灵活性不足。教育人工智能是运用数据化的算法逻辑而做出自动化的算法决策，但无法实现人机之间的情感互动及交流，进而影响学生的情感化表达以及分众化引导，可能会导致"习得性无助"的不良教育后果。

其次，教育人工智能面临算力问题。教育人工智能的算力作为算法的处理能力，促成了由教育目标导向到教育任务落实的能力，以云计算技术为重要算力支撑。就业态链而言，教育人工智能属于下游应用层，必然需要上游基础层与中游技术层的软硬件基础支撑。在多场景的教育领域中，教育人工智能需要面对诸多碎片化的应用场景，在很大程度上存在具体教育场景的算法与算力之间出现脱节问题。教育人工智能的算力系统是由上游与中游生态链延伸而来，其开源代码是由其他领域移植而来的。这导致了算力系统对于教育应用的匹配性不足，也导致了算力结果与实际效果的冲突，以及算力优化的速度滞后于教育目标要求等问题。与此同时，教育人工智能的算力必然依托于高运算能力的处理器芯片、云计算系统等软硬件系统。在现有技术限度中优化教育人工智能算力，必然要使用高性能的软硬件系统，也必然会增加高成本研发投入的风险，这在一定程度上阻滞了教育人工智能的深化应用。

最后，教育人工智能面临潜在的算料风险。教育人工智能的算料是以教育大数据为基本构成，其算料的输入、分析与输出促成了算法与算力的协同作用过程。在算料的输入过程中，人工智能算法过程的"黑箱机制"，会导致教育大数据的输入、分析与输出之间的不透明性与解释性差等问题。在算料的输入端，教育人工智能对于大数据的系统性、真实性处理，在一定程度上存在分析能力缺失、分析结果可信度存疑等问题。例如教育者与受教育者的情绪表达是否真正为人工智能所真实记录、正确分析与理解。在算料的分析过程中，教育人工智能依赖大数据计算的可靠性与匹配性处理能力欠佳。如何真实有效分析与评价显性的知识掌握、技能培养与习惯养成，又如何深刻透视隐性的心理过程、潜在能力与情感变化，这些问题是大数据计算模型不可绕过而又无法处理的现实难题。在算料的输出过程中，基于人工智能的黑箱特征，教育人工智能的运算分析结果往往缺乏在人为理解范围之内的逻辑一致性、语言解释性，由此导致算料的处理结果存在人为层面的不可验证性。由此，教育人工智能的处理结果效度存在质疑，并且可能引发算法支配、算法偏见、算法控制等风险。

2. 教育人工智能的教育应用困境

人工智能在教育领域各方面的应用过程中，推进着教育模式与内容、方法与策略的创新发展。与此同时，基于人工智能算法、算力与算料所隐含的风险，教育人工智能在教育关系的耦合、教育目标的实现、教育过程的协同以及教育效果的优化等方面，面临着诸多应用困境。

首先，教育关系在一定程度上予以消解。基于"以人为本"的教育价值定位，教育关系呈现为教育者与受教育者的二元主体关系。教育人工智能的应用，在一定程度上增加了人工智能的教育关系变量。一方面，教育人工智能作为教育工具或手段，发挥着一定的教育辅助作用，例如智能化教学辅导、智能化提问与答疑。另一方面，教育人工智能基于教育"助手"或"专家"的角色定位，成为教育过程的决策者、教育专家、教师同行、学生同伴等多维角色。由此，在教育人工智能的广泛应用过程中，教师与学生的双元主体关系是否会发生改变。关于这一担忧主要归结于在普及化应用过程中，教育人工智能所发挥的作用更具重要性，甚至是不可替代性的作用，使教师与学生对其产生路径依赖。如若教育人工智能作为教育手段或辅助工具，在进一步普及应用过程中，成为更具权威性的教育主体。这将面临着教育人工智能的教育伦理关系与伦理责任的定位难题，也会引发诸多担忧，例如人工智能是否会消解或动摇教师的主体地位，是否影响或弱化学生的主体地位。

其次，教育目标在一定程度上发生偏移。基于"人之为人"的教育价值审视，教育的本然价值与目标是实现人的全面而自由的发展。教育人工智能对于教育目标的实现，发挥着双重性的教育作用。教育人工智能的目标设定是为了塑造受教育者的全面化素质及个性化特征，通过自适应性学习系统等智能化应用，以期构建受教育者与学习者的个性化学习系统。与此同时，教育人工智能所存在的算法、算力等内生缺陷，导致个性化学习系统存在着简单化与程式化问题，在知识拆解分析与个性化需求之间难以实现有效契合。基于算法推荐的个性化推送，因算法黑箱机制困境，个性化推送的科学性、精准性与全面性存在质疑，易于造成教学的同质化倾向。这也将引发一定的担忧，即算法推送而造成的"信息茧房"，对于学生的全面素质拓展与个性化教育，造成何种程度、何种方面的负面影响。

再次，教育过程在一定程度上出现"物化"特征。基于"教学相长"的教育过程，教育者与受教育者之间构成了教育过程的双向主体关系，即以"知情意信行"的教学协同关系，构成了"教"与"学"的教学双重过程。在应然的设计目标中，教育人工智能的应用是包含着人机互动与协同关系，理应关注教师与学生的情绪变化、情感表达。但在实际应用过程，教育人工智能缺乏人机之间的情感共情及联结能力，出现"高智能、低情商、伪情感"的教育困境。与此同时，教育者与受教育者之间的教育过程是处于一定的教育环境与情境之中，在虚拟现实与现实增强的教育技术运用下，营造相应的虚拟教育情境。这形成了"教育者—人工智能体—受教育者"的教育交互方式，也产生了"情感遮蔽""教育主体空场"等教育难题。

最后，教育效果在一定程度上遭受质疑。基于"教学做合一"的教育效果指向，教育效果必然是遵循教育规律与人的成长规律。如何衡量教育效果的针对性与有效性，是关涉教育评价与决策的重要依据。教育人工智能的大数据应用是以数据驱动与认知计算为关键技术，为教育效果的分析与判断、决策与反馈，提供了系统化的大数据支撑。关于大数据应用的范围广度、限度与深度，如何予以正确衡量与运用，是教育大数据所面临的价值困境。诸如教育大数据的数据权利是归属于教育者与受教育者，还是大数据平台或公司。又如教育大数据的数据运用程度不加限制，是否会通过数据挖掘、整合与重新标识，形成高关联度的"推论攻击"或"预测性干扰"等教育困境。再如教育大数据的数据监控，是否影响到数据公正。又因算法与算力缺陷而进行的"数字刻画"或"数字画像"，其结果的客观真实程度遭受质疑。

三　人工智能时代社会主义核心价值观教育面临的问题与挑战

习近平总书记强调，"深刻认识我国社会主要矛盾变化带来的新特征新要求，深刻认识错综复杂的国际环境带来的新矛盾新挑战"[①]。基于我国社会主要矛盾变化带来的新特征新要求，社会主义核心价值观教

[①] 《习近平谈治国理政》第四卷，外文出版社 2022 年版，第 12 页。

育面临着利益关系复杂交织、文化思潮多重裹挟、价值诉求多样多变等问题。只有厘清诸多问题的现实影响、本质归因与内在机理，才能促进社会主义核心价值观教育的内容拓深、策略优化与路径完善。

1. 教育的目标指向存在一定的弱化倾向

在价值指向维度，社会主义核心价值观教育"将国家、社会、个人层面的价值要求贯穿到道德建设各方面"，以此作为价值引领的目标指向，实现国家价值目标凝聚、社会价值取向趋同、公民个人价值规则认同。基于文化思潮的多样交织、社会心态的多样变化，社会主义核心价值观教育面临着价值目标弱化与离散等问题。

首先，渗透隐微的文化思潮在一定程度上阻滞了价值考量的聚合性。伴随着全球化的进程深化，社会思潮、价值观之间的相互渗透与多样交织。各类思潮在交流、交融过程中暗藏交锋，价值观之间的角力更为激烈，各类文化产品的供给与输入更为丰富多样，内在裹挟的价值观良莠混杂。各种思潮隐性植入于文化消费与文化产品之中，在无形之中增加了辨识难度，甄别标准尚未明确标识，更需要以"探赜索隐"的方式，省察不同文化样态的本质。尤其是当下的文化消费呈现为多样化的"社交符号"，构成了具有包绕作用的文化场，甚至分化为价值倾向迥异的亚文化圈层。这导致了亚文化圈层之间形成了价值闭合现象，以文化圈层的归属进行价值考量与评判，继而阻滞了主流文化与主流价值观的价值聚合作用。

其次，多样多变的社会心态在一定程度上分化了价值心理的趋同性。社会的快速变化发挥着不同层面的"变量"作用，使社会心态呈现出趋同与分化的双重样态。追求社会公平正义，笃实获得感、幸福感与安全感的价值诉求更为强烈与趋同。与此同时，社会发展的多变性促成了社会主体的差异化分层，对于未来发展的不确定性产生不同程度的焦虑心态。加之自媒体的广泛普及与传播加速，短视频等形式的情境化展现，构成了"引发焦虑""制造焦虑"的心理暗示。这易于形成具有弥散性、广泛性与从众性的负面情绪感染，进而形成"躺平""佛系"

等消极退避心态，继而影响到价值心理的积极正向塑造。

2. 教育的作用过程存在一定的干扰问题

在价值主体维度，社会主义核心价值观教育是促成价值主体的认知自洽性，以期达到通约性的价值认同方式、一贯性的价值评判标准。社会主义核心价值观教育在利益协调、关系规范与环境营造过程中，面临着价值认同、价值接受与价值评判等方面问题。

首先，多样分化的利益格局在一定程度上阻碍了价值认同的通约性。基于发展不平衡不充分问题，社会治理存在的弱项，民生保障面临的短板，影响迁延到文化建设、精神文明建设、公民道德建设等领域。在一定社会领域中，"拜金主义、享乐主义、极端个人主义仍然比较突出"[①]。人民群众的道德素质、文化修养、文明素养存在不平衡、不协调的问题，影响到社会文明程度的整体提升与价值引领效能的系统优化。发展不平衡不充分问题在一定程度上导致利益关系的分化，进而使价值评判出现多样化与差异化倾向，阻碍了价值引领发挥更深层次的价值通约作用。

其次，交织并存的多重环境在一定程度上干扰了价值评判的一贯性。数字化智能化的科技应用催生了人民精神生活的复杂环境。公共生活领域与个人生活场域、现实环境与虚拟环境之间多重交织，价值主体具有多重价值角色，不同价值角色对于价值认知与考量、价值选择与行为，具有多样的价值标准与要求。例如网络环境中身份隐匿、信息开放、心理释放等特点，催生出"键盘侠"这一特殊群体，对自身与他人予以双重标准的价值评判，以高度的道德标准评判他人的价值行为与选择，以精致的利益标准考量自身的价值行为与动机。由此，价值情境的多维性、价值考量的多样性、价值标准的多重性，导致一些人的价值认知缺乏内在的自洽性，无法形成"一以贯之"的价值评判标准，形成对自身纯粹的利益考量与对他人严苛的道德评判之间的强烈反差，也

---

① 中共中央党史和文献研究院编：《十九大以来重要文献选编》（中），中央文献出版社2021年版，第227页。

形成现实生活中"随大流"从众选择与网络环境中"特立独行"个性张扬之间的鲜明反差。

3. 教育的内容贯通存在一定的割裂问题

在价值内容维度，社会主义核心价值观教育是将价值观的系统化实践与立体化传播相结合，达到价值观内容要求的有机贯通，以及价值观内容传播的覆盖融通。社会主义核心价值观教育在价值内容表达与实践过程中，在一定程度上面临着价值传播的合力弱化、价值规则的衔接不畅等问题。

首先，价值传播的转化不足，在一定程度上弱化了价值传播的渗透性。价值传播是要实现价值取向、话语表达与传媒载体之间的内在融通，话语表达的表征能力以及传媒载体的传播能力直接关涉价值传播的内容贯通效果。在话语表达层面，价值传播的话语转化，尤其是大众化与生活化的话语创新力不足。在网络话语、日常话语的包绕浸染中，价值话语面临着不良网络文化与社会文化的冲击。自觉的话语生成机制尚未形成，在一定程度上导致内涵深刻的政治话语与学术话语，仍未主动高效转化为生活气息鲜明、群众喜闻接受的大众话语，也导致了在大众日常话语与流行话语中留下了一定的价值真空，使"丧文化"等不良文化因素与话语表达有一定的传播空间。在传媒载体层面，价值传播的媒体平台呈现出扁平化、交互化、分层化的趋向。在新媒体、自媒体普及使用的融媒体时代，具有"人人皆可发声"属性的载体平台，在一定程度上缺乏逻辑分析、理性表达的价值匡正，呈现出"自我封闭、自缚茧房"的圈层文化。在"流量为王"的媒体竞争中，一些自媒体内容是以制造焦虑、贩卖焦虑为引流手段，在一定程度上导致了"躺平"等不良社会心态的蔓延。

其次，价值实践的规则衔接不畅，在一定程度上影响了价值实践的贯通性。价值实践是将价值理念、价值规则与道德规范，实现抽象化到具象化的层层递进拓展。就此而言，社会主义核心价值观延展为系统化的价值规则与公民道德规范，在生产生活领域的贯穿程度需要深化，柔性价值规范与刚性制度保障的协同度有待优化。在社会规范层面，市民公约、乡规民约、行业规章、团体章程等社会规范有待完善，在一定程度上导致公民道德规范缺乏在社会公共领域与个人生活领域之间的内在贯通，也缺乏共性的价值理念与可操作性的道德要求之间的有机衔接。在社会治理层面，共建共治共享的治理机制有待完善，刚性的约束与规范作用发挥不够，法律层面的矫正与纠偏能力有待增强，在一定程度上产生了道德规范失灵、价值失序等问题。

4. 教育的路径融入存在一定的阻滞问题

在教育路径层面，社会主义核心价值观教育坚持"贯穿结合融入""落细落小落实"的教育要求，将价值目标、价值取向与价值规则贯通于系统化的教育实践之中。聚焦人工智能领域，社会主义核心价值观教育融入人工智能的教育路径尚未系统化构建，融入渗透于人工智能领域的科技研发、技术应用、业态发展与教育领域的路径存在一定的阻滞问题。

首先，人工智能的主流价值观有待凝练。立足当前弱人工智能向强人工智能的发展趋势，关于人工智能的价值共识主要是聚焦于发展有益于人类的人工智能。在此价值共识的前提下，"人工智能用来控制真实世界的系统，是以人工智能的稳健运作、服从指令为前提。这必然需要解决人工智能的验证、确认、安全和控制相关的一些棘手的技术问题。"① 由此，关于人工智能的价值评判必然要立足于现实的应用情境，由相应的价值主体予以价值定位、价值选择与价值评判。就此而言，关于人工智能的主流价值观尚待凝练与深化，需要在人工智能发展的现实情境中予以完善与拓深，也必然需要以社会主义核心价值观为价值基准，以更为通约的价值共识确立人工智能的价值定位与价值基准。其一，在价值定位方面，人工智能是以有益于人类发展为根本定位，但有益于人类发展的具体价值规定仍未达成广泛的价值共识。基于业态链的

---

① ［美］迈克斯·泰格马克：《生命3.0》，汪婕舒译，浙江教育出版社2018年版，第176页。

生态位差异、社会群体的分层、当下利益与长远利益的分化，如何有力规范与合力协调人工智能的利益博弈、安全可控与良性发展，这是人工智能的主流价值观亟待解决的问题。其二，在价值基准方面，关于人工智能的经济效益与社会效益如何予以理性考量，不同层面的经济效益以及社会效益发生冲突时如何予以正确选择。这需要进一步明确价值冲突时价值选择的位序排列，完善细化人工智能对于推进人的全面发展、促进社会全面进步的价值评判标准。

其次，人工智能的伦理规范有待拓深。关于人工智能的伦理规范以其价值共识为价值前提，要构建系统化的伦理规则，增强道德伦理对人工智能的规范功能。目前关于人工智能伦理规范的衔接性有待延展，解释性有待增强。其一，在衔接性层面，人工智能的伦理规范关涉管理、研发、供应、使用等四个主要领域。四个领域之间的具体伦理要求如何予以衔接，在不同领域之间发生伦理选择的取舍或冲突时，如何进行合理甄别、选择与评价。这必然需要将社会主义核心价值观的本质要求，细化为人工智能各领域的行业规则、职业守则与从业规范。其二，在解释性层面，目前人工智能的伦理规范是基于"公平、公正、和谐、安全"的根本伦理规范，细化具有一般性、适用性与普遍性的伦理规则，而反观人工智能的应用场景呈现为具体化、碎片化特征。在具体多样的应用场景中，如何将一般性的伦理规则转化为具体情境中的伦理实践，这必然需要社会主义核心价值观以落细落小落实的方式，延展为人工智能场景中维系公序良俗的伦理要求，增强对于算法偏见、算法歧视、隐私泄露等伦理失范问题的有力矫治。

最后，人工智能的教育体系有待完善。在人才培养方面，目前国内人工智能发展面临着高端、复合型人才缺乏的问题，尖端人才的培养不能满足人工智能的研发与应用需求。在普及化教育方面，国内人工智能教育正在实施全民智能教育项目，逐步构建人工智能多层次教育体系，推进人工智能教育项目的顶层设计和具体研发。但由于教育资源与公共服务体系的发展不均衡、区域发展不协调等问题，人工智能教育在义务教育阶段面临着硬件与软件的投入不足，以及师资匮乏等问题。与此同时，社会主义核心价值观引领人工智能的教育体系有待完善，人工智能的价值观教育、技术观教育、职业观教育与科普教育等方面有待深化完善。

第三节　人工智能与社会主义核心价值观教育融合创新的发展趋向

基于人工智能与社会主义核心价值观教育所面临的发展机遇与问题挑战，二者的创新发展与互动融合，呈现出实然的问题导向与应然的目标导向。新一代人工智能的突破发展有助于拓展社会主义核心价值观教育的深度与广度。与此同时，社会主义核心价值观教育基于价值引领的本质规定，充分发挥对人工智能发展的价值引领与匡正、价值激励与创新作用。

一　人工智能的创新发展趋向

人工智能聚焦目前的问题瓶颈，以深度学习等底层关键技术为创新突破点，以推进人类社会发展为创新旨归，构建更为完善、安全稳定、透明规范的人工智能业态链。

1. 人工智能的发展更具驱动性

新一代人工智能在创新驱动的战略布局层面，积极发挥着创新倍增效应，在理论、方法、技术与产业等各环节，有力发挥着融合创新的驱动作用。

首先，人工智能的整体发展更具有战略驱动性。党的二十大报告强调，"坚持面向世界科技前沿、面向经济主战场、面向国家重大需求、面向人民生命健康，加快实现高水平科技自立自强。"[①] 人工智能作为

---

① 习近平：《高举中国特色社会主义伟大旗帜　为全面建设社会主义现代化国家而团结奋斗——在中国共产党第二十次全国代表大会上的报告》，人民出版社 2022 年版，第 35 页。

实施创新驱动发展战略的关键核心技术，以提升新一代人工智能科技创新能力为主攻方向与发展趋向，以类脑智能、自主智能、混合智能和群体智能为重点研发方向。人工智能作为原创性引领性的科技攻关，有利于构筑科技创新驱动的先发优势，在理论研究与技术研发层面力求取得突破性进展，推进人工智能应用的芯片化、硬件化与平台化发展。

其次，人工智能的整体发展更具有融合驱动性。新一代人工智能呈现为快速发展与广泛应用相协同的发展趋向，以"人工智能＋"的深度融合，构成了创新驱动的发展引擎。近年来，人工智能与云计算、物联网、区块链等方面的应用融合，构建了规模量级更为庞大的数据共享和交换平台。人工智能与生物科技、社会科学等方面深度创新融合，对于人类的生命研究、人类社会现象与规律研究，奠定了深度模拟、自动优化与系统建模等方面的理论、方法及技术支撑。

2. 人工智能的发展更具前瞻性

新一代人工智能的发展是基于应然的价值研判，更为聚焦"为人类谋福祉"这一价值锚点；基于实然的治理现状，更为注重潜在风险的精准分析与预先应对。

首先，人工智能的应然发展更具前瞻性。关于人工智能的发展预期，在很大程度上形成更为广泛的价值共识，即积极发展对人类有益的人工智能。基于这一价值共识，人工智能的发展立足前瞻预防与约束引导，注重创新发展与有序治理之间的内在协同，力求实现人工智能发展的安全、可靠与可控。

其次，人工智能的现实治理具有前瞻性。人工智能的治理目标以提升透明性、可解释性、可靠性、可控性为目标定位，以构建人工智能的安全评估体系、增强安全管控能力为治理重点。由此，人工智能的风险防范更具前瞻性，聚焦人工智能自身理论、技术与产业特征，更为精准地分析、研究与预判人工智能的潜在风险，注重加强风险预警与应对机制的完善。

3. 人工智能的发展更具生态性

新一代人工智能的发展是处于开放创新生态的发展布局之中，不仅体现在人工智能的生态链更为系统耦合，也充分体现在人工智能更为嵌合至科技创新、社会创新的生态链之中。

首先，人工智能的整体发展更具生态性。党的二十大报告指出，"完善科技创新体系""扩大国际科技交流合作，加强国际化科研环境建设，形成具有全球竞争力的开放创新生态"。① 人工智能的发展是基于系统性的生态化构建，构筑知识群、技术群、产业群互动融合的生态系统。人工智能的发展是基于生成性的生态化构建，促进政策法规与伦理规范之间有机衔接，实现前沿基础理论、关键共性技术、基础平台与人才队伍之间的有机动态协同。

其次，人工智能的产业形态更具生态性。基于产业链的层级构成，人工智能的基础层更具有内在耦合性，算法系统的程序设计、算力水平的硬件支撑与算料的大数据获取之间呈现出耦合发展态势。人工智能的技术层更具有动态协同性，关键技术之间构成了互动交融的发展态势，促成计算机视觉、自然语言处理、跨媒体分析、自适应学习等关键技术之间的深度融通。人工智能的应用层更具有系统拓展性，在基础层与技术层的理论方法及技术架构支撑下，以软件和硬件的协同迭代发展，呈现为"具身智能"软硬件结合的智能体。

4. 人工智能的发展更具开放性

新一代人工智能的发展是基于通用人工智能框架，呈现为自主学习、深度学习、泛化学习等开放性特征。与此同时，新一代人工智能深度嵌入至全球化的发展框架之中，有力促进了学科交叉融合与跨国界的开放协作。

首先，人工智能的发展架构更具有开放性。通用人工智能作为新一代人工智能的发展趋势，更具有开放性的处理复杂问题能力，逐渐改变单一性的解决具体领域问题能力，在复杂物理环境与社会环境中，更为高效处理诸多无预先设定的复杂任务。通用人工智能更具有开放性的自

---

① 习近平：《高举中国特色社会主义伟大旗帜　为全面建设社会主义现代化国家而团结奋斗——在中国共产党第二十次全国代表大会上的报告》，人民出版社 2022 年版，第 21 页。

主处理能力，以更为自主的感知、认知与学习，决策、执行与协作能力，呈现出自主迭代、自主训练、自主转化的发展态势。通用人工智能运用概率与权重为基础的底层算法，在绘画、音乐、推理等人类智能的诸多方面，甚至超过了人类的平均水平。通用人工智能构成了算力与深度学习能力的有机协同，在指令理解能力方面，能够在理解语义的话语内容的基础上，进一步理解语旨的话语动机与目的。

其次，人工智能的发展格局更具有开放性。人工智能的发展呈现为协作性的发展态势，形成全要素、多领域、高效益的深度融合发展格局。具体而言，跨领域、跨地区、跨国界的协同合作更为深化，国际人工智能治理框架和标准规范的共识性更为鲜明。人工智能的发展呈现为交叉性的发展态势，推动人工智能与神经科学、认知科学、量子科学、心理学、数学、经济学、社会学等相关学科的交叉融合，进一步推进通用人工智能的广泛应用。

二　教育人工智能的应用发展趋向

在新一代人工智能的创新驱动作用下，教育人工智能聚焦教育领域的问题与短板，不断优化与改进算法及算力。由此，教育人工智能围绕教育的本然目标，在人工智能关键技术的创新驱动下，深化推进主动性学习、个性化教育、体验式教育及终身化教育。

1. 以数据驱动引领教育信息化发展方向

教育人工智能运用群体智能、混合增强智能等关键技术，以教育信息化发展为基础支撑，不断推进"政策支持有力化、学习体验多元化、教学功能多样化、教育生态一体化"[①]。

首先，基于数据驱动与认知计算等核心方法，更为深度运用数据驱动的智能决策与服务。教育人工智能是以群体智能为关键技术突破点，推进互联网的大众化协同、大规模协作，构建知识资源管理与开放式共

---

① 孟亚玲、武帅、魏继宗：《人工智能教育研究的现状、热点与趋势——基于1979—2019年1043篇人工智能教育文献的数据分析》，《现代教育技术》2020年第3期。

享的教育信息化平台。教育人工智能运用以专家系统为代表的群体智能技术，在特定教学任务的完成过程中，综合运用专业知识、成果经验与推理判断，发挥着专家决策的指导作用，提升教学决策与教学方案的优化程度。

其次，以群智知识表示框架为教育信息化平台的基础支撑，更为深化构建群体智能融合体系。基于混合增强智能技术的深度运用，教育人工智能注重知识获取和开放动态环境相融通，建立在线智能教育平台。在定制个性化的教学流程、模式化的教学评测、程序化的教学流程方面，教育人工智能有力提升教学任务的自动化程度。在数据驱动引领教育信息化的技术平台支撑下，教育人工智能更为注重智能校园的系统化建设，推动人工智能在教学、管理、资源建设等各层面的全流程应用。

2. 以深化应用推动教育教学模式变革

教育人工智能是以深度学习等关键技术的突破进展，进一步促成教育目标与过程、教育主体关系以及教育效果的协同优化，不断推进教育教学模式的创新变革。

首先，围绕无监督学习、综合深度推理等关键技术，促进教育大数据、教育知识与教育决策之间的理论创新及应用能力提升。基于自然语言处理的关键技术创新，教育人工智能更为注重自然语言的语法逻辑、字符概念表征和深度语义分析之间的技术协同，由此延展人机交流、人机协同的交互广度及深度。基于自然语言处理系统，教育人工智能的场景应用更为广泛，以语义分析为核心技术，综合运用词法分析、句法分析、语义分析、语用分析以及语境分析，创设更多语言类型与语言风格，提升教育教学模式的个性化与精准化程度。

其次，运用多媒体信息理解的人机对话系统，创设强感知、高交互、跨时空的教学模式与环境。基于信息可视化技术，教育人工智能更为注重开发立体综合教学场，构建基于大数据智能的在线学习教育平台，在教育内容的智能化创建过程中，创设可视化的学习环境，拓展感知与理解教学内容的多维度方式。教育人工智能更为注重以算法升级推动人才培养模式创新，以个性化学习促进解决复杂问题的高阶能力塑造，协同推动人才培养模式、教学方法改革相适应，深化构建以智能学习、交互式学习为创新驱动的新型教育体系。

3. 以融合创新优化教育服务供给方式

教育人工智能注重开发更具人性化与个性化的在线教育系统，增强在线教育资源的深度整合，为引导学生的个性化学习、主动性学习，创设更具开放性的教育平台。

首先，基于深度学习方法、高级机器学习理论的创新突破，教育人工智能的强解释性与强泛化应用能力更为增强。基于自适应学习、自主学习等人工智能技术，教育人工智能更为广泛应用分布式学习、隐私保护学习、无监督学习、主动学习等技术。在普通教育与职业教育的教育领域延展，以及在各学段的教育衔接过程中，智能学习、交互式学习、终身学习等教育方法与理念逐渐予以推广拓展。基于人机协同技术，人工智能教育在教学过程的环节衔接中，依托模式识别技术，综合运用语音识别、人脸识别、文字识别等技术，进一步提升教学反馈的精准度与迅捷度。

其次，基于教育服务的智能化供给，更为广泛运用智能教育助理，智能、快速、全面的教育分析系统更为完善。在通用人工智能的深度应用过程中，教育数据的自主整合能力更强，有力提升教育大数据搜集和整合效能，拓展教育大数据的应用与决策效度。在个性化学习与任务自动化的运用过程中，以学习者为中心的教育环境更为精准创设，根据学习者的个性特征与学习基础，提供精准推送的教育服务，提升日常教育和终身教育的定制化水平。

三　人工智能时代社会主义核心价值观教育的价值引领趋向

党的二十大报告强调，"坚持依法治国和以德治国相结合，把社会主义核心价值观融入法治建设、融入社会发展、融入日常生活。"① 立

---

① 习近平：《高举中国特色社会主义伟大旗帜　为全面建设社会主义现代化国家而团结奋斗——在中国共产党第二十次全国代表大会上的报告》，人民出版社 2022 年版，第 44 页。

足人工智能的发展现状与趋势，社会主义核心价值观引领人工智能发展，是坚持问题导向，聚焦人工智能领域中的相关问题，有力纾解与积极应对价值目标指向、价值作用过程和价值内容贯通等方面的机制障碍。社会主义核心价值观引领人工智能发展，是坚持目标导向，基于人工智能的应然价值定向，构建价值指向、价值主体与价值内容相耦合的价值引领机制。

1. 社会主义核心价值观教育的价值引领更彰显人民性

社会主义核心价值观教育始终秉持人民至上的根本立场，坚持"促进物的全面丰富和人的全面发展"相统一，以鲜明的价值基准引领人工智能的规范有序发展。

首先，价值引领是锚定"增进民生福祉"的人本价值指向。社会主义核心价值观教育承载着人民性的本质规定，坚持满足人民精神文化需求、增强人民精神力量、丰富人民精神世界相统一。这既要引领人工智能发展的创新空间拓展，以促进民生福祉改善为落脚点，也要引领人工智能发展的价值伦理匡正，将自由保障、权利平等、规则公平贯彻到人工智能发展的全过程及全要素。

其次，价值引领是以价值趋同的方式凝聚人工智能发展的价值共识。社会主义核心价值观教育立足高度的价值自觉，秉持社会主义核心价值观的根本基准，基于人工智能的价值定位与伦理属性，不断深化人工智能的价值内容释义与价值路径拓展。社会主义核心价值观教育立足高度的实践自觉，凝聚人工智能的伦理共识，不断完善人工智能的伦理框架与道德规范。

2. 社会主义核心价值观教育的价值引领更具系统性

社会主义核心价值观教育是坚持系统观念的世界观与方法论，聚焦人工智能的全场景应用，在物质生活、社会生活与精神生活等多重维度，有力增强社会主义核心价值观的价值引领功能。

首先，价值引领是拓深融入公民道德建设、精神文明创建全过程的基本制度路径。习近平总书记指出，"进行顶层设计，需要深刻洞察世界发展大势，准确把握人民群众的共同愿望，深入探索经济社会发展规律，使制定的规划和政策体系体现时代性、把握规律性、富于创造性，做到远近结合、上下贯通、内容协调。"① 坚持以社会主义核心价值观引领人工智能治理，是在法律法规、公共政策、社会治理等各方面，完善人工智能各领域及行业的规章制度建设。社会主义核心价值观教育引领人工智能发展是要构建价值引领的制度化、常态化机制，在人工智能的制度顶层设计、制度体系完善与制度监管过程中，深化融入社会主义核心价值观的价值要义。

其次，价值引领是发挥文化渗透默化、价值凝聚涵化与道德熏陶教化等价值引领功能。坚持以社会主义核心价值观引领人工智能发展全过程，是要完善前瞻预防机制、约束引导机制、风险降低机制、评价反馈机制，以社会主义核心价值观匡正与矫治人工智能领域的失范行为与现象，在突出问题整治过程中，发挥道德舆论、监督与评判的规范匡正作用。

3. 社会主义核心价值观教育的价值引领更具贯通性

社会主义核心价值观教育呈现出贯通性的发展趋向，秉持"贯穿结合融入，落细落小落实"的实践要义，融入人工智能的全生命周期，构建完善教育主体与载体、内容与方法、场域与路径相贯通的生态化教育体系。

首先，价值引领是在宏观层面，推进科技创新的整体贯通机制。社会主义核心价值观教育是以先进的文化优势、制度优势，发挥价值规则的规范匡正作用，将社会主义核心价值观的本质要义，拓展为多样具象的价值内容与规则。立足人工智能的全生命周期，社会主义核心价值观教育的贯通机制是在人工智能的管理与研发、供应与使用的各环节，引领人工智能的治理框架构建与治理规则完善，加强治理主体、治理规范与治理效能的多维度优化。

---

① 习近平：《推进中国式现代化需要处理好若干重大关系》，《求是》2023 年第 19 期。

其次，价值引领是在中观与微观层面，深化人工智能领域中"落细落小落实"的实践贯通机制。社会主义核心价值观教育是要发挥刚性约束与柔性规范作用，聚焦人工智能伦理框架的系统构建，促进科技伦理、市场伦理与生活伦理等多维度的伦理规范完善；遵循教育终身化、信息化与全民化的发展趋向，构建"无时不在、无时不有"的价值贯通机制。

人工智能与社会主义核心价值观教育融合创新的内容拓深

聚焦融合创新的价值规定，人工智能与社会主义核心价值观教育是基于"为什么"的价值追问，立足"怎么样"的现实省察，转向至"是什么"的内容拓展。在马克思主义价值哲学视域中，人工智能与社会主义核心价值观教育的融合创新，构成了互诠互释、互动互成的价值关联。这是源自二者内在融通的价值逻辑，以应然的价值指向，促成了二者的价值内容契合；蕴含着二者互动互成的实践逻辑，以实然的价值生成，构成了二者的价值条件耦合。由此，人工智能与社会主义核心价值观的融合创新内容是基于二者融合创新的内在契合性，在价值内容深度融合过程中，凝聚价值内容的创新合力。

第一节 基于人工智能与社会主义核心价值观教育融合创新的内容契合

人工智能与社会主义核心价值观教育的融合创新具有内容的契合性。在价值逻辑层面，二者融合创新的内容契合性是基于价值目的与手段、价值主体与客体的内在关系，锚定人的全面发展与社会全面进步的根本价值旨归，构成了人工智能与社会主义核心价值观之间的价值耦合。在实践逻辑层面，二者融合创新的内容契合性是基于价值诠释、价值过程与价值实现等价值实践，促成了人工智能与社会主义核心价值观之间的价值共生。此种价值共生关系是在教育实践的生成过程中，立足人工智能的价值实践场域，深化社会主义核心价值观"三个倡导"的价值内容诠释，促进价值引领、匡正与评判的价值规则完善。

一　社会主义核心价值观教育深化人工智能的价值内容

基于马克思主义价值哲学审视，人工智能的发展是基于价值目的与手段、价值主体与客体的辩证统一关系。人工智能作为价值手段，以期实现人的价值目的；其作为价值客体，以期满足人的价值主体需要。由此，人工智能的价值内容如何予以彰显与实现，是秉持社会主义核心价值观的根本基准，以高度的价值自觉，深刻诠释人工智能的价值内容与本质；以高度的实践自觉，有力引领人工智能的价值功用实现。

1. 深化人工智能的价值内容释义

在价值内容层面，价值释义是对价值内涵的本质诠释，根据"是什么"的内涵诠释，深化"为什么"的意义诠释。人工智能的发展是基于价值旨归的人本规定，发挥价值手段的应然功用；基于价值客体的技术属性，满足价值主体的实然需要。由此，深化人工智能的价值释义是以社会主义核心价值观深化人工智能的价值内容与意义诠释，以最大的价值通约凝聚人工智能发展的价值共识。

首先，价值释义作为"是什么"的内容诠释，以价值理性对价值内容进行逻辑分析，由价值观的知识层内化为思维层。价值引领是在主流价值观的价值统摄中，进行价值位次排序，化解价值选择与决定中的内在冲突，实现价值认知的逻辑自洽。由此，价值释义是在价值概念塑造、价值逻辑推理的过程中，形成善恶观、荣辱观、是非观等基本价值范畴。基于此，人工智能的价值内容是聚焦价值主体与价值客体的本质审视，以价值客体满足价值主体的需要程度为根本内容。其一，基于价值客体的本质属性，人工智能的价值内容是人类技术手段的形态呈现。具体而言，人工智能是以被动设定的方式，植入人的目标要求，在数字建模过程中，创造智能化程序。人工智能的价值内容具有技术属性，遵循着科学研究、技术研发、产业应用等诸多方面的规律限定与条件限制。其二，基于价值主体的本质要求，人工智能的价值内容以围绕服务人类为本质要求。基于人类发展的根本目标，人工智能围绕人之发展需要的层次性、多样性与差异性，呈现为分化与多样的具体设定，涵盖着经济价值、治理价值、社会价值、文化价值、生态价值等多维度价值内容。可见，人工智能的价值内容具有人本属性与社会属性，立足新时代的历史方位，应然承载着社会主义核心价值观的价值凝练与表达。人工智能是以人民的物质需要、社会需要与精神需要构成了根本价值内容，以人民的多维需要的满足实现为应然的价值旨归，以人民美好生活的实现程度为实然的价值衡量尺度。

其次，价值释义作为"为什么"的意义诠释，以价值赋予的方式，构成价值选择、评判的主观价值原则。价值引领是充分诠释社会主义核心价值观的内涵特质与本质意义，促成人工智能发展的价值实现与价值升华。由此，价值接受对人工智能发展构建具有确定性的价值意义，可以此评判价值主体的内在价值观感与外在价值效果。其一，在价值观感层面，价值主体的内心感受确证人工智能对于实现价值主体的精神意义。人工智能作为价值实现的技术支撑与手段，是以社会主义核心价值观的价值目标、价值取向与价值规则为共同价值规定，以人民精神家园的笃定性、关怀性与感召性为价值指向。其二，在价值效果层面，价值行为的外在效果确证彰显人工智能的工具意义与客观功用。在社会主义核心价值观的价值引领过程中，人工智能为促进全体人民共同富裕注入创新驱动力，不断优化人民共享的美好生活，以人民精神世界的可塑性与生成性为价值确证，促成价值意义的个性化塑造、价值实现的多样化选择。

2. 拓深人工智能的价值内容表达

价值表达是具有"以辞达义"的价值功能，以话语表达为基本方式，以文字、言语、图像与标识等介质，实现价值内容的传播、交流与叙述。在日常生活中，大数据的算法与算力是人工智能的主要应用之一，呈现为"数据找人"的信息搜集、分析与推送。如何加强算法、算力与算料的价值引领，这既是要运用多样化的话语类型，拓深话语表达的价值内容，也要基于"形神兼具"的价值表达，加强社会主义核心价值观对人工智能媒体内容的价值引领作用。

首先，基于话语表达的类型，价值内容具体呈现为政治话语、学术话语与大众话语等话语表达方式，需要依据社会主义核心价值观的本质释义，实现不同话语类型之间"和而不同"的价值契合。其一，政治话语高度彰显意识形态属性。政治话语是立足中国特色社会主义的本质规定，使社会主义核心价值观话语深刻表达社会主义政治文明的价值意蕴。其二，学术话语深刻折射文化属性。学术话语是深度诠释与注解政治话语，推进马克思主义理论话语的时代转化，促进中国特色社会主义的话语体系构建，推动社会主义核心价值观话语表达的学理研究与方法创新。其三，大众话语蕴含鲜明的生活属性。大众话语是从日常生活中汲取"日用常行"的生活底蕴，使社会主义核心价值观话语贴合日常生活；从大众群体中汲取"源头活水"般的生活智慧，使社会主义核心价值观话语表达更具生活亲和力与渗透力。

其次，基于话语表达的传播，人工智能是基于媒体融合发展的价值传播，以社会主义核心价值观为根本价值匡正与引领。其一，媒体融合发展需要社会主义核心价值观对大数据算法进行价值匡正。大数据技术应用到移动媒体中，以算法推荐的方式，根据媒体受众的兴趣与偏好，增强同类信息的推送频率与数量，对媒体受众形成了"正强化"的影响力，在一定程度上使媒体受众的选择偏好受到强化。由此，社会主义核心价值观发挥着价值匡正作用，矫正算法推荐，避免媒体受众发生价值偏离，规避心理学意义上的锚定效应，进而培育理性平和的价值心态、积极务实的价值行为。其二，媒体融合发展依托大数据算法进行价值观渗透与熏陶。媒体融合发展以大数据为依托，以社会主义核心价值观的话语体系为基本内容，基于媒体受众的关注热度与需求导向，完善信息服务内容，优化资讯类、文娱类与生活类等媒体版块。同时，媒体融合发展基于用户的习惯倾向与分众特征，依据受众的个性化特点，精准进行信息推送与产品推介；根据用户的兴趣选择，进行信息服务的智能匹配，加强媒体与受众之间的点对点传播，以及媒体的定制化、精准化推送。

二　人工智能拓深社会主义核心价值观教育的价值内容

社会主义核心价值观教育是社会主义核心价值观发挥价值引领的系统化教育实践。社会主义核心价值观教育内容是基于价值观的本质规定，由抽象的价值要义向具象的价值内容拓展，由隐性的价值内涵向显性的价值规则延伸。人工智能作为理论研究、技术研发、产业发展与行业应用的生态链，构成了社会主义核心价值观教育的重要领域、对象与内容。社会主义核心价值观教育是在人工智能领域运用"贯通结合融入"的教育路径，聚焦文化、价值观与道德相契合的教育内容，夯实"落细落小落实"的教育功效。

1. 人工智能领域的文化渗透默化

在文化维度，价值引领发挥着"致广大"与"尽精微"的"化成"功能。基于系统观的哲学考量，价值引领的内在生成机制是由价值要素之间的耦合作用而形成的稳定结构与内在关联。由此，价值引领是根植于人与文化的本质关联，由文化、价值观、道德以及人等内在要素，发挥着系统协同的"化人"功能。

首先，在"致广大"的文化层面，社会主义核心价值观教育锚定人工智能领域的价值指向。其一，人工智能领域蕴含着鲜明的价值取向与文化底色。社会主义核心价值观教育秉持着社会主义文化的本质要义。基于社会主义的本质规定，社会主义核心价值观教育彰显出"民族的、科学的、大众的"鲜明文化底色，蕴含着"面向现代化、面向世界、面向未来"的文化发展趋向。立足中华文化立场的坚定持守，"人文化成"构成了社会主义核心价值观教育的本真要义与文化功用。价值引领始终是以"人文"的文化属性，达到"化成"的文化功用。社会主义核心价值观教育蕴含着"人文"的文化属性，以中国特色社会主义为本质规定，自觉遵循社会主义文化建设规律，推动社会主义文化繁荣兴盛。基于此，社会主义核心价值观教育是立足中国特色社会主义文化的系统视域，拓深至人工智能领域，使人工智能不仅具有前瞻性、战略性的技术属性，还融入创新性、时代性的文化属性。其二，人工智能领域承载着社会主义现代化强国建设的战略要义。社会主义核心价值观教育是基于建设"科技强国"的战略指向，在人工智能领域以"实现高水平科技自立自强"为价值观教育指向，将社会主义核心价值观教育转化为人工智能创新教育的价值内容，"培育创新文化，弘扬科学家精神，涵养优良学风，营造创新氛围"①。

其次，在"尽精微"的文化层面，社会主义核心价值观教育促成人工智能领域的价值功用发挥。其一，人工智能领域承载着"化人"的文化功用。基于"人文"的价值内容与价值意蕴，坚持以社会主义核心价值观引领文化建设，促成物质文明创造、制度文明创新与精神文明创建的协同发展。习近平总书记指出，"互联网、大数据、人工智能等催生了文艺形式创新，拓宽了文艺空间"②。人工智能的深度应用进一步拓展了社会主义核心价值观教育的价值空间与文化空间。与此同时，社会主义核心价值观教育是以人的全面发展为本质要义，培养造就担当民族复兴大任的时代新人。其二，人工智能领域发挥着"育人"的教育功用。基于"立德树人"的根本任务，社会主义核心价值观教育是以人的全面发展与社会全面进步作为根本衡量维度，涵盖着科学精

---

① 习近平：《高举中国特色社会主义伟大旗帜　为全面建设社会主义现代化国家而团结奋斗——在中国共产党第二十次全国代表大会上的报告》，人民出版社 2022 年版，第 35 页。

② 《习近平谈治国理政》第四卷，外文出版社 2022 年版，第 325 页。

神、文明新风、现代化人格等文化要素。由此，社会主义核心价值观教育是聚焦人工智能的创新驱动发展，锚定人工智能价值观教育的现代化趋向，营造"坚持尊重劳动、尊重知识、尊重人才、尊重创造"的浓厚价值氛围。社会主义核心价值观教育秉持育人的根本指向，在人工智能领域之中以"培养造就大批德才兼备的高素质人才"为育人目标，培养知识型、技能型、创新型劳动者。

2. 人工智能领域的价值凝聚涵化

在价值观维度，社会主义核心价值观教育发挥着"日用常行"与"日用而不觉"的价值涵化功能。社会主义核心价值观教育秉持"知行合一"的价值要义，融入人工智能发展的生态链各环节。

首先，在"日用常行"层面，社会主义核心价值观教育是在生活化的融入贯通之中，厚植人工智能发展的价值基础。其一，社会主义核心价值观教育在人工智能领域，发挥着价值熏陶作用。社会主义核心价值观教育是要促进人工智能达成价值共识的教育实践，以高度的价值凝练、认同与表达，构成人工智能发展的价值准则、风向标与评判尺度。社会主义核心价值观教育是以价值体认的方式，在人工智能领域发挥着"不言之教"的价值熏陶作用，又达到"于我心有戚戚焉"的价值涵养功能。其二，社会主义核心价值观教育在人工智能领域，发挥着价值规范作用。社会主义核心价值观教育是立足人工智能的具体领域，促成价值引领的"合目的性"与"合规则性"的内在协调。社会主义核心价值观教育是将社会主义核心价值观的本质要求，转化为建立公序良俗的社会规范，具化为人工智能发展的价值规范，融入人工智能生态链的主体实践、平台构建、载体拓展、环境优化等各环节。

其次，在"日用而不觉"层面，社会主义核心价值观教育是在生活化的实践养成之中，促进人工智能的科学引领与价值引领相贯通。其一，社会主义核心价值观教育在人工智能领域，发挥着价值融入作用。基于人工智能的知识群、技术群与产业群的深度融合，社会主义核心价值观教育是以自觉的价值理性构建积极践行的"场效应"，融入人工智能新业态的各环节，达到"日学而不察"的价值认知养成，实现"日用而不觉"的价值行为养成。其二，社会主义核心价值观在人工智能领域，发挥着价值贯通作用。社会主义核心价值观教育是要"融入日常生活，使之成为人们日用而不觉的道德规范和行为准则"①，融入人工智能的全要素发展过程之中，促成法律法规、伦理规范和政策体系之间的价值耦合及系统自洽。社会主义核心价值观教育以系统化的价值实践方式，形成全员、全程、全方位的实践机制，发挥教育实践、生活实践、制度实践与文化实践的系统耦合作用，将价值要求贯穿至人工智能的规划引导、政策支持、安全防范、市场监管、环境营造、伦理法规制定等各环节。

3. 人工智能领域的道德熏陶教化

在道德维度，社会主义核心价值观教育发挥着先进性与广泛性的教化功能。观照道德的原初意义，社会主义核心价值观教育是"志于道，据于德"的价值遵循，蕴含着"道"的价值目标指向与实践遵循，秉持社会主义核心价值观的价值目标与价值取向，深化人工智能的伦理道德框架；也蕴含着"德"的规则遵循，恪守社会主义核心价值观的价值规则，将价值要求转化为人工智能的道德规则与规范。

首先，基于"道"的价值实践遵循，社会主义核心价值观教育是以向上向善的价值引领、美德义行的价值实践，发挥"美教化，移风俗"的价值功用。其一，在道德内涵层面，社会主义核心价值观高度凝练社会主义道德观。社会主义核心价值观教育在人工智能领域，注重人工智能的伦理架构与规则完善，促成人工智能各领域的从业人员道德观念、道德规范与道德实践之间内在贯通。其二，在道德认知层面，社会主义核心价值观教育是要形成适应新时代要求的思想观念。社会主义核心价值观教育是以高度的价值共识，在人工智能领域形成趋同的道德认知、意愿与情感，规范人工智能产品研发设计、技术应用等方面的道德

---

① 中共中央党史和文献研究院编：《十九大以来重要文献选编》（中），中央文献出版社2021年版，第229页。

规范和行为守则。其三，在道德行为层面，社会主义核心价值观引领公民道德建设。社会主义核心价值观教育旨在形成适应新时代要求的精神面貌、文明风尚，在人工智能领域塑造正确的道德判断和道德责任，加强道德舆论监督作用，加大对数据滥用、侵犯个人隐私、违背道德伦理等行为的惩戒力度。

其次，基于"德"的价值规范恪守，社会主义核心价值观教育是将社会主义道德要求转化为具体化、生活化的道德规范，构建"讲道德、尊道德、守道德"的系统化行为规范。其一，社会主义核心价值观教育促进人工智能领域的道德规范构建与完善。基于"德"的规则遵循，社会主义核心价值观教育蕴含道德建设的广泛性，以"德"之价值规则达到"德"之价值发展。基于"德"的具体情境，社会主义核心价值观教育聚焦人工智能的具体领域，实现个体、群体与社会之间的道德建设相协同，建立人工智能的伦理道德多层次判断结构。其二，社会主义核心价值观教育促进人工智能领域的道德规则有机衔接。具体而言，社会主义核心价值观教育是基于新时代公民道德建设的根本要求，促成社会公德、职业道德、家庭美德、个人品德之间的协同培育。"做一个好公民"的道德要求是遵循文明礼貌、助人为乐、遵纪守法等社会公德规则，营造包容和谐的公共空间，提高公民网络文明素养，强化数字社会道德规范，增强人工智能的公共伦理与道德的规范约束作用。"做一个好建设者"的道德要求是操守爱岗敬业、诚实守信、奉献社会等职业道德规则，促成职业道德与职业能力的协同发展，切实增强人工智能的职业道德与职业伦理教育。"在家庭里做一个好成员"的道德要求是恪守尊老爱幼、夫妻和睦、邻里互助等家庭美德，促使家庭关系和谐、家庭氛围优化、家风家训传承。"在日常生活中养成好品行"的道德要求是持守爱国奉献、明礼遵规、自强自律等个人品德规则，促进个人品行的塑造、生活实践的养成，强化个人信息保护的道德规范，切实增强人工智能的隐私保护与数据安全。

第二节　基于人工智能领域的社会主义 核心价值观教育内容延伸

　　人工智能与社会主义核心价值观教育的内容融合创新是价值观内容与价值观实践的本质契合、融通与转化。在价值观内容层面，社会主义核心价值观教育是立足人工智能的价值审视与实践发展，推进社会主义核心价值观的本质释义、内容拓深与规则细化。在价值观实践层面，人工智能构成了社会主义核心价值观教育的内容、对象与场域。社会主义核心价值观教育是在人工智能的研发、应用与普及的系统化场域中，以人工智能的研发者、生产者与应用者为教育对象，以人工智能的价值目标、价值取向与价值规则为教育内容，促成社会主义核心价值观在人工智能领域中的价值要义、价值内容、价值规范之间的层层拓深与自洽融通。

一　基于国家价值目标的教育内容拓深

　　党的十八大报告明确提出关于社会主义核心价值观"三个倡导"的概括。习近平总书记强调，"这个概括，实际上回答了我们要建设什么样的国家、建设什么样的社会、培育什么样的公民的重大问题"。[①]基于"建设什么样的国家"这一价值目标，"富强、民主、文明、和谐是国家层面的价值目标"[②]，高度凝练与彰显出社会主义现代化强国的本质要义。立足国家层面的价值目标，社会主义核心价值观教育基于价值目标的释义与定位，在社会主义现代化强国建设的伟大进程中，清晰勾画出人工智能推进强国战略的价值愿景。

---

　　① 《习近平谈治国理政》，外文出版社 2014 年版，第 169 页。
　　② 中共中央文献研究室编：《十八大以来重要文献选编》（上），中央文献出版社 2014 年版，第 578 页。

1. "富强"的价值目标聚合

基于"富强"的价值目标，社会主义核心价值观教育以"是其所是"的本质阐释，厘清"富强"的价值要义；以"应是其所是"的价值指向，聚焦人工智能领域，凝聚"富强"的价值共识与价值目标。

首先，"富强"的价值释义。关于"富强"的价值观释义是由词源学意义拓深至马克思主义的理论阐释。在词源学层面，"富强"意指"富足强大"，蕴含着"国富兵强""移风易俗，民以殷盛，国以富强"①的价值内涵。在马克思主义价值哲学视域中，富强蕴含着"国家富强、人民幸福"的价值指向，是以"促进物的全面丰富和人的全面发展"为发展趋向，以国家繁荣富强为发展愿景，呈现为经济发达的"物的全面丰富"与全体人民共建共享的"人的全面发展"。

其次，"富强"的价值目标阐释。社会主义核心价值观教育是要基于"富强"的本质阐释，以高度的历史自觉，基于中国特色社会主义的本质规定，深化阐释"富强"是中国式现代化的价值目标。党的二十大报告指出，"物质富足、精神富有是社会主义现代化的根本要求。"②立足现代化的共性特征，中国式现代化是以"富强"作为其优越性与先进性的本质彰显，承载着建成社会主义现代化强国的愿景指向。立足中国特色的国情实际，中国式现代化是以"富强"作为中华民族伟大复兴的奋斗愿景，孜求于实现"从站起来、富起来到强起来的伟大飞跃"，不断创造着"经济快速发展和社会长期稳定两大奇迹"。

最后，人工智能领域中"富强"的价值目标聚合。"富强"的价值目标拓深至人工智能领域，是以推进国家经济实力、科技实力、综合国力的新跃升为目标指向，以人工智能的创新发展赋能高质量发展，促成

---

① （战国）李斯：《谏逐客书》。
② 习近平：《高举中国特色社会主义伟大旗帜　为全面建设社会主义现代化国家而团结奋斗——在中国共产党第二十次全国代表大会上的报告》，人民出版社 2022 年版，第22 页。

新发展格局的深化构建。由此，社会主义核心价值观教育是基于富强观的价值引领，以高度的价值自觉，深化人工智能的价值定位与定向。在价值定位层面，人工智能承载着"富强"的发展动力，以新的增长引擎为价值定位，以促进数字经济和实体经济深度融合为发展重点，促进现代化产业体系发展。在价值定向层面，人工智能推进着"富强"的战略实施，构成推进科教兴国战略、创新驱动发展战略的战略性技术，为建设科技强国、创新型国家注入发展新动能新优势。

2. "民主"的价值目标锚定

社会主义核心价值观教育立足坚持人民至上的价值立场，秉持人民民主的本质要义，深化阐释民主观的文化本源、价值规定与制度要义，聚合人民的创新创造活力。

首先，"民主"的价值释义。社会主义核心价值观教育是要基于人民性的本质规定，深化阐释"民主"的文化源流与本质要义。在词源学意义上，"民主"最初指"庶民之主宰"。如《尚书》所载"乃惟成汤，克以尔多方，简代夏作民主"①，这蕴含着"敬民""保民""惠民"的传统民本思想。在政治学语境中，"民主"是统治阶级中多数人掌握国家权力的国家形式、政治制度。基于社会主义的本质要求，民主是以人民民主为本质特征。究其本质，"人民民主是社会主义的生命，是全面建设社会主义现代化国家的应有之义。全过程人民民主是社会主义民主政治的本质属性，是最广泛、最真实、最管用的民主。"②

其次，"民主"的价值目标阐释。社会主义核心价值观教育是基于民主观的本质阐释，价值引领与聚合人民民主的制度共识，切实促进人民的民主意识、权利与参与能力的协同提升。基于人民民主的本质要求，"民主"的价值目标是以制度体系的完善为发展指向，深化全过程人民民主的制度化建设。基于人民当家作主的本质要求，"民主"的价

---

① （春秋）《尚书·多方》。
② 习近平：《高举中国特色社会主义伟大旗帜　为全面建设社会主义现代化国家而团结奋斗——在中国共产党第二十次全国代表大会上的报告》，人民出版社 2022 年版，第 37 页。

值目标是要充分保障人民依法行使权力、有序政治参与，"保证人民依法实行民主选举、民主协商、民主决策、民主管理、民主监督"①。"民主"的价值实现是由制度的顶层设计拓深至基层民主的积极发展，充分体现在社会主义民主政治的各个方面。

最后，人工智能领域中"民主"的价值目标锚定。社会主义核心价值观教育是立足"民主"的价值要义与价值指向，深化人工智能领域的价值目标。聚焦人工智能的战略引领性，"民主"的价值目标是"坚持人民主体地位，充分体现人民意志、保障人民权益、激发人民创造活力"②。在人工智能发展领域中，"民主"的价值目标是将人工智能的创新发展转化为坚持以人民为中心的价值实践，构成全面提升人民生活品质的物质基础与技术保障。基于人工智能的创新驱动性，"民主"的价值目标是要"坚持科技是第一生产力、人才是第一资源、创新是第一动力"，切实激发人民的积极性、主动性与创造性，形成人工智能全要素、多领域、高效益的深度融合发展新格局。

3. "文明"的价值目标指向

"文明"呈现出"致广大而尽精微"的文化气象与意蕴。社会主义核心价值观教育是秉持"致广大"的价值视域，深化阐释与锚定"文明"的现代化指向，也是汲取"致精微"的价值智慧，将"文明"的价值目标落细至人工智能领域。

首先，"文明"的价值释义。"文明"最初意指"光明，有文采"，蕴含着"天下有文章而光明"的人文意蕴，后引申为"文治教化""文化昌明"，发挥着"柔远俗以文明"③的文化治理功用。基于马克思主义的理论省察，文明是人类精神实践的积极因素与文化结晶，是对传统文化与世界文化优秀成果的积极汲取与借鉴、自觉传承与弘扬。由此，

① 中共中央党史和文献研究院编：《十九大以来重要文献选编》（上），中央文献出版社2019年版，第26页。

② 习近平：《高举中国特色社会主义伟大旗帜　为全面建设社会主义现代化国家而团结奋斗——在中国共产党第二十次全国代表大会上的报告》，人民出版社2022年版，第37页。

③ （唐）杜光庭：《贺黄云表》。

社会主义核心价值观教育要基于"一"与"多"的价值共生，以文明观的深化塑造，推进文明成果的传承发展。立足中国特色社会主义的本质规定，社会主义核心价值观视域下的"文明"是坚持中华文化立场，对中华优秀传统文化予以创造性转化、创新性发展；尊重世界文明多样性，"以文明交流超越文明隔阂、文明互鉴超越文明冲突、文明共存超越文明优越"①。

其次，"文明"的价值目标阐释。立足社会主义现代化强国的战略指向，"文明"的价值目标蕴含着现代化的本质要求，以创造人类文明新形态为本质内容；蕴含着文明的系统化要素，在器物层、制度层与精神层等文明要素耦合过程中，全面提升物质文明、政治文明、精神文明、社会文明、生态文明。"文明"的价值目标蕴含着人本价值旨归，始终秉持人民共建共享的价值指向，"坚持把实现人民对美好生活的向往作为现代化建设的出发点和落脚点"②。

最后，人工智能领域中"文明"的价值目标指向。"文明"的价值目标延展至人工智能领域，以"促进物的全面丰富和人的全面发展"为根本价值指向。在"物的全面丰富"层面，社会主义核心价值观教育是基于物质文明的本质内容，引领人工智能的"文明"目标，以推进科技文明为着力点，切实发挥人工智能的科技引领与创新驱动作用。在"人的全面发展"层面，社会主义核心价值观教育是聚焦精神文明的本质要求，在人工智能的行业应用等领域，加强网络文明建设，发展积极健康的网络文化；在人工智能推进民生建设领域，以提高人民道德水准和文明素养为价值目标，倡导文明健康生活方式，"推动形成适应新时代要求的思想观念、精神面貌、文明风尚、行为规范"③。

---

① 习近平：《高举中国特色社会主义伟大旗帜　为全面建设社会主义现代化国家而团结奋斗——在中国共产党第二十次全国代表大会上的报告》，人民出版社 2022 年版，第 63 页。

② 习近平：《高举中国特色社会主义伟大旗帜　为全面建设社会主义现代化国家而团结奋斗——在中国共产党第二十次全国代表大会上的报告》，人民出版社 2022 年版，第 22 页。

③ 中共中央党史和文献研究院编：《十九大以来重要文献选编》（中），中央文献出版社 2021 年版，第 804 页。

4. "和谐"的价值目标勾画

"和谐"的价值目标既承载着中华文化的价值愿景与夙愿，也彰显出社会主义现代化强国的本质要求与价值指向。社会主义核心价值观教育立足新时代的历史方位，深化阐释"和谐"的文化要义与时代要求。

首先，"和谐"的价值释义。"和谐"意指"和合得当""和睦融洽"，由音律、色彩之调和，引申为"太和保和""中和""和合"的伦理价值诉求，又延伸为社会关系的协调，即构成社会的各个部分、各种要素处于相互协调的状态。立足马克思主义价值哲学视域，"和谐"的本质是以人的社会关系为纽带，促成人的个体、群体和类之间关系自洽与价值契合，以实现人的全面发展与社会全面进步为根本价值指向。在此意义上，社会主义核心价值观教育基于"和谐"的关系属性与价值属性。在关系属性层面，促成和谐的人与自然共生、和谐的社会秩序构建；在价值属性层面，促成和谐的社会心理培育、和谐的社会秩序稳固，也促成和谐的心物关系、义利关系塑造。

其次，"和谐"的价值目标阐释。立足社会主义现代化强国的战略视域，社会主义核心价值观教育深化"和谐"的目标共识，以价值合力的有力凝聚，促进国家、社会与人民的整体和谐。在国家层面，"和谐"的价值目标是要确保国家长治久安，国家安全全面加强。在社会层面，"和谐"的价值目标是要维护社会和谐稳定，构建现代社会治理格局，促进社会充满活力与和谐有序。在人民层面，"和谐"的价值目标是要营造人民安居乐业、美丽宜居的环境氛围，不断优化"人与自然和谐共生"的自然环境、"经济行稳致远、社会安定和谐"的社会环境。

最后，人工智能领域中"和谐"的价值目标勾画。基于"和谐"的本质要求，人工智能融入国家战略、社会发展与人民生活，设定了人工智能发展的"和谐"目标。在国家层面，"和谐"是要构建人工智能与数字经济安全体系，提升数据安全保障水平，有效防范国家安全风险。在社会层面，"和谐"是要推进人工智能与数字经济治理，切实维护畅通社会多元主体的诉求表达、权益维护，促进社会和谐稳定、矛盾纠纷及时化解。在人民层面，"和谐"是要促进人工智能与数字经济的普惠共享发展，提高劳动者的就业质量、环境及收入水平，深化构建和谐劳动关系，完善特殊群体的权益保障机制。

二　基于社会价值取向的教育内容拓展

基于"建设什么样的社会"这一价值取向，"自由、平等、公正、法治是社会层面的价值取向"①，深刻蕴含着中国式现代化的本质要求。立足社会层面的价值取向，社会主义核心价值观教育是基于价值取向的本质阐释与共识凝聚，在社会主义现代化社会建设进程中，聚合人工智能赋能社会建设的价值取向。

1. "自由"的价值取向设定

"自由"的价值取向是秉持科学社会主义的基本原则，基于价值规则的自律性与他律性，蕴含着人的全面发展与自由个性生成之间的自洽关系。社会主义核心价值观教育是要引领"自由"的价值定位与定向，臻于"自由"的本真目标。

首先，"自由"的价值释义。在中华文化的辞源维度，"自由"蕴含着"为仁由己"②的价值诉求与德性修养，构成了"吾欲仁，斯人至矣"③的"由己"与"克己复礼"④的"克己"之间的价值张力和德性要求。基于马克思主义的理论省察，"自由"是与"必然"相对应的哲学范畴，是基于"合规律性"的规律遵循，透析事物内在本质与必然联系的前提下，在"合目的性"的自由自觉实践过程中，拓深物质实践、社会实践与精神实践的范围空间。与此同时，"自由"也意味着对道德自律与价值自律的本质要求，恰如马克思所言，"道德的基础是人

---

① 中共中央文献研究室编：《十八大以来重要文献选编》（上），中央文献出版社 2014 年版，第 578 页。

② （战国）《论语·颜渊》。

③ （战国）《论语·述而》。

④ （战国）《论语·颜渊》。

类精神的自律"。① 自由是以必然的规律限定为客观前提，促进"合规律性"的价值他律与"合目的性"的价值自律相统一。

其次，"自由"的价值取向阐释。基于"自由"的价值要义，"自由"的价值取向是遵循自由意识、自由权利与自由能力的本质要求。在自由权利层面，"自由"的价值取向是基于制度顶层设计与制度系统安排，保障全社会成员的自由权利。在自由意识层面，"自由"的价值取向是厘清"从心所欲"和"不逾矩"的价值边界，达到价值自律与他律之间的有机统一，塑造理性平和的积极自由心态。在自由能力层面，"自由"的价值取向是拓深自由的制度渠道，保障人民知情权、参与权、表达权、监督权。

最后，人工智能领域中"自由"的价值取向设定。人工智能的发展是基于"自由"的价值取向，拓深理论与技术研发、产业与职业发展的价值空间。在理论研发层面，"自由"的价值取向是"加强基础研究，突出原创，鼓励自由探索"，以自由探索与创新推进人工智能的变革性、原创性发展。在技术应用方面，"自由"的价值取向是秉持多元开放的发展原则，促进"产学研用"之间的共创与共享，拓展更为自由开放的资源配置空间。在产业发展层面，"自由"的价值取向是基于市场主体的发展原则，拓展市场竞争空间与竞争优势，促进政府和市场分工之间的有机协调。在社会应用层面，"自由"的价值取向是在法律法规的系统化保障下，深化发挥人工智能伦理规范的自律与他律功用。

2. "平等"的价值取向凝聚

"平等"作为关系意义上的价值范畴，既承载着人类发展的共同愿景，也蕴含着时代性与民族性的内在特质。社会主义核心价值观教育基于社会主义核心价值观的"平等"要义，深化人工智能领域"平等"价值取向的时代阐释与共识凝聚。

首先，"平等"的价值释义。在中华文化的价值视域中，"平"与

---

① 《马克思恩格斯全集》第 1 卷，人民出版社 1995 年版，第 119 页。

"等"最初分别意指"平，语平舒也""等，齐简也"①；"平"与"等"合用之后，意指平和温雅的待人态度、一视同仁的待人标准。基于马克思主义的理论省察，平等是实现人的解放的本质追求与社会夙愿。正如恩格斯指出的，"一切人，或至少是一个国家的一切公民，或一个社会的一切成员，都应当有平等的政治地位和社会地位。"② 基于此，平等是人与人之间在经济、政治、社会、文化等方面处于同等地位，享有同等权利。

其次，"平等"的价值取向阐释。在全面依法治国的战略视域中，"平等"是社会成员享有平等权，即公民享有的与其他公民处于平等的权利。"平等"的价值取向是基于"五位一体"的总体布局，将人民享有的平等权落实到社会主义现代化建设的各个领域与方面。在政治层面，"平等"的价值取向是以宪法为根本制度与法律依据。依照我国《宪法》规定，"中华人民共和国公民在法律面前一律平等，国家尊重和保障人权。任何公民享有宪法和法律规定的权利，同时必须履行宪法和法律规定的义务"。在经济与社会、文化、生态方面，"平等"的价值取向是人民共建共享改革发展成果，实现公共服务的均衡化、普惠化。诸如在就业政策方面，"平等"的价值取向充分彰显为就业的政策公平与机会公平，"统筹城乡就业政策体系，破除妨碍劳动力、人才流动的体制和政策弊端，消除影响平等就业的不合理限制和就业歧视，使人人都有通过勤奋劳动实现自身发展的机会"③。

最后，人工智能领域中"平等"的价值取向凝聚。人工智能的"平等"价值取向，表现在人工智能研发与供应、管理与使用等各环节，坚持以人工智能赋能社会发展，让更多社会成员享有人工智能带来的经济效益与社会效益。就此而言，基于"平等"的价值取向，人工

---

① （东汉）许慎：《说文解字》。
② 《马克思恩格斯选集》第3卷，人民出版社2012年版，第480页。
③ 习近平：《高举中国特色社会主义伟大旗帜　为全面建设社会主义现代化国家而团结奋斗——在中国共产党第二十次全国代表大会上的报告》，人民出版社2022年版，第47页。

智能的研发与应用是要坚持发展的均衡性，以系统布局的方式，促进基础研究、技术研发、产业发展和行业应用之间的平衡发展。人工智能的研发与应用是要坚持发展的普惠性，促进不同地域、城乡之间的协调发展，实现人工智能衍生的优质公共服务资源由全体社会成员所共享。

3．"公正"的价值取向共识

"公正"作为衡量社会发展的价值基准，构成了社会结构、社会关系与社会运行的价值支撑。社会主义核心价值观教育是基于"公正"的价值规定，深化"公正"在人工智能领域中的价值阐释与价值融入。

首先，"公正"的价值释义。"公正"具有"公平正义"的字面之意。在中华文化的价值视域中，关于"公正"二字的解释分别是"公，平分也""正，是也"。在伦理学范畴，"公正"是"不偏私，正直"，为人处世的行为不偏不倚，契合"义"的标准规范。"公正"是既符合一定道德规范的行为，又主要指处理人际关系和利益分配的同等原则；在基本权利和义务的分配上，既要注重平等，又要注重对等。基于马克思主义的价值审思，"公正"是在政治、经济、道德等领域中，对制度和行为之合理性的认识与评价，是以人的自由全面充分发展为根本衡量基准。

其次，"公正"的价值取向阐释。"公正""公平正义"的价值取向深化至社会建设的各个方面，高度彰显"公平正义是中国特色社会主义的内在要求"。在社会环境方面，"努力营造公平的社会环境，保证人民平等参与、平等发展权利"[①]。在人民权益维护方面，司法公正对社会公正具有重要引领作用，"公正司法是维护社会公平正义的最后一道防线"[②]。在社会保障体系方面，以权利公平、机会公平、规则公平为主要内容，让改革发展成果更多更公平惠及全体人民。

最后，人工智能领域中"公正"的价值取向共识。"公正"的价值

---

① 《习近平谈治国理政》，外文出版社 2014 年版，第 96 页。
② 习近平：《高举中国特色社会主义伟大旗帜　为全面建设社会主义现代化国家而团结奋斗——在中国共产党第二十次全国代表大会上的报告》，人民出版社 2022 年版，第 42 页。

取向是要融入人工智能发展的全生命周期，以公平正义的价值伦理匡正与矫治偏见、歧视等伦理失范问题，避免算法偏见与数据鸿沟。"公正"的价值取向是要严守人工智能的伦理底线，尊重帮扶弱势群体、特殊群体以及其他重点群体，促进人工智能效益与所衍生红利的全社会普遍惠及与均衡享有。

4. "法治"的价值取向通约

社会主义核心价值观教育具有价值观教育与法治教育的内在契合性，蕴含着德治与法治相统一的教育功用。社会主义核心价值观教育是要深入阐释"法治"的价值要义，在此基础上拓深"法治"在人工智能领域的价值要求与实现路径。

首先，"法治"的价值释义。在中华文化源流发展中，"法治"是先秦时期最早提出的治国观点，诸如"治强生于法"[1] "修法治，广政教"[2] "知法治所由生，则应时而变"[3] 等思想，蕴含着中华优秀传统文化的治国精髓。在现代意义上，"法治"引申为按照法律治理国家的政治主张。立足中国特色社会主义的本质规定，法治是社会主义民主政治的根本遵循，"坚持党的领导、人民当家作主、依法治国有机统一"[4]。立足中国式现代化的战略指向，法治是现代化强国建设的内在要义，"必须更好发挥法治固根本、稳预期、利长远的保障作用，在法治轨道上全面建设社会主义现代化国家"[5]。

其次，"法治"的价值取向阐释。基于"法"与"治"的本质内涵及辩证统一关系，社会主义核心价值观教育要细化"法治"的内在价值取向，以法律为制度依据，深入推进法治国家、法治政府、法治社会一体建设；以社会治理为本质功用，不断提升社会治理法治化水平，建

---

① （战国）韩非：《韩非子》。

② （战国）《晏子春秋》。

③ （西汉）刘安等编：《淮南子》。

④ 习近平：《高举中国特色社会主义伟大旗帜　为全面建设社会主义现代化国家而团结奋斗——在中国共产党第二十次全国代表大会上的报告》，人民出版社 2022 年版，第 37 页。

⑤ 习近平：《高举中国特色社会主义伟大旗帜　为全面建设社会主义现代化国家而团结奋斗——在中国共产党第二十次全国代表大会上的报告》，人民出版社 2022 年版，第 40 页。

设覆盖城乡的现代公共法律服务体系。基于"法治"的人民性规定，社会主义核心价值观教育是基于法治精神的价值遵循，以弘扬社会主义法治精神为价值实践，引导全社会塑造法治思维，"引导全体人民做社会主义法治的忠实崇尚者、自觉遵守者、坚定捍卫者"①。

最后，人工智能领域中"法治"的价值取向通约。社会主义核心价值观教育是聚焦人工智能的内在特质与价值功用，引领智能化与法治化相融通的价值实践路径。立足"法治"的价值取向，人工智能是以法治为价值基准，增强其创新发展的规范性、透明性与安全性。诸如以知识产权法为保障，构建支持人工智能创新的制度支撑；聚焦人工智能的全生命周期，构建可审核、可监督、可追溯、可信赖的人工智能评估管控体系。基于"法治"的价值取向，人工智能是以赋能法治为价值功用，将其科技研发的创新成果、先进技术应用至社会治理领域，运用智能化技术手段，赋能法治化水平的提高，提高公共政策的精准化实施、行政管理的迅捷化运作以及社会治理的多元化参与。

三　基于公民个人价值规则的教育内容延展

基于"培养什么样的公民"这一价值要求，"爱国、敬业、诚信、友善是公民个人层面的价值准则"②，体现了培育社会主义公民的根本要求。聚焦公民个人层面的价值准则，社会主义核心价值观教育是在培养担当民族复兴大任的时代新人的过程中，拓深细化人工智能领域的公民价值规则。

1. "爱国"的价值规则延伸

"爱国"的价值规则是在公民层面，由国家价值目标与社会价值取向转化为个人价值规则的价值纽带。社会主义核心价值观教育是基于

---

① 中共中央党史和文献研究院编：《十九大以来重要文献选编》（中），中央文献出版社2021年版，第278页。

② 中共中央文献研究室编：《十八大以来重要文献选编》（上），中央文献出版社2014年版，第578页。

"爱国"的价值要义，践行爱国主义的价值要求，落实融入人工智能领域的价值规则。

首先，"爱国"的价值释义。究其本质，爱国是热爱、忠诚于祖国的价值态度。习近平总书记强调，"弘扬爱国主义精神，必须坚持爱国主义和社会主义相统一"。① "爱国"蕴含着深厚的人本价值、科学的制度设计和鲜明的时代特征，"坚持一致性和多样性统一，找到最大公约数，画出最大同心圆"②。由此，社会主义核心价值观教育是基于"爱国"的价值要义，秉持中国特色社会主义的本质规定，基于"知情意信行"的有机贯通，培育爱国的深厚感情、奋斗精神、坚定意志与笃定行为。

其次，"爱国"的价值规则阐释。习近平总书记指出，"实现中国梦必须弘扬中国精神。这就是以爱国主义为核心的民族精神，以改革创新为核心的时代精神。这种精神是凝心聚力的兴国之魂、强国之魂"。③ 立足新时代的历史方位，社会主义核心价值观教育是基于"爱国"的价值规则，秉持着民族精神的核心要义，聚合着改革创新的时代动力，以坚持和发展中国特色社会主义为根本价值遵循。立足新时代的实践指向，社会主义核心价值观教育是基于"爱国"的价值规则，以深厚的爱国情感激发爱国的情感共鸣和共振效应，提升参与国家建设、推动国家发展的实践能力，以每个人的实践之力汇集为国家发展的实践合力。

最后，人工智能领域中"爱国"的价值规则延伸。立足强国战略的发展要义，社会主义核心价值观教育是将"爱国"的价值规则融入人工智能的创新发展之中，以爱国主义为价值基准，以全面提升社会生产力、综合国力和国家竞争力为价值指向。立足国家安全的战略任务，社会主义核心价值观教育是将"爱国"的价值规则融入人工智能的深

---

① 中共中央文献研究室编：《十八大以来重要文献选编》（上），中央文献出版社2014年版，第578页。

② 习近平：《决胜全面建成小康社会　夺取新时代中国特色社会主义伟大胜利——在中国共产党第十九次全国代表大会上的报告》，人民出版社2017年版，第39—40页。

③ 《习近平谈治国理政》，外文出版社2014年版，第40页。

化应用之中，提升经济社会发展和国防应用智能化水平，构建人工智能安全监管和评估体系，有力支撑和维护国家安全。

2. "敬业"的价值规则拓延

"敬业"是职业素养与职业道德的集中体现。社会主义核心价值观教育是基于个人价值与社会价值的辩证关系，深化阐释"敬业"的价值内涵与本质，细化"敬业"在人工智能领域的价值规则与要求。

首先，"敬业"的价值释义。基于中华文化的价值诠释，"敬业"的初始之意，是对安身立命之学的敬重与孜求。正如《礼记》所载，"一年视离经辨志，二年视敬业乐群"[1]。孔颖达将"敬业"注疏为"敬业谓艺业长者敬而亲之"[2]；朱熹将"敬业"注解为"敬业者，专心致志以事其业也"[3]。由此，"敬业"是对"大道之学"之"道问学"，后延伸为专注孜求于人生所从事的职业、所追求的事业、所笃定的志业。基于马克思主义的理论省察，"敬业"是基于社会化分工的客观前提，人的物质实践、社会实践与精神实践的职业操守及人生态度。

其次，"敬业"的价值规则阐释。"敬业"是立足中国特色社会主义的本质要义，在公民价值实践层面，将"敬业"的本质内涵转化为价值规则。党的二十大报告强调，"坚持尊重劳动、尊重知识、尊重人才、尊重创造"[4]。在此意义上，社会主义核心价值观教育是秉持"敬业"的价值规则，基于人才强国的战略指向，立足"爱党报国"的价值立场，引领各行业的从业者成为大批德才兼备的高素质人才；立足"敬业奉献"的价值态度，引领各行业的从业者成为本行业的拔尖人才、创新人才；立足"服务人民"的价值旨归，引领各行业的从业者成为服务人民、创造人民美好生活的各类人才。

最后，人工智能领域中"敬业"的价值规则拓延。党的二十大报

① （西汉）戴圣编：《礼记·学记》。

② （唐）孔颖达：《五经正义》。

③ （南宋）朱熹：《朱子文集·仪礼经传通解》。

④ 习近平：《高举中国特色社会主义伟大旗帜　为全面建设社会主义现代化国家而团结奋斗——在中国共产党第二十次全国代表大会上的报告》，人民出版社 2022 年版，第 36 页。

告指出，"努力培养造就更多大师、战略科学家、一流科技领军人才和创新团队、青年科技人才、卓越工程师、大国工匠、高技能人才。"① 可见，"敬业"的价值规则是基于人工智能的战略发展，弘扬科学精神和工匠精神，引领人工智能全生命周期的从业者努力成长为各层次人才。社会主义核心价值观教育是在人工智能的理论研究与技术研发层面，引领培养科技领军人才和大国工匠；在人工智能的产业应用与技术操作层面，引领培养能工巧匠、高技能高素质人才。

3. "诚信"的价值规则深塑

"诚信"作为社会公德的集中体现，彰显了公民的道德品质和自律能力。社会主义核心价值观教育是基于"诚信"的价值释义，深化公民道德建设的价值内涵，拓深人工智能领域的价值实践。

首先，"诚信"的价值释义。诚信，在词源学意义上，"诚"具有"真实无妄之谓"②；"信"意指"信用、信任""人对人的可信任、可信赖"，诸如"朋友信之"。由此，"诚信"蕴含着"诚故信""因诚而信"的意义，是处理人际关系的基本伦理规则和道德规范，也是公民所应当具有的德性和品行。基于社会主义道德的价值视域，"诚信"呈现为"诚实"与"守信"的双重价值内涵。立足新时代公民道德的根本要求，"诚实"是公民真实真诚"明大德、守公德、严私德"；"守信"是对自我承诺的契约承担责任，对社会公德、职业道德、家庭美德与个人品德的自觉恪守与践行。

其次，"诚信"的价值规则阐释。立足新时代公民道德建设的实践指向，社会主义核心价值观教育是基于"诚信"的价值规则，拓深诚信理念、诚信文化与诚信行为的内在贯通。在诚信理念层面，"诚信"的价值规则是要深厚汲取中华文化"守诚信"的核心思想理念，推进诚信建设的制度化，将诚信理念贯通至制度建设，转化为制度顶层设计

---

① 习近平：《高举中国特色社会主义伟大旗帜　为全面建设社会主义现代化国家而团结奋斗——在中国共产党第二十次全国代表大会上的报告》，人民出版社 2022 年版，第 36 页。

② （南宋）朱熹：《四书章句集注·中庸集注》。

与系统化制度安排的价值规则与要义。在诚信文化层面，"诚信"的价值规则要塑造以中华传统美德为基底的诚信文化，塑造公民的社会责任意识、规则意识、奉献意识，营造"守信光荣、失信可耻"的诚信文化氛围。在诚信行为层面，"诚信"的价值规则要深化到社会各领域之中，加强政务诚信、商务诚信、学术诚信、社会诚信和司法公信建设，加大对失信行为的约束和惩戒力度。

最后，人工智能领域中"诚信"的价值规则深塑。立足人工智能的治理规范完善，社会主义核心价值观教育是将"诚信"的价值规则转化为"尊重隐私"等治理要求，坚持个人隐私的尊重与保护原则，注重个人知情权与选择权的保障原则。基于人工智能的伦理规范，社会主义核心价值观教育是将"诚信"的价值规则转化为"开放协作""保护隐私安全"等伦理要求，依照合法、正当、必要和诚信原则，完善人工智能研发者、使用者与受用者的道德规范。

4. "友善"的价值规则拓细

"友善"作为中华传统美德的集中体现，以有节制、有度量、有原则的待人方式，达到相互理解和彼此尊重的和谐关系。社会主义核心价值观教育是要深化"友善"的价值要义，立足新时代公民道德建设的根本要求，促进人工智能治理与伦理规范的有机协同。

首先，"友善"的价值释义。在中华文化视域中，"友善"最初指兄弟相敬爱，正可谓"善父母为孝，善兄弟为友"①。"友善"由兄弟关系的敬爱和睦，延伸到人与人之间关系的亲密友好。在社会主义道德观的价值视域中，"友善"是积极社会心态的重要表征，立足培育"自尊自信、理性平和、积极向上"的社会心态，塑造公民"发明本心"的友善心理。"友善"也是调节社会关系的重要纽带，构成了"推己及人""致良知"的道德实践，有力促进了人际关系的价值缓冲，也提升了日常生活的治理效能。

---

① （汉）《尔雅·训释》。

其次，"友善"的价值规则阐释。社会主义核心价值观教育是将"友善"的价值规则融入道德规范、道德认同与道德实践的整体贯通之中，在道德认同层面内化为公民道德心态，在道德实践层面细化为公民道德行为与实践养成。具体而言，"友善"的价值规则拓展为公民道德规范，在社会公德层面表现为文明礼貌、助人为乐的道德要求，在职业道德层面表现为热情服务、奉献社会的道德要求，在家庭美德方面表现为尊老爱幼、邻里互助的道德规范，在个人品德层面表现为明理遵规、勤劳善良的道德要求。

最后，人工智能领域中"友善"的价值规则拓细。基于人工智能的治理原则，社会主义核心价值观教育是以"友善"的价值规则引领人工智能的治理目标，以"和谐友好"为治理方向，以增进人类共同福祉为目标，促进人机和谐，深化公民权利乃至人类权益的保障。基于人工智能的伦理规则，社会主义核心价值观教育是将"友善"的价值规则转化为"共担责任""可控可信"等伦理规范，增强人工智能研发人员、从业人员的社会责任意识与自律意识，构建人工智能研发者、使用者与受用者之间的和谐自治关系。

第三节　基于社会主义核心价值观引领的 人工智能教育内容拓深

"新一代人工智能相关学科发展、理论建模、技术创新、软硬件升级等整体推进，正在引发链式突破"[1]。人工智能教育内容的拓深是基于价值引领的本质要求，以社会主义核心价值观为价值引领的价值规定，将国家、社会与公民层面的价值基准，融入人工智能教育的理论研究、技术研发、产业发展、行业应用等各个层面，构建人工智能的科学

---

[1] 《新一代人工智能发展规划》，人民出版社 2017 年版，第 2 页。

观与技术观、产业观与职业观的系统化教育。

一　基于社会主义核心价值观引领的人工智能科学观教育

基于科学观的价值审视，人工智能的科学理论如何予以价值定位，如何以科学理论研发为基础，延展至技术应用、产业发展与社会生活。这必然需要以社会主义核心价值观为引领，发挥价值凝聚与激励、价值引领与匡正等价值功用，深化引领人工智能的科学理论研发、科学普及教育。

1. 社会主义核心价值观引领人工智能的科学研发教育

基于科学的创新性特质，新一代人工智能是基于科学理论研发与创新，取得的一系列理论与技术的关键性突破。由此，科学理论研发教育是立足前沿基础理论，深化人工智能创新的源头供给，以社会主义核心价值观引领人工智能基础理论的创新研发与规范发展。

首先，社会主义核心价值观引领人工智能理论的创新发展。新一代人工智能基础理论体系的构建，直接关系人工智能理论范式的变革以及关键技术的突破，也深远关涉国家战略层面的系统布局、经济建设层面的发展引擎以及社会建设层面的和谐稳定。其一，社会主义核心价值观引领人工智能理论的创新发展，是立足国家层面的价值目标，以价值激励与价值创新等引领方式，深化聚合人工智能研发的理论指向与时代要求。人工智能理论创新的价值引领是在原创性、引领性科技攻关过程中，以人工智能基础理论攻关，深化推进国家重大科技项目、关键核心技术的创新突破。其二，社会主义核心价值观引领人工智能的创新发展，是立足社会与人民层面的价值取向及价值诉求，以价值聚合与价值塑造等引领方式，深化培育人工智能研发的创新人才。人工智能理论人才的价值引领是基于科学家精神的塑造，深化"爱国、创新、求实、奉献、协同、育人"的精神内涵，培养高水平的科研团队和人才队伍。

其次，社会主义核心价值观引领人工智能理论的规范发展。新一代人工智能理论发展是基于理论研发与应用的价值考量，聚焦大数据智能理论、跨媒体感知计算理论、混合增强智能理论、群体智能理论、类脑智能计算理论等关键性、共性基础理论。社会主义核心价值观引领人工智能理论的规范发展，是基于价值匡正与价值规范的引领功能，既要激发突出原创、自由探索的创新精神，又要促进公平、公正、和谐、安全的规范发展。其一，社会主义核心价值观引领人工智能理论的价值规范，是要将价值规范与科学伦理融入理论研发的各个环节。价值规范是要强化理论研发的自律意识，增强安全透明的机制规范，在算法、算力与算料的基础设计研发阶段，注重提升人工智能的透明性、可解释性与可控性。其二，社会主义核心价值观引领人工智能理论的价值匡正，是要有效有序规避人工智能基础研究所引发的理论风险。价值匡正是在人工智能研发的全过程，诸如算法设计开发、算料收集分析等方面，注重风险规避与伦理审查，避免算法偏见与数据歧视，增强人工智能基础研发的规范性、可靠性与可控性。

2. 社会主义核心价值观引领人工智能的科学普及教育

社会主义核心价值观教育承载着提升社会文明程度的实践要义与时代要求。2022年，中共中央办公厅、国务院办公厅印发的《关于新时代进一步加强科学技术普及工作的意见》强调，"突出科普工作政治属性，强化价值引领，践行社会主义核心价值观，大力弘扬科学精神和科学家精神"。社会主义核心价值观引领人工智能的科学普及教育，是要深化价值认知与价值实践的协同作用，引领人工智能的创新发展与应用普及。

首先，社会主义核心价值观引领人工智能的科学认知普及教育。基于科学认知的本质内容，社会主义核心价值观引领人工智能教育，是着重培养和提升关于人工智能的科学精神与科学素质。其一，在提升科学素质方面，社会主义核心价值观是基于价值认知的本质要求，引领社会大众主动学习、掌握、运用关于人工智能的科学知识。基于科学与人文的价值契合性，人工智能的科学普及教育是基于人工智能的人本旨归，立足人的全面发展与社会全面进步的价值引领，激发科学工作者投入到人工智能的科学认知普及推广活动中，提高全社会对于人工智能的科学认知水平。其二，在培养科学精神方面，社会主义核心价值观是基于求真、求善与求美的价值旨归，引领社会大众塑造与弘扬实事求是、创造探索、开放协作、理性分析等科学精神。基于价值认知与科学认知的内在融通，人工智能的科学普及教育通过深化实施全民智能教育项目，在国民教育与职业教育的各学段及层面，设置编程软件教学、编程游戏开发等人工智能相关课程，增加寓教于学、寓教于乐的科学普及效果。

其次，社会主义核心价值观引领人工智能的科学文明生活教育。提高社会文明程度是增强国家文化软实力、推进文化强国建设的战略任务，必然要求以弘扬科学知识、普及科学知识为社会文明的本质内容，"开展移风易俗、弘扬时代新风行动，抵制腐朽落后文化侵蚀"①。其一，完善公共文化服务体系。人工智能的价值引领是以社会主义核心价值观为价值基准，推进公共文化服务体系的供给优化与资源整合，完善系统化的人工智能科学普及平台，推进人工智能科普基础设施、创新基地平台、科研机构开源平台等多方面建设，提升基层科普服务能力。其二，倡导科学文明生活方式。社会主义核心价值观引领人民精神需要，广泛开展移风易俗行动，以积极正向的价值基准，辨识、甄别与选择合理性、正当性的精神需要。与此同时，社会主义核心价值观引领人工智能的科学普及，是聚焦人民群众的教育、健康、安全、医疗等生活需要，将人工智能应用普及到日常生活之中，引领人民群众自觉辨识与抵制以人工智能为幌子的"伪科学""反科学"，以及迷信和腐朽落后文化。

二　基于社会主义核心价值观引领的人工智能技术观教育

基于技术观的价值考量，人工智能作为前沿性、战略性的技术体系，如何确立其技术发展及影响的价值定位，树立有益于人的全面发展

---

① 中共中央党史和文献研究院编：《十九大以来重要文献选编》（上），中央文献出版社2019年版，第30页。

与社会全面进步的技术观。这必然要以社会主义核心价值观为价值基准，系统化审视与前瞻规划人工智能技术的价值定位及发展趋向。

1. 社会主义核心价值观引领人工智能的技术定位教育

聚焦"人工智能是什么"的本质追问，人工智能的技术定位是在价值理性的匡正下予以合理审视的。社会主义核心价值观引领人工智能的技术定位教育，是以"不偏不倚"的价值心态，理性审视人工智能的技术本质与价值定位，正确把握价值引领与技术引领的内在张力，合理处理技术风险与发展机遇的内在关系。

首先，加强人工智能的技术定位教育。基于人工智能的技术属性，人工智能是在大数据、超级计算、脑科学等前沿理论催生下，所形成的数字化、网络化与智能化相融通的技术体系。在马克思主义价值哲学视域中审视人工智能的技术本质，人工智能构成了人之存在与发展的价值手段与中介。其一，社会主义核心价值观引领人工智能的技术教育，是要本真透视人工智能的技术本质。归其本质，技术是根据生产实践经验和自然科学原理而发展成的各种工艺操作方法与技能，以及相应的生产工具、机械设备，生产的工艺过程或操作程序、方法。基于技术的价值定位，社会主义核心价值观的价值引领是以价值"祛魅"的方式，理性审视人工智能的技术本质，即人工智能作为技术手段与工具，构成了服务人类社会发展的创新加速器。其二，社会主义核心价值观引领人工智能的技术教育，是要应然观照人工智能的技术效能。人工智能构成了推进科技革命升级迭代的内在驱动力，深刻改变人类的物质生产方式、生活方式与思维方式。社会主义核心价值观的价值引领是要以价值理性匡正工具理性，以社会效益与经济效益相统一的原则，奠定人工智能技术教育的价值原则。

其次，加强人工智能的价值定位教育。基于人工智能的社会属性，人工智能作为技术手段与媒介，在人与人工智能的深度互动下，促成人工智能呈现为技术属性与社会属性的高度融合。其一，社会主义核心价值观引领技术教育，是要深刻透视人工智能的社会需要。人工智能是在经济需求、社会需要的多重价值驱动下而实现快速发展的。人工智能的应然发展是基于价值主体的本质需要，增强人工智能的应用力度与发展潜能，始终锚定于实现人民美好生活向往的本质需要。其二，社会主义核心价值观引领技术教育，是要系统评价人工智能的社会效能。人工智能作为技术体系，并非"价值无涉"。人工智能的价值定位是立足人的在场状态，使其成为"人之为人"的价值手段，构成不断满足人的物质需要、社会需要与精神需要的价值中介，规避人工智能使人陷入"物化""异化"状态。

2. 社会主义核心价值观引领人工智能的技术定向教育

聚焦"人工智能应走向何处"的未来探寻，人工智能的技术发展是立足确定性的价值预设，进行前瞻性的发展研判。社会主义核心价值观是以主流价值观的价值基准，发挥着价值预设与定向的引领作用，锚定人工智能的发展趋向。

首先，价值引领人工智能的技术目标。人工智能的技术发展走向具有实然的客观条件限定，遵循着理论研发、技术应用与产业发展之间的内在规律。与此同时，人工智能的技术发展也必然蕴含着应然的价值指向，需要聚合其创新发展的价值共识。其一，社会主义核心价值观锚定人工智能价值共建的目标指向。人工智能的技术目标是聚焦国家、社会与人民等多维价值主体层面，以技术研发与应用为价值动力，推进国家科技实力的增强与国家安全的保障，注入经济发展的新动能与社会发展的新活力，满足人民美好生活向往的多维需要。其二，社会主义核心价值观锚定人工智能价值共享的目标指向。人工智能的技术目标是旨在形成开放兼容、稳定成熟的技术体系。基于人工智能技术的开源性与兼容性特点，人工智能的发展是由价值手段的共享性，拓深至价值主体的共享性，以全要素的共享方式，推进全要素生产率的提升；以多领域的共享方式，推进经济、社会、文化等多领域互动融通发展；以高效益的共享方式，提升人工智能经济效益的同时，优化人工智能的社会效益。

其次，价值引领人工智能的技术趋向。国家《新一代人工智能发展规划》提出战略目标分三步走，"第三步，到 2030 年人工智能理论、技术与应用总体达到世界领先水平，成为世界主要人工智能创新中心，智能经济、智能社会取得明显成效，为跻身创新型国家前列和经济强国奠定重要基础。"① 可见，人工智能的技术发展具有鲜明的价值定向，以推进强国建设、智能经济与智能社会建设为根本发展趋向。其一，社会主义核心价值观以价值协调的方式，有效推进人工智能关键共性技术发展。人工智能技术研发聚焦国际竞争力的提升与国家综合实力的增强，注重攻关算法的核心技术，拓展数据和硬件的平台体系，推进感知识别、认知推理、人机交互、知识推理等方面的关键技术突破，为智能社会与智能经济发展注入技术创新活力。其二，社会主义核心价值观以价值匡正的方式，有效防范人工智能的潜在与现实风险。人工智能技术研发转向产业发展与社会应用，其内在风险呈现出周期性与延迟性、阶段性与不确定性等特点。这必然需要以高度的价值共识，构建系统化的风险评估体系，也需要以高度的价值契合，为最大限度防范潜在风险向现实风险转化，做好产业政策、创新政策与社会政策之间的内在协调，达到激励发展与合理规制之间的有机统一。

三　基于社会主义核心价值观引领的人工智能产业观教育

立足产业观的价值审视，如何认识与评判人工智能的产业发展，促成人工智能生态圈与产业链的良性发展，必然需要社会主义核心价值观的价值引领，构建科学的产业观，推进人工智能的产业发展与产业变革。

1. 社会主义核心价值观引领人工智能的产业布局方向

深塑人工智能的产业布局是要立足"合规律"的发展前提，遵循产业变革的社会发展规律与经济运行规律，也要立足"合目的"的价值指向，深化供给侧结构性改革，秉持"国家富强、民族复兴和人民幸

---

① 《新一代人工智能发展规划》，人民出版社 2017 年版，第 3 页。

福"的产业布局旨归。

首先，价值引领人工智能的产业领域拓展。产业作为中观经济，处于宏观经济与微观经济之间，构成了具有共同技术或经济属性的企业集合体，构成了资产与资源的集中化配置。人工智能产业是以技术为中介与支撑，构成了整体性的产业联系。在新一轮产业变革中，人工智能产业要充分发挥创新驱动作用，首先要确立人工智能产业布局的发展定位。其一，社会主义核心价值观作为社会主义市场经济的价值基准，确立了人工智能产业布局的价值定位。具体而言，人工智能产业布局是要融入市场经济发展的各环节，在生产层面，遵循服务经济社会发展的价值导向；在分配与交换层面，遵循效率与公平相统一的价值导向；在消费层面，遵循满足人民美好生活需要的价值导向。其二，社会主义核心价值观引领人工智能产业布局的结构优化。基于中国式现代化的本质要求，人工智能产业布局是基于宏观、中观与微观经济的内在贯通，催生新技术、新产品、新产业、新业态、新模式，始终以推进全体人民共同富裕、物质文明与精神文明相协调为价值要旨。

其次，价值引领人工智能的产业集群发展。人工智能产业是以人工智能为核心技术进行的产业划分，构成了人工智能的系统化空间布局与集群化企业分布，构建知识群、技术群与产业群相融通的集群化发展。其一，人工智能产业集群具有支撑性。发展人工智能产业集群是以人工智能的共性关键技术为主导，构成了大量企业以及相关资源在空间上的集聚，形成了生态链化的产业整体，发挥着集群效应与规模效应。其二，人工智能产业集群具有耦合性。发展人工智能产业集群是依托社会主义制度集中力量办大事的本质优势，促进人工智能企业与理论研发机构、技术研发平台、相关社会组织之间的互动互补，通过产业链的有机整合，实现成本降低、市场拓展、规模扩张、竞争力聚合、效益优化。其三，人工智能产业集群具有整体性。发展人工智能产业集群是立足智能经济、建设智能社会的发展要义，在第一、二、三产业之间具有内在的融通渗透，使整体产业结构呈现出共同的技术特质及产业特点，促成生产、流通、消费以及社会公共服务领域的协同互补。

2. 社会主义核心价值观引领人工智能的产业布局构建

人工智能产业布局的系统化构建，是基于人工智能的价值目标与手段、价值主体与客体、价值过程与评价等多维价值关联，推进人工智能产业的积极有序发展，赋能推进其他产业的智能化升级，深化构建人工智能经济新形态。

首先，加强人工智能新兴产业的价值引领。人工智能产业作为新兴产业，是发展数字经济、推进经济全要素数字化转型的基础产业支撑。与此同时，人工智能产业发展呈现出不平衡、不充分以及不规范的问题倾向，必然需要基于规范健康可持续的发展要求，深化对具体产业领域的价值引领。在智能软件领域，人工智能操作系统等关键基础软件的开发，在优化智能交互、知识处理等系统功能基础上，完善透明性、可解释性、稳定性等价值规范。在智能机器人领域，人工智能工业机器人、服务机器人、特种智能机器人在深入研发与推广应用过程中，完善标准体系和安全规则的系统化规范。在智能运载工具领域，自动驾驶汽车、轨道交通系统在集成配套与产品总成提升过程中，面临无人驾驶的伦理困境，注重完善伦理责任的明晰性与确定性。在虚拟现实领域，增强现实与人机交互等关键技术在创新发展与融合应用过程中，增强对技术、产品与服务的技术标准与价值规范有机协同。在智能终端领域，车载智能终端设备、可穿戴终端在产品形态丰富与生活应用拓展过程中，注重数据安全性、隐私保护性等技术伦理规范。

其次，人工智能赋能产业升级的价值引领。人工智能产业具有高度的融合性，呈现出人工智能技术与各行业加速融合的态势，有力推进相关产业的赋能升级与智能化发展。与此同时，相关产业之间的产业链供应仍存在一定缺失，产业及行业间的数字鸿沟仍有较大间隙，必然需要以高度的价值整合，更为充分地释放价值潜力。在智能制造领域，工业互联网等系统集成应用，在推进智能制造标准体系的构建过程中，注重智能制造操控的安全性、稳定性等技术规范。在智能物流领域，深度感知智能仓储系统的推广应用是要加强智能物流公共信息平台的数据安全，注重公共信息与个人信息的数据安全保护。在智能金融领域，智能金融产品和服务不仅要提升数据处理与理解能力，还要构建金融风险智能预警与防控系统，做好金融大数据系统的风险防范。在智能家居领域，家居建筑系统的智能化应用是在家居智能化设备智能互联过程中，提升个人隐私安全与数据安全的协同保护。

四　基于社会主义核心价值观引领的人工智能人才观教育

党的二十大报告强调，"教育、科技、人才是全面建设社会主义现代化国家的基础性、战略性支撑"①。立足人才观的价值规定，如何培育适应人工智能发展的人才队伍，直接关涉人工智能整体发展布局。基于建成人才强国的战略目标，社会主义核心价值观是以价值熏陶与渗透、价值感召与统筹等价值引领方式，聚焦人工智能发展的内在特点与本质需求，培养发展人工智能所需的各方面人才。

1. 社会主义核心价值观引领人工智能人才培养的系统化内容

立足"培养造就大批德才兼备的高素质人才"的本质要求，社会主义核心价值观要以"德"与"才"为价值引领的能力素质要求，深化人才教育的系统化内容。

首先，社会主义核心价值观引领人工智能人才之"德"的塑造。"育人的根本在于立德"②。"培养德智体美劳全面发展的社会主义建设者和接班人"是社会主义核心价值观引领人工智能人才培养的根本要求。其一，社会主义核心价值观拓深"立德"的系统化内容。基于中国特色社会主义的本质规定，"立德"是要"坚持马克思主义道德观、社会主义道德观，倡导共产主义道德"的价值要求，推进"爱国主义、

---

① 习近平：《高举中国特色社会主义伟大旗帜　为全面建设社会主义现代化国家而团结奋斗——在中国共产党第二十次全国代表大会上的报告》，人民出版社 2022 年版，第 33 页。

② 习近平：《高举中国特色社会主义伟大旗帜　为全面建设社会主义现代化国家而团结奋斗——在中国共产党第二十次全国代表大会上的报告》，人民出版社 2022 年版，第 34 页。

集体主义、社会主义思想"的价值原则，深化构筑人工智能的先发优势，有力引领人工智能人才的价值践行。其二，社会主义核心价值观深拓"立德"的系统化路径。基于"立德"的思想品德塑造规律、人的成长规律，价值引领是由"讲道德"的价值表达，到"尊道德"的价值敬畏，再到"守道德"的价值践行，形成环环相扣的道德知行协同。由此，人工智能的人才培养，是秉持社会主义核心价值观的根本要求，基于人工智能的安全性、透明性、稳定性与可控性等发展诉求，塑造积极正向的道德认知与情感，培育正确理性的道德判断与选择，激励自觉自为的道德实践与行为。

其次，社会主义核心价值观引领人工智能人才之"才"的培养。人才的"才"是要秉持"坚持为人民服务、为社会主义服务"的本质要求，"坚持尊重劳动、尊重知识、尊重人才、尊重创造"的能力要求。其一，社会主义核心价值观引领培养"爱党报国"之才。培养人工智能人才是基于跻身创新型国家前列和经济强国的国家战略目标，培养更多高层次的高端人才。其二，社会主义核心价值观引领培养"敬业奉献"之才。培育人工智能人才是立足建设智能经济、智能社会的社会价值取向，培养推进生态链发展的人才集群。其三，社会主义核心价值观引领培养"服务人民"之才。塑造人工智能人才是立足"把各方面优秀人才集聚到党和人民事业中来"，满足人民生活需要智能化的人本价值指向，发挥人才驱动的根本效用，不断促进民生福祉的发展改善。

2. 社会主义核心价值观引领人工智能人才培养的整体化布局

党的二十大报告指出，"完善人才战略布局，坚持各方面人才一起抓，建设规模宏大、结构合理、素质优良的人才队伍。"① 基于制度的顶层设计与系统安排，社会主义核心价值观融入人工智能人才培养的制度建设之中，不断优化人才政策机制与人才队伍布局。

首先，社会主义核心价值观引领人工智能的人才政策布局。其一，

① 习近平：《高举中国特色社会主义伟大旗帜　为全面建设社会主义现代化国家而团结奋斗——在中国共产党第二十次全国代表大会上的报告》，人民出版社 2022 年版，第 36 页。

社会主义核心价值观引领构建人才、制度、文化相支撑的人工智能生态系统。打造人工智能创新高地是构建人工智能生态系统的重要平台，也是人才培养、制度落地与文化培育的载体支撑。人才政策布局是依托人工智能科技创新和人才培养基地，重点建设人工智能创新应用试点示范、国家人工智能产业园、国家人工智能众创基地，推动创新链、产业链、资金链与人才链深度融合。其二，社会主义核心价值观引领激发人工智能的人才机制活力。深化人才发展体制机制改革是充分激发人才政策的引领作用，有力实现"真心爱才、悉心育才、倾心引才、精心用才"。① 深化人才发展体制机制改革是要破除妨碍劳动力、人才流动的体制和政策弊端，完善企业人力资本成本核算相关政策，运用项目合作、技术咨询等方式，激励企业、科研机构引进人工智能人才。深化人才发展体制机制改革是要探索体制机制、政策法规、人才培育等方面的重大改革，形成可复制、可推广的经验，引领带动人工智能人才的系统化培育。

其次，社会主义核心价值观引领人工智能的人才队伍布局。其一，社会主义核心价值观引领人工智能的人才梯次培养。培育高水平人工智能创新人才和团队是要增强人工智能的科学引领与创新聚合能力。加强人工智能基础研究、应用研究、运行维护等方面专业技术人才培养，是要优化人才协同互动和集群效应，形成人工智能持续创新能力。其二，社会主义核心价值观引领人工智能的复合型人才培养。基于人工智能领域学科布局，复合型人才培养是要推进人工智能与数学、计算机科学、物理学、生物学、法学等学科专业教育的交叉融合。复合型人才培养是聚焦"人工智能＋"经济、社会、管理、法律等的横向复合型人才，培养贯通人工智能理论、方法、技术、产品与应用等的纵向复合型人才。

---

① 习近平：《高举中国特色社会主义伟大旗帜　为全面建设社会主义现代化国家而团结奋斗——在中国共产党第二十次全国代表大会上的报告》，人民出版社 2022 年版，第 36 页。

人工智能与社会主义核心价值观教育融合创新的方法论构建

立足融合创新的价值指向，人工智能与社会主义核心价值观教育要实现互动融合与协同创新，是以"如何做"的方法论为基本遵循，构建二者融合创新的方法原则与实践策略。方法论是关于认识世界和改造世界的方法的理论。按其不同层次，方法论具有哲学方法论、一般科学方法论、具体科学方法论等三个层次维度。① 基于价值融合创新的指向性、规律性与生成性，二者之间的互动融合创新必然要遵循方法论的内在机理，促成方法论的本质规定、一般原则与具体策略的有机贯通。

第一节　人工智能与社会主义核心价值观教育融合创新的方法论原则

"哲学方法论是关于认识世界、改造世界、探索实现主观世界与客观世界相一致的最一般方法的理论"。② 立足马克思主义价值哲学的理论观照，人工智能与社会主义核心价值观教育融合创新，是以价值融合

---

① 夏征农、陈至立主编：《辞海》（第六版缩印本），上海辞书出版社 2010 年版，第 474 页。

② 徐光春主编：《马克思主义大辞典》，崇文书局 2017 年版，第 46 页。

为前提，以价值创新为动力，深化二者的契合性与互补性、生成性与发展性。由此，社会主义核心价值观作为根本的价值基准，将系统化的价值内容拓深到人工智能发展之中，呈现为价值引领的方法论原则。人工智能的理论方法、技术手段运用到社会主义核心价值观教育之中，蕴含着价值嵌合的方法论原则。

一　社会主义核心价值观引领人工智能发展的方法论原则

价值引领是以社会主义核心价值观作为人工智能发展的根本价值基准，延伸至人工智能全要素，推进人工智能创新的根本方法与路径。社会主义核心价值观如何引领人工智能发展，所呈现的原则方法与具体策略，蕴含着价值哲学方法论的应然指向与实然遵循。应然指向是基于社会主义核心价值观的本质要求，促成价值目标指向、实现过程与作用效果的有机耦合。实然遵循是立足人工智能发展的内在特质与发展规律，不断优化价值引领的本质功用。

1. 价值引领的一元化与多样性相统一

价值引领蕴含着"一"与"多"的价值辩证关系，"一"意味着一元化的价值基准与导向，"多"蕴含着多样化的价值取向与表征。基于"一元"与"多样"的价值共生关系，社会主义核心价值观引领人工智能发展，既是一元化的主流价值观培育和践行，也是人工智能创新发展的价值匡正与激励。

首先，一元化的价值基准引领多样化的价值取向。"一元"具有发生学意义上的本原与逻辑学意义上的本质等双重意义。其一，在发生学维度，一元是事物发源的始端。"谓一元之意，一者万物之所从始也，元者辞之所谓大也。谓一为元者，视大始而欲正本也。"① 可见，一元是万物发展过程中的原初规定，构成了事物发展的初始动力与始源状态。基于社会存在决定社会意识的唯物史观原理，一元化的价值引领蕴

---

① （东汉）班固、班昭、马续编：《汉书·董仲舒传》。

含着价值基准的生成性。价值基准则是以必然深刻反映社会主体的实践生成，在个体、群体与类的本质生成过程中，由个体意识、群体意识升华至社会意识。由此，一元化的价值引领是在社会存在的生成实践过程中，由自发、离散、多变的社会心理，逐渐聚合为自觉、系统、稳固的社会价值观念。其二，在逻辑学意义上，一元是意义的中心或事物的本原，构成了事物存在的本质规定，也构成了价值意义的合理性与必然性前提。价值引领蕴含着价值基准的规定性，是以主流价值观为本质内容，呈现出鲜明的意识形态特质、共有的思想基础。"意识形态工作是为国家立心、为民族立魂的工作"①。社会主义核心价值观是社会主义意识形态在理想信念、价值理念、道德观念的系统化凝练，以一元化的价值引领，不断增强意识形态领域主导权和话语权。社会主义核心价值观发挥着"一元化"的价值凝聚与聚合作用，匡正人工智能的价值取向、伦理规则与道德规范。

其次，多样性的价值样态聚合一元化的价值导向。多样意指价值存在的多种样态、形态与状态，具体呈现为实有状态与潜在状态。其一，在潜在状态中，多样是基于一元的本质规定，具有潜在意义上的现实存在，也具有可能意义上的多重样态。价值多样性是基于人之存在的生成性，在不同价值个体及群体中，呈现为具体多样的价值选择、价值取向与价值路径；基于人之发展的可塑性，在同一价值主体或价值群体中，呈现为渐进性或阶段性的价值样态。在此意义上，人的全面发展与自由个性的生成构成了一体两面的存在方式。自由个性的生成呈现为人的自由发展的多样性，拓展自由意识与自由能力的价值空间，也呈现为人的个性发展的多样性，促成个性化的价值存在、价值选择与价值实现。由此，价值引领是以人的全面发展作为共同的价值规定，以人的自由个性的生成作为共有的价值标准，以人的自由发展程度与个性实现程度作为人的全面发展的现实评判标准。其二，

---

① 习近平：《高举中国特色社会主义伟大旗帜　为全面建设社会主义现代化国家而团结奋斗——在中国共产党第二十次全国代表大会上的报告》，人民出版社 2022 年版，第 43 页。

在实有状态中，多样是一元的本质规定之具体呈现方式，达到了本质规定与具体表征的有机结合。由此，多样性的价值样态蕴含着共同的价值规定与协同的价值关系。价值引领具有价值关系的协同性，价值主体是以高度的价值自觉，把握"为我性"的价值个体尺度，审视价值客体的效用；基于"为我们"的价值关系尺度，考量自我价值与社会价值之间的协调性，省思价值目的与手段之间的合理性。价值引领具有价值关系的客观性，以价值主体对价值客体的正确认识为前提，以高度的实践自觉，在本质力量对象化的过程中，以价值客体的本质属性满足价值主体的自身需要。

　　2. 价值引领的合目的性与合规律性相统一

　　价值构成了主体需要与客体属性之间满足与否的关系。价值引领是基于人的价值两重性，以价值目的与手段的互动调节，运用"人为"的价值手段，达到"为人"的价值旨归，实现合乎价值目的与遵循价值规律的协同调节。

　　首先，价值引领的目标锚定是基于价值规律的客观限定。其一，价值引领是以实然的价值条件，限定应然的价值诉求。价值引领具有应然的"合目的性"，承载着价值主体的目标指向，基于个体、群体与类的价值诉求，构成了多样化的价值诉求，继而形成多维度的价值指向。与此同时，价值引领也具有实然的"合规律性"，立足"现实的个人"的价值基点，遵循着人的发展的根本规律，蕴含着价值条件的客观性与限定性。其二，价值引领是在价值规律的客观作用下，聚合形成共有的价值目标。在价值规律内生性、必然性与关联性的协同作用下，以历史合力的方式，促成了价值主体间的目标共识与通约。正如恩格斯指出的那样，"历史是这样创造的：最终的结果总是从许多单个的意志的相互冲突中产生出来的，而其中每一个意志，又是由于许多特殊的生活条件，才成为它所成为的那样。这样就有无数互相交错的力量，有无数个力的平行四边形，由此就产生出一个合力，即历史结果，而这个结果又可以看作一个作为整体的、不自觉地和不自主地起着作用的力量的产物。"① 其三，价值引领是在价值规律的多重作用下，促成价值目标的升华与拓深。在价值目标的升华层面，价值引领是基于价值观的生成发展规律，因循于人类社会发展规律，立足应然的价值诉求，依据现实的价值实现条件，对价值结果的共有预期设定。社会主义核心价值观的价值引领是在社会主义建设规律的探索与实践过程中，始终以人的全面发展与社会全面进步为根本价值旨归，自觉遵循人类社会发展规律。在价值目标的拓深层面，价值引领是基于现实条件、时代与场域的规律限定，锚定具体的价值目标。基于人工智能的内在特点与发展诉求，社会主义核心价值观引领人工智能，是根本遵循社会主义建设规律，具体遵循"科技引领、系统布局、市场主导、开源开放"的人工智能发展规律的结果。

其次，价值引领的规律遵循是基于价值目标的渐进实现。其一，价值目标的指向性，确证着价值规律的自觉遵循程度。价值目标的指向性必然是基于一定的价值预设，以价值预期的方式设定价值实现结果。价值目标的实现既具有客体意义上的价值规律遵循与价值条件限定，也具有主体意义上的价值目的调节与价值效用评价。由此，价值目标的确立、实现与评价过程，正是价值主体对价值规律的认知与遵循过程，贯穿于价值规律作用的整个过程，以此作为价值手段选择、调节与评价的客观基准。在此意义上，社会主义核心价值观的价值引领是立足全面建设社会主义现代化国家的战略擘画，"满足人民日益增长的精神文化需求，巩固全党全国各族人民团结奋斗的共同思想基础"②。其二，价值目标的渐进性，彰显价值规律的实践发展阶段。基于价值的本质规定，价值目标蕴含着价值主体与客体的内在关系，价值目标的实现过程确证着价值规律的客观作用过程，即价值客体对价值主体的需求满足与效用实现过程。基于价值的关系限定，价值目标蕴含着自我价值与社会价值

---

① 《马克思恩格斯选集》第 4 卷，人民出版社 2012 年版，第 605 页。
② 习近平：《高举中国特色社会主义伟大旗帜　为全面建设社会主义现代化国家而团结奋斗——在中国共产党第二十次全国代表大会上的报告》，人民出版社 2022 年版，第 43 页。

的内在关联。自我价值与社会价值实现的协同程度直接关涉价值规律的作用过程。社会主义核心价值观引领人工智能发展，以价值目标的渐进实现，确证价值引领的本质规律，其创新发展程度与科技研发、制度运作、市场机制、技术创新规律的遵循程度相协同。

3. 价值引领的本土化与全球化相统一

价值引领是人的存在由现实性至超越性的价值跃升，实现个体本质、群体本质与类本质的价值融通，在社会主义核心价值观的培养和践行过程中，高度彰显全人类共同价值。基于此，社会主义核心价值观引领人工智能发展，是立足人工智能的价值实践场域，秉持为全人类谋福祉的人工智能价值立场，坚实构筑人类文明新形态，渐进臻于构建"人类命运共同体"的价值夙愿。

首先，社会主义核心价值观引领全人类共同价值的构筑。习近平总书记指出，"中国人民愿同各国人民一道，秉持和平、发展、公平、正义、民主、自由的人类共同价值，维护人的尊严和权利，推动形成更加公正、合理、包容的全球人权治理，共同构建人类命运共同体，开创世界美好未来。"① 社会主义核心价值观是在国际交流、传播与影响中，秉持"坚持中国道路"的价值要义，为解决全人类共同面临的问题与挑战提供中国方案，为人类命运共同体的构建贡献中国力量。其一，社会主义核心价值观肯定价值多样性。基于人类文明的多样性，社会主义核心价值观在国际交流传播中，坚守中华文化立场，秉持"求同存异"的价值立场，基于"同"与"异"的价值共存关系，以尊重珍惜的价值态度，深刻理解与尊重不同文明的独特性与历史性、不同地域与不同国家人民的价值追求。其二，社会主义核心价值观尊崇价值平等性。社会主义核心价值观与全人类共同价值呈现为具体化与一般化的价值共生关系。社会主义核心价值观是中国人民的高度价值凝练，承载着中国特色的价值规定、社会主义的本质要求与全体中国人民的价值愿景。全人

---

① 《习近平谈治国理政》第三卷，外文出版社 2020 年版，第 288 页。

类共同价值作为世界各国人民的共同价值追求，是不同文明样态之间最大公约数的价值表达。社会主义核心价值观彰显全人类共同价值的内在本质，拒斥不同文明之间的高低、优劣之分，以平等交流的价值姿态，为全人类共同价值有力贡献中国智慧与中国价值。其三，社会主义核心价值观追求价值包容性。基于人类文明的交流互鉴，以包容开放的价值视域，将人类文明的积极优秀成果融入社会主义核心价值观的培育践行之中，也将社会主义核心价值观所蕴含的中国价值，融入全人类共同价值构建之中，实现"因别而和"与"和而不同"的价值共生发展。

其次，社会主义核心价值观融入人类文明新形态的构建。基于人类文明新形态的价值立场、本质规定与内容要素等多维审视，社会主义核心价值观既是人类文明新形态在精神文明层面的要素构成，也是人类文明新形态在价值内涵层面的深刻表达。其一，社会主义核心价值观笃定人类文明新形态的价值立场。坚持人民至上是人类文明新形态的根本价值立场与价值逻辑遵循，彰显"一切为了人民"的价值旨归，深化"一切依靠人民"的价值动力，秉持人民生命至上、地位至上、力量至上、权力至上、利益至上的价值要义。其二，社会主义核心价值观蕴含人类文明新形态的本质规定，彰显中国式现代化道路的本质特征。社会主义核心价值观高度彰显着坚持独立自主的中华民族精神之魂，蕴含着中国式现代化道路的价值旨归。中国式现代化道路是基于中国特色的国情实际、现代化发展的规律趋向，开辟了中国风格和中国气派的现代化道路，拓展了发展中国家走向现代化的途径。其三，社会主义核心价值观蕴蓄人类文明新形态的内容要素，以物质文明、政治文明、精神文明、社会文明、生态文明协调发展为本质要求。社会主义核心价值观是人类文明新形态的价值凝练。人类文明新形态根植于中国特色社会主义伟大实践，自觉遵循马克思主义关于人类社会发展规律的科学原理、人类解放的发展趋向，传承弘扬中华文明谱系，鲜明彰显人类文明新形态所蕴含的中国特色与中国气度。

二　人工智能嵌合社会主义核心价值观教育的方法论原则

在生态学视域中，"嵌合"是不同基因型的细胞所组成生物体的融合方式，呈现为同源嵌合与异源嵌合的两种融合方式。立足价值哲学视域，价值嵌合是由多样性的价值要素，促成价值主体与客体、目的与手段、属性与功能的整体耦合性；也是将异质性的价值要素，有机融入价值手段、方法与载体之中。基于人工智能发展的战略性、前瞻性与颠覆性，价值嵌合是人工智能作为创新性的理论与方法、技术与载体，嵌入与融合至社会主义核心价值观教育系统，构成了社会主义核心价值观教育的价值载体、方法与场域，也构成了社会主义核心价值观教育创新的基本方法与路径。

1. 价值嵌合的差异性与协同性相统一

价值嵌合蕴含着"异"与"同"的辩证关系，"异"意味着价值结构的差异与价值样态的差别，"同"意味着价值结构的趋同与价值功用的协同。人工智能嵌合至社会主义核心价值观教育，是基于价值手段的差异性、价值要素的协同性，增强社会主义核心价值观教育的价值引领功能。

首先，差异性的价值嵌合促进社会主义核心价值观教育的内容融通。在哲学一般意义上，差异是矛盾发生的初期状态，差异蕴含着矛盾的特征，以对立统一关系为本质规定。差异性是事物存在的常态化表征与区别性特征，呈现为多样性与异质性等特点。在此意义上，价值嵌合是将具有差异性乃至异质性的价值要素嵌入与融合至价值系统之中。人工智能作为科技引领的关键性技术，发挥着价值要素的"因变量"作用，嵌合至社会主义核心价值观教育体系之中，促成了价值通约与趋同的价值引领功能。其一，人工智能发挥其技术属性，促成价值通约功能。价值通约是以"求同存异"的过程，不断拓展更大半径的价值同心圆，形成更为广泛的价值共识。人工智能所具有的技术属性，促成了数据化、信息化与个性化的教育变革。社会主义核心价值观运用人工智能的大数据算法，评价与预测教育受众的价值态度及价值行为，增强价值引领的目标指向，在个体意义上塑造积极稳健的价值人格，在社会意义上塑造和谐稳定的价值心态。其二，人工智能发挥其社会属性，促成价值趋同功能。价值趋同是以"心同此理"的过程，形成类同的价值衡量、评判与选择，塑造"自然而然"的价值思维定式。人工智能所具有的社会属性，逐渐深刻影响生活空间的公共性与个人性，二者的空间边界愈加缩小。人工智能是在各个层面的生活应用之中，隐性植入日常生活空间。基于社会主义核心价值观教育的指向性，人工智能在大数据传播与推送过程中，以显性与隐性的双重技术形态，能够将社会主义核心价值观的根本价值要求融入"日用而不自知"的生活场域之中，引领人民群众塑造稳固的价值态度、"日用常行"的价值行为。

其次，协同性的价值嵌合推进社会主义核心价值观教育的方法优化。基于系统论的本质省察，协同是开放系统内部各子系统之间通过非线性的相互作用，促成系统由混沌走向有序，由低级有序走向高级有序的自组织过程。基于价值观教育的本质要求，协同性是在价值要素的差异与耦合过程中，呈现为稳定有序的协调性与同一性。人工智能作为价值引领的"变量"要素，其与价值引领的"常量"要素之间具有内在的契合性，方能实现价值嵌合的本质功用。与此同时，社会主义核心价值观教育采撷人工智能的方法与手段，是基于"不变"的本质目标与内容属性，发挥人工智能"变"的创新要素与功能，进而推进价值引领的过程深化与协同。其一，运用人工智能的动态跟踪方法，增强价值分析的精准性。价值分析是价值主体对价值观的理性剖析。人工智能立足大数据挖掘与分析，以大样本、全过程与动态化的数据算法，有助于精准预测价值主体的认知程度。由此，社会主义核心价值观教育运用人工智能的大数据算法，基于价值主体的认知差异与个性特点，引领价值主体以系统性、思辨性与生成性的理论逻辑，深刻理解社会主义核心价值观的内生演化逻辑与内在本质规定。基于价值主体的认知规律与过程，社会主义核心价值观教育运用人工智能，引领价值主体自觉理解价值规律的本质关联性、必然趋向性与普遍作用性，深刻理解社会主义核心价值观的价值愿景、发展趋向与本质功用。其二，运用人工智能的信息预测方法，增强价值接受的笃定性。人工智能的数理逻辑优化了数据分析及数据预测的精准性与即时性。运用人工智能的信息预测方式，是要将工具性的数理逻辑嵌入至人本性的价值逻辑，增强价值引领的主体接受程度。由此，社会主义核心价值观教育是要主动甄别与选择人工智能信息预测的有效方法，引领价值主体以主动采纳的方式，将共有的价值观念内化为自身的价值思维；引领价值主体以逻辑概括方式，深刻理解社会主义核心价值观的本质要义。社会主义核心价值观教育运用人工智能的理论、技术与方法，发挥价值接受的教育效能，将社会主义核心价值观内化为价值观念、价值规则与价值标准相自洽的价值思维。

2. 价值嵌合的动态性与平衡性相统一

价值嵌合是以差异性的价值要素，构建相互耦合与互补的稳定结构，基于人工智能的信息动态性与平衡性，促进社会主义核心价值观教育的过程贯通与关系平衡。

首先，动态性的价值嵌合促进社会主义核心价值观教育的过程贯通。在信息论视域中，价值嵌合是将价值信息嵌入至价值观教育体系中，发挥信息"消除不确定性的存在"这一本质功用。基于价值嵌合的动态性，人工智能是将真实、及时、全面的信息内容嵌入社会主义核心价值观教育体系之中，增强教育过程的透明性、对称性与迅捷性。由此，人工智能的信息动态性嵌合，有力促成价值认知、情感、意志、信念的内化以及价值行为的外化，构成了价值态度的塑造过程，形成鲜明的价值倾向。其一，运用人工智能建立智能、快速、全面的教育分析系统，促进价值态度的正向稳固。价值态度是在价值观的影响下，由内在的价值感受、是非褒贬的价值评判与稳定的价值意向构成。人工智能运用大数据算法，分析教育受众的思想特征、价值倾向与个性习惯，优化具有针对性的教育策略，有助于引导教育受众塑造一贯性、稳定性与自洽性的价值态度。其二，运用人工智能构建标准化、个性化、定制化的教育反馈体系，加强价值态度的积极匡正。价值态度的塑造是在价值观的匡正下，由自然属性的需要表达，转化为具有道德属性与社会意义的诉求表达。人工智能是以适应性的反馈，推进价值态度塑造的过程匡正，由直观的情感体验笃定为价值意义赋予的情感意向。由此，人工智能有助于社会主义核心价值观教育发挥价值态度的思维定式作用，引领教育受众恪守社会主义核心价值观的本质要求，面对多样的价值选择、价值冲突与价值评判时，促成价值心理机制、过程与状态的内在协调。

其次，平衡性的价值嵌合促进社会主义核心价值观教育的关系协调。在系统观视域中，价值嵌合的应然目标是构建价值体系的自组织样态，即系统构成积极发展的自成体系的组织，相同或相类的事情按一定的秩序和内部联系组合而成具有某种特性或功能的整体。人工智能嵌合至社会主义核心价值观教育之中，构建包含智能学习、交互式学习的新型教育体系，有助于优化教育体系的整体有序性与动态协调性，增强教育关系的协同性与交互性，提升价值主体之间的激励强化。其一，运用人工智能的人机协同技术，深化价值主体之间的互动激励。基于人的群体本质，价值激励是基于共有的价值愿景感召、价值规则约束，在价值强化的机制作用下，促成价值主体之间凝聚"为我们"的价值归属感。基于激励的主体性，价值激励在价值主体的关系归属与意义归属凝聚过程中，发挥着价值主体的内在驱动作用。立足人机协同的应然价值目标，社会主义核心价值观教育是基于教育规律、心理机制与人工智能运用的深度协同，增强教育内容的动态生成、教育方法的灵活调整，塑造自觉性、积极性与正向性的心理作用机制，发挥价值诉求的激发、价值典型的示范与价值实践的聚合作用。其二，运用人工智能的交互学习技术，增强价值主体之间的正面强化。价值激励不仅是价值观与价值主体之间相互塑造，也是价值主体之间互动实践，深化个体之间、个体与群体之间的关系协调功能，构成主体之间的正向促进与带动作用，形成具有积极导向的关系场效应。基于人工智能的交互学习特点，以人与人工智能之间的对话、交互，促进人工智能在社会主义核心价值观教育中的学习与建模，以此为技术手段与媒介，推进教育者与受教育者之间的交互学习。这有助于增强社会主义核心价值观教育的正面强化功能，在技术交互过程中，增强价值交互与激励功能，对积极的价值行为给予肯定与奖励，塑造教育受众的鲜明价值倾向、正向价值思维、积极价值行为。

3. 价值嵌合的整体性与效能性相统一

价值嵌合是以价值实践的生成方式，构成价值内容与方式、价值属性与功能的整体契合，将人工智能全要素嵌合至社会主义核心价值观教育的内容完善与方法创新、载体创新与场域优化之中。

首先，整体性的价值嵌合深化社会主义核心价值观教育的环境优化。价值嵌合是人工智能作为价值技术与载体，嵌入与融合至教育情境之中，也是将社会主义核心价值观教育内容投射到价值环境、融入价值过程之中。由此，价值契合是基于人工智能的技术特点与优势，建立以学习者为中心的教育环境，发挥显性的价值导向及隐性的价值熏陶功能，构建宏观与微观相融通的价值环境、系统化与生活化相契合的价值载体。其一，运用混合增强智能支撑平台，增强社会主义核心价值观教育的情境渲染性。人工智能通过在线智能教育平台等技术支撑，有助于拓深社会主义核心价值观教育的涵育功能，发挥着价值氛围营造、价值心理暗示的重要作用，以"行不言之教"的无声教育，将具有导向性与指向性的教育内容弥散到教育场域之中。人工智能通过多维度的智能媒介传播，有助于形成具有鲜明精神标识的环境，以具象化的价值情境，深化学校训育、家庭养育、社会化育功能，营造具有价值教育导向的微观价值氛围。其二，运用虚拟现实与增强现实技术，增强社会主义核心价值观教育的价值情境渗透性。价值主体之间的相互影响，以实践养成的方式，达到潜移默化的价值渗透作用。社会主义核心价值观教育是以环境渗透的方式，发挥着教育的濡化作用，渗透在各个场域与环节中。人工智能是在虚拟环境和实体环境的协同融合过程中，进一步提升社会主义核心价值观教育的渗透性与融入性，发挥着价值引领的心理暗示与文化熏陶作用，营造价值共识的"场效应"，塑造更具价值通约的社会心态、社会情绪、社会行为等方式。

其次，效能性的价值嵌合推进社会主义核心价值观教育的功能优化。在系统观视域中，价值嵌合促成了差异性的价值要素之间的结构稳定，构成了具有良性反馈机制的自组织体系，即"系统在没有外部'指令'或外力干预的条件下，内部各子系统之间按照某种规则形成特定结构与功能的现象"[①]。人工智能嵌合至社会主义核心价值观教育，承载着鲜明的目标导向与过程导向，有助于优化教育机制与教育功能。其一，基于人工智能的全流程应用，促进社会主义核心价值观教育的机制优化。在系统观的哲学考量下，"机制"是系统要素之间的结构关系、功能作用与运行方式。价值观教育机制是以主流价值观为价值内核，构成了价值观、道德观与文化之间层层拓展的系统化内容，以系统化的价值规范为共有准则，强化主体之间最广泛的价值认同，指引各领域及各层面的价值实践。人工智能在教学、管理、资源建设等全流程应用，提供精准推送的教育服务，提升日常教育和终身教育的定制化程度，构建更具个性化与系统化的价值观教育体系。其二，基于人工智能的全流程应用，促进社会主义核心价值观教育的功能耦合。人工智能的全流程应用是以社会主义核心价值观教育的功能与效用优化为重要衡量基准。在价值功能层面，人工智能的全流程应用是发挥人工智能的技术支撑与创新作用，增强社会主义核心价值观的价值引领功能，以应然的价值指向引领实然的道德实践，发挥价值定位与定向、价值释义与表达、价值贯穿与融入等功能，达到引领的时代性与实效性、先进性与广泛性相协同。在价值效用层面，人工智能的全流程应用，必然要充分考量价值嵌合多维功效。具体而言，人工智能嵌合社会主义核心价值观教育，必然要考量社会主义核心价值观教育内容与方法、目的与手段、不同教育群体的匹配度，不同教育对象、内

[①] 夏征农、陈至立主编：《辞海》（第六版缩印本），上海辞书出版社2010年版，第2555页。

容与领域的适用度。

第二节　社会主义核心价值观引领人工智能 发展的原则及策略

在哲学一般意义上，方法论原则是对方法的抽象凝练，形成的具有底层思维的基本原则。方法论原则是以一般性、普遍性的基本方略，为人的认知与实践设定哲学意义上的共性原则。由此，社会主义核心价值观引领人工智能的原则方法是基于社会主义核心价值观的本质内容，聚焦人工智能领域的本质特征，构建价值引领的基本原则，以此为方法原则和价值依据，细化为有可操作性的价值方法与策略。

一　社会主义核心价值观引领人工智能发展的基本原则

习近平总书记强调，"一种价值观要真正发挥作用，必须融入社会生活，让人们在实践中感知它、领悟它。要注意把我们所提倡的与人们日常生活紧密联系起来，在落细、落小、落实上下功夫。"① 社会主义核心价值观引领人工智能发展，是基于社会主义核心价值观的本质要义，遵循"落细、落小、落实"的培育践行的基本原则，发挥价值引领的本质功用，引领人工智能全要素、全生命周期与生态链的协同发展。

1. 基于人工智能全要素的价值引领"落细"原则

就其字面之意，"落"意指下降、降落，也意指停留、定止，得到某种结果②；"细"意指微小、致密、精致、仔细③；落细是下沉与降至

---

① 《习近平谈治国理政》，外文出版社 2014 年版，第 163 页。
② 夏征农、陈至立主编：《辞海》（第六版缩印本），上海辞书出版社 2010 年版，第 1240 页。
③ 夏征农、陈至立主编：《辞海》（第六版缩印本），上海辞书出版社 2010 年版，第 2047 页。

细微之处。基于价值哲学视域，"落细"呈现为"致广大而尽精微"的价值图景，由高度凝练的价值要求转化为具体精细的价值规则。基于"落细"的本质规定，价值引领是将社会主义核心价值观的根本价值要求细化至人工智能全生命周期之中，转化为人工智能的价值内涵、价值目标与价值规则。

首先，人工智能全要素的价值内涵"落细"。社会主义核心价值观是当代中国精神与人民价值追求的高度凝练及内涵表达。社会主义核心价值观引领人工智能，首要是价值内涵的本质规定融入人工智能的内在要素之中。换言之，人工智能的算法、算力与算料等全要素，充分彰显与蕴含社会主义核心价值观的本质内涵。其一，高度彰显当代中国精神。当代中国精神深刻蕴含着以爱国主义为核心的民族精神和以改革创新为核心的时代精神。人工智能全要素的发展是深厚汲取与笃实秉持当代中国精神，将其内化至各要素发展的价值逻辑。基于科技引领的创新趋向，人工智能各要素秉持创新的价值内涵，在创新驱动战略的推进下，以构建新一代人工智能理论与技术体系为发展重点，构筑科技先发优势，为社会主义现代化强国建设注入创新驱动力与科技支撑力。其二，高度契合全体人民的共同价值追求。社会主义核心价值观是对人民价值追求的愿景勾画，系统表达了人民美好生活向往的价值内涵。人工智能全要素的发展是基于科技引领与价值引领的有机协同，以科技引领的驱动力，深化价值引领的聚合力。人民美好生活向往的本质要求落细至人工智能全要素之中，以算法、算力与算料的协同创新发展，促进人民生活的质量提升与内容丰富，不断满足人民更多层次、更高标准的生活需要，有力提升人民物质生活与精神生活的富裕程度。

其次，人工智能全要素的价值要求"落细"。社会主义核心价值观是以巩固全党全国各族人民团结奋斗的共同思想基础为培育与践行的根本要求。社会主义核心价值观引领人工智能全要素，是将共同思想基础转化为人工智能的价值共识，细化为人工智能的价值规则。其一，人工智能全要素的价值共识拓深。人工智能全要素发展是基于系统发展策略，在系统布局中实现算法的理论研究、算力的技术攻关与算料的应用转化相结合。社会主义核心价值观的根本价值要求落细至人工智能全要素发展之中，是基于"增进认知认同、树立鲜明导向、强化示范带动"，促成算法、算力和算料创新发展的价值契合性、同一性与贯通性。其二，人工智能全要素的价值规则细化。社会主义核心价值观的价值规则落细至人工智能全要素，根据算法、算力与算料的共性特征，匡正人工智能的科技伦理，应对人工智能发展的共性挑战与风险。根据算法、算力与算料的内在特质，社会主义核心价值观引领人工智能发展，是在人工智能全要素中构建更为细化的价值原则与伦理规则。诸如算法领域价值规则的公平性，要规避算法歧视等风险；算力领域价值规则的安全性，要规避责任缺位等盲区；算料领域价值规则的安全性，要规避隐私泄露等问题。

2. 基于人工智能全生命周期的价值引领"落小"原则

"落小"意味着由更高维度的时空降维至更小的时间与空间，落到微小的价值情境之中、微观的价值过程中。在时间维度，"落小"意味着社会主义核心价值观贯穿人工智能全生命周期的价值实现过程。在空间维度，"落小"意味着以社会主义核心价值观为价值基准，划定人工智能研发、生产与应用等各领域的价值原则，匡正人工智能发展的价值过程，融入人工智能的价值场域。

首先，人工智能全生命周期的价值底线"落小"。新一代人工智能呈现出全生命周期的发展态势，呈现为理论与技术、方法与应用、产业与产品的周期化特征。基于此，社会主义核心价值观引领人工智能全生命周期，是在人工智能创新发展的过程中，发挥价值引领、规范与匡正的综合作用，将社会主义核心价值观的根本要求落小至价值人工的价值底线，拓展人工智能的价值空间与价值动力。其一，对人工智能全生命周期的价值边界予以划定。立足人工智能发展的风险防范，社会主义核心价值观作为根本价值基准，是要增强底线思维，划定人工智能"有所为"与"有所不为"的价值边界。这要避免低估人工智能的风险与问题，充分认识与应对人工智能的内在局限及潜在风险，立足"所有不为"的底线意识，划定人工智能的伦理道德底线与法律法规禁区。与此同时，要避免夸大人工智能的风险及挑战，笃定"有所为"的建设心态，深化构建风险评估与监测、预警与处置的系统机制。其二，对人工智能全生命周期的价值张力予以持守。人工智能全生命周期是从理论逻辑到实践逻辑的递进延展，由高度抽象化、符号化与系统化的理论研究，转化为具象化、多样化与生活化的产业发展与技术应用。这必然要求社会主义核心价值观引领人工智能全生命周期的价值贯通与有序发展，在划定人工智能价值边界、规则边界与责任边界的基础上，保持并激发人工智能的内生活力，形成包容开放的发展氛围，构建具有竞争力的开放创新生态。

其次，人工智能全生命周期的价值过程"落小"。新一代人工智能呈现为人工智能管理、研发、供应与使用的周期化发展过程，社会主义核心价值观"落小"至人工智能全生命周期，在各个发展环节与过程，发挥价值贯穿与融入作用，明确价值主体与责任主体的统一性。其一，在人工智能管理过程中，社会主义核心价值观落小至人工智能管理与治理的全过程。在制度顶层设计、整体安排与监管运行中，社会主义核心价值观切实发挥价值凝聚与通约作用，形成具有深层次共识的治理框架与标准规范。其二，在人工智能研发过程中，社会主义核心价值观落小至人工智能研发各环节。基于价值自律原则，社会主义核心价值观发挥价值规范、科技伦理的自我约束与管理作用；基于价值他律原则，增强人工智能系统化开发的价值考量、道德监督与伦理审查，形成可审核、可监督与可追溯的责任监督机制。其三，在人工智能供应过程中，社会主义核心价值观落小至人工智能的资源配置过程中。社会主义核心价值观是以价值匡正的方式，加强人工智能服务及产品的监测、论证与评估，提升人工智能应用程度的便捷化；注重人工智能发展的市场环境营造，积极引导人工智能发展的有序竞争与产权保护。其四，在人工智能使用过程中，社会主义核心价值观落小至人工智能的生活应用。基于人本化的价值指向，社会主义核心价值观是以价值规范的方式，强化人工智能的"善意使用"原则，立足迅捷化的应用要求，增强人工智能产品与服务使用的程序简易性、易操作性。

3. 基于人工智能生态链的价值引领"落实"原则

"实"包含着现实、事实、实践和实效等多重含义。"落实"则包含着落到实处、落入实践、落出实效等多重含义。由此，社会主义核心价值观的"落实"是基于"实"的多维价值内涵，基于现实的价值前提，深化实践的价值动力，取得实效的价值效果，落实至人工智能生态链的实际发展。

首先，人工智能生态链的价值实现方式"落实"。人工智能生态链是具有人才、制度、文化相互支撑的生态化要素。基于应然的价值条件，"落实"是社会主义核心价值观融入人工智能生态链的发展过程之中，将社会主义核心价值观的本质要求融入人工智能的人才培养、制度完善与文化建设之中。其一，基于生态链人才要素的价值落实。社会主义核心价值观是以"着力培养担当民族复兴大任的时代新人"为育人指向，以"培养造就大批德才兼备的高素质人才"为人工智能人才培养目标，引领培育高水平的人才队伍和创新团队。其二，基于生态链的制度要素的价值落实。社会主义核心价值观融入制度建设的各个方面，在人工智能的制度安排与运行、制度监督与反馈等各环节，充分发挥价值引领的规范与匡正作用，切实为人工智能发展提供价值引领的制度保障。其三，基于生态链的文化要素的价值落实。坚持以社会主义核心价值观引领文化建设，塑造与优化人工智能发展的创新文化氛围、积极社会心态，引领与规范人工智能创设的虚拟环境与网络场域，营造持续向好、积极正向的网络生态。

其次，人工智能生态链的价值践行方式"落实"。基于实践的价值动力，"落实"是社会主义核心价值观融入人工智能生态链的发展实践之中。人工智能生态链呈现为产业链、供应链、创新链相融通的生态化场域。其一，基于人工智能生态链场域分化的价值落实。基于业态链之间的多样化、差异化的行业特点，社会主义核心价值观注重"落实"的针对性与层次性，"坚持联系实际，区分层次和对象，加强分类指导"①；依据业态链的内在特点与发展要求，以"贴近性、对象化、接地气"的价值引领方式，找准与把握价值引领的思想共鸣点、利益交汇点。其二，基于人工智能生态链业态衔接的价值落实。基于产业链、供应链、创新链之间的协同发展要求，社会主义核心价值观注重"落实"的系统化与过程化，发挥"一以贯之"的价值联结与连贯作用，引领人工智能生态链的创新能力建设、体制机制改革和政策环境营造协同发展。

最后，人工智能生态链的价值实现效果"落实"。基于实效的价值效果，"落实"是社会主义核心价值观融入人工智能生态链的发展效果之中。人工智能生态链蕴含着知识群、技术群、产业群相融合的生态化结构，不断提升全要素、多领域、高效益相融合的发展效能。其一，基于人工智能价值链高端发展的价值落实。高效的智能经济、数字经济既需要遵循市场规律，也需要恪守价值伦理。社会主义核心价值观引领人工智能生态链，深化协调人工智能发展与治理之间的关系，确保人工智能安全可靠可控。其二，基于人工智能可持续发展的价值落实。人工智能生态链的发展实效是以人的全面发展与社会全面进步为根本衡量基准。社会主义核心价值观引领人工智能生态链，"做到讲社会责任、讲社会效益，讲守法经营、讲公平竞争、讲诚信守约，形成有利于弘扬社会主义核心价值观的良好政策导向、利益机制和社会环境"②。

二 社会主义核心价值观引领人工智能发展的具体策略

就其字面之意，"策"指的是"计谋、策划"，"略"则是"智谋、

---

① 中共中央文献研究室编：《十八大以来重要文献选编》（上），中央文献出版社 2014 年版，第 579 页。

② 中共中央文献研究室编：《十八大以来重要文献选编》（上），中央文献出版社 2014 年版，第 581 页。

策略"；"策"与"略"的合称之意是计策谋略，即适合具体情况的做事原则和方式方法。在方法论意义上，策略作为战略的组成部分，基于战略目标的指向与内容，是为实现战略任务而采取的手段。战略具有一定历史时期内的全局性谋划，具有全局的相对稳定性与目标指向性。基于战略的目标与任务，策略具有较大的灵活性，在战略原则的前提下采取相对的灵活变化。

目前新一代人工智能发展规划已明确列为国家发展战略之一，包含着人工智能的发展愿景、实现目标、使命任务、发展阶段、发展策略等系统化内容。就此而言，社会主义核心价值观引领人工智能发展，是坚持价值引领的目标导向与问题导向相结合，聚焦人工智能发展态势与风险问题，将"落细落小落实"的价值引领原则，具化为人本性、安全性与透明性的价值引领策略，细化为指向性、针对性与可操作性的价值引领方法，有力匡正不确定性、不平衡性、不可解释性等风险问题。

1. 基于人工智能人本性的价值引领策略

国家《新一代人工智能发展规划》明确要求，"深入实施创新驱动发展战略，以加快人工智能与经济、社会、国防深度融合为主线"①。基于人工智能的目标指向，以社会主义核心价值观引领人工智能发展是立足全面建设社会主义现代化国家的战略全局，聚焦人工智能的智能化、开源化与便捷化优势，基于人机关系的价值审视，秉持增进人类福祉、为人民谋福祉的价值立场，深化公平、公正、和谐的价值引领策略。

首先，人机和谐友好的价值引领策略。人工智能发展战略的目标指向是坚持以人为本的价值原则，基于人的价值主体性与价值归属性，拓深至人工智能领域的价值原则，加强人机和谐友好的价值策略引领。其一，人机和谐友好的价值策略是以尊重人的根本利益诉求为价值前提。人与人工智能之间是价值主体与客体、价值目的与手段的价值关系。基

---

① 《新一代人工智能发展规划》，人民出版社 2017 年版，第 2 页。

于人工智能作为价值手段与价值客体的本质定位，人机和谐友好是将人类共同价值观贯穿至人工智能发展的各领域环节、各国家地域，始终坚持以维护全人类利益为共同价值目标。与此同时，人工智能的价值引领是秉持为人民谋福祉的价值立场，立足中国国情实际，运用与规范人工智能这一价值手段，"服务经济社会发展和支撑国家安全，带动国家竞争力整体跃升和跨越式发展"①。其二，人机和谐友好的价值策略是以尊重人权为价值基准。基于人的价值主体与价值目的定位，人机和谐友好是坚持人的在场状态，坚持人工智能服务于人类发展进步，为人类文明注入科技驱动力。人机和谐友好是基于人权的根本价值基准，坚持"人民幸福生活是最大的人权"这一价值定位，"把生存权、发展权作为首要的基本人权"。② 在此价值定位的设定下，人机和谐友好的价值引领策略是引领人机交互能力、人机整合与增强、人机协同的感知与执行等人工智能理论、技术及应用的策略方法。

其次，社会普惠公平的价值引领策略。人工智能发展蕴含着推进社会全面进步的价值指向。国家《新一代人工智能发展规划》指出，"建设安全便捷的智能社会，围绕提高人民生活水平和质量的目标，加快人工智能深度应用"。③ 基于人工智能的社会属性，人工智能融入与嵌合至社会发展，逐渐成为社会发展进步的创新要素与技术驱动。其一，基于普惠的价值要义，社会普惠的价值引领策略秉持普惠包容的价值原则。人工智能发展是要增强人工智能产品及服务的公共化与均衡化，切实将人工智能带来的发展效益，惠及至全社会成员，避免因数据鸿沟、算法歧视导致的价值偏见及利益垄断。其二，基于公平的价值要求，社会公平的价值引领策略坚持公平正义的价值原则。人工智能发展重点推进知识计算引擎与知识服务技术等关键共性技术研发，构建完善人工智能基础数据与安全监测平台等基础支撑平台。人工智能发展注重社会公

---

① 《新一代人工智能发展规划》，人民出版社 2017 年版，第 2 页。
② 《习近平谈治国理政》第三卷，外文出版社 2020 年版，第 288 页。
③ 《新一代人工智能发展规划》，人民出版社 2017 年版，第 5 页。

平正义和机会均等，避免因人工智能发展而产生的社会两极分化，提升弱势群体对于人工智能技术与平台的应用性，避免数字鸿沟、数字歧视等问题。

最后，增进民生福祉的价值引领策略。人工智能发展承载着人民性的价值指向，"以建设智能社会促进民生福祉改善，落实以人民为中心的发展思想"①。增进民生福祉的价值引领策略始终是以人民对美好生活的向往为根本价值指向，以人民美好生活需要的满足与实现程度为根本评判尺度。其一，增进民生福祉的价值引领策略是以科技现代化推进人的现代化发展。基于人工智能技术属性，价值引领是拓深与延展人工智能创新应用，夯实科学技术研发、生产力发展及消费升级迭代的物质基础，促进科学精神、文明新风、现代化人格等价值要素有机耦合。其二，增进民生福祉的价值引领策略是基于人工智能的社会属性，聚焦与满足民生需求。基于智能化环境的系统营造，价值引领是要提升人工智能的社会便捷性与服务高效性，提高个性化、多样化、品质化的智能服务水平，推进智能教育、智能医疗、智能康养的应用广度与深度。

2. 基于人工智能安全性的价值引领策略

立足人工智能不确定性的问题指向，价值引领策略是聚焦人工智能应用的广泛性、技术的颠覆性与效能的多重性，基于前瞻预防与约束引导相结合的应对策略，增强人工智能在宏观、中观及微观层面的安全性与可靠性。

首先，维护国家安全的价值引领策略。党的二十大报告指出，"强化经济、重大基础设施、金融、网络、数据、生物、资源、核、太空、海洋等安全保障体系建设"。② 人工智能作为安全保障体系建设的重点领域，其价值引领策略是注重增强人工智能安全性，积极应对人工智能安全性的风险挑战。其一，基于人工智能安全性的价值考量，价值引领

---

① 《新一代人工智能发展规划》，人民出版社 2017 年版，第 6 页。
② 习近平：《高举中国特色社会主义伟大旗帜　为全面建设社会主义现代化国家而团结奋斗——在中国共产党第二十次全国代表大会上的报告》，人民出版社 2022 年版，第 53 页。

策略是要推进国家安全体系和能力现代化的战略大局。具体而言，价值引领策略是要强化人工智能的科技战略地位与科技引领作用，充分发挥其在健全国家安全体系、建设安全保障体系建设中的重要作用。价值引领策略是要强化人工智能对社会治理的效能提升作用，运用人工智能的技术群，准确感知、预测、预警基础设施和社会安全运行的重大态势，发挥其对于提高社会治理的能力、有效维护社会稳定中不可替代的作用。其二，基于人工智能安全性的风险挑战，价值引领策略是要立足防范系统风险的制度设计。制度化的价值引领策略是要构建系统完备的制度体系，建立与完善与人工智能相适应的法律法规、伦理规范和政策体系。与此同时，安全性的价值引领策略是要发挥运行有效的制度功能与治理能力，以人工智能安全评估和管控能力为关键，杜绝人工智能产品与服务的违法及犯罪行为，严禁危害国家安全、公共安全和生产安全。

其次，操作应用安全的价值引领策略。人工智能呈现出科技双刃剑的现实影响，其价值引领策略是要注重人工智能"扬长"与"避短"的适度协调。其一，基于人工智能操作的高效化，价值引领策略是要推进人工智能应用的广泛性。尤其是对于重复性、危险性、机械性的工作任务，加强操作应用安全是要保障人工智能的高效能运作，有助于创造更多高质量、高舒适度的就业环境。其二，基于人工智能操作的不稳定性特点，价值引领策略是要增强人工智能操作的便捷性、稳定性与规范性。党的二十大报告指出，"推进安全生产风险专项整治，加强重点行业、重点领域安全监管"①。由此，价值引领策略是在保持人工智能理论创新性与技术前瞻性的基础上，增强其应用的安全可控与风险防控。围绕自动驾驶、服务机器人、工业机器人等相关生产及应用领域，加强人工智能的操作应用安全是要切实构建完善相关安全管理法规，对人工智能新技术的普及应用奠定法治保障与技术支持。

---

① 习近平：《高举中国特色社会主义伟大旗帜　为全面建设社会主义现代化国家而团结奋斗——在中国共产党第二十次全国代表大会上的报告》，人民出版社 2022 年版，第 54 页。

最后，数据隐私安全的价值引领策略。人工智能的数据应用呈现为一体化业态链，涵盖了数据收集、存储、使用、加工、传输、提供、公开等一系列环节，全面关涉国家、社会以及个人的数据安全问题。其一，基于数据隐私安全的系统性，价值引领策略是要充分运用人工智能的海量数据支撑。基于公共数据资源库的平台依托，价值引领策略是要构建标准测试数据集，打造具有高度安全性与稳定性的云服务平台。立足人工智能的数据及平台的安全性评测，价值引领策略是要完善人工智能算法的方法、技术、规范，建立人工智能基础数据与安全检测平台。其二，基于数据隐私安全的个体性，价值引领策略是要加强人工智能的用户隐私保护。立足人工智能的数据使用权，价值引领策略是要加强合法、正当、必要和诚信的价值规范，保障个人合法数据权益，进一步清晰划定人工智能的数据使用及管理的权力及职责边界，规范数据使用的条件和程序，规避非法收集利用个人信息、侵害个人隐私权等风险问题。

3. 基于人工智能透明性的价值引领策略

聚焦人工智能复杂性的问题指向，价值引领策略是立足增强人工智能应用的自适应性、鲁棒性，化解抗干扰性不足等问题，规避算法"黑箱"，优化全生命周期过程、全要素构成中的应对策略，切实增强人工智能全过程、各环节的可控性与可信性。

首先，程序设计规范透明的价值引领策略。人工智能具有系统复杂性，加之技术专利及经济利益等因素的排他性，使人工智能算法构成了未知的"黑箱"样态，尤其是在人工智能的使用终端，用户往往无法明晰算法的目标与意图，也无法知悉算法设计者、算法运用者与算法生成内容的责任归属，也导致无法评判与监督算法。基于透明性的人工智能发展，价值引领策略是在人工智能的上游领域，尤其是在算法设计层面，增强其程序规范性与程序透明性。其一，在算法程序透明性层面，价值引领策略是要注重算法设计及数据驱动的规范性。这要强化可审核、可监督的监管机制，尤其要规避算法"黑箱"的负面特性，避免利用隐性的算法决策而侵犯受众及使用者的合法权益。其二，在算法过程透明性层面，价值引领策略是要提升人工智能算法程序过程的透明化。这要构建可验证、可追溯与可预测的算法过程机制，避免人工智能平台企业对用户及受众采取"大数据杀熟"等技术失范行为、侵害消费者合法权益行为，提升算法治理的自动化与标准化水平，增强对算法设计的过程监管与透明监督。

其次，应用过程解释透明的价值引领策略。人工智能算法呈现为全周期特征，构成了程序设计到程序应用、用户使用的全周期过程。其一，基于人工智能算法的不确定性与抗干扰性差等问题，价值引领策略是要注重算法运用的过程解释性。在客观技术条件层面，人工智能算法的解释性存在一定的缺失。这要求在算法应用过程与结果的解释层面，引导算法推荐设计与服务平台增强算法运行的稳定性，提高算法解释的透明度，发展高可解释性、强泛化能力的人工智能算法。其二，基于人工智能算法的商业化与市场化特点，价值引领策略是要注重算法推荐的机制解释性。在主体操作层面，由于市场运作中的利益考量与冲突，会导致在算法推荐的解释性存在一定的利益驱动与刻意性的解释缺失。这必然要求增强算法推荐服务的透明度，引导算法推荐服务平台以适当方式，向算法用户与受众公示其算法推荐的基本原理、技术意图与运行机制。其三，基于人工智能算法的责任主体责任特点，价值引领策略是要注重责任追溯全过程的透明性。人工智能算法呈现为全周期的责任主体，即人工智能研发者、使用者、受众及其他相关方均应具备高度的责任感、法治意识与自律意识。其四，基于人工智能算法的各环节衔接，价值引领策略是要明确不同环节的责任主体，明晰研发者、使用者和受用者的主要责任及要求，加强人工智能全生命周期各环节的自律规范。在此基础上，建立追溯和问责制度，明确人工智能相关法律主体以及相对应的权利、义务和责任，进而实现对人工智能算法全周期的全过程监管。

第三节　人工智能嵌合社会主义核心价值观教育创新的原则及策略

基于价值嵌合的本质阐释，人工智能嵌合社会主义核心价值观教育，是基于社会主义核心价值观教育的目标锚定，为社会主义核心价值观教育注入创新驱动要素，深化社会主义核心价值观教育的内容、过程与载体创新，由价值嵌合的方法论拓深至价值嵌合的基本原则与策略方法。

一　人工智能嵌合社会主义核心价值观教育创新的基本原则

"坚持全员全过程全方位育人"①，这作为思想政治教育的基本原则，锚定了思想政治教育的方法路径。社会主义核心价值观教育作为思想政治教育的重要组成部分，必然要以"全员全过程全方位育人"作为基本的方法论原则。基于人工智能的技术属性与社会属性的融通，人工智能嵌合至社会主义核心价值观教育，是秉持"全员全过程全方位育人"的基本原则，拓展全员的教育主体、全过程的教育环节、全方位的教育机制，实现社会主义核心价值观教育方法与教育主体、环节、机制的有机协同。

1. 基于社会主义核心价值观教育"全员"的人工智能媒体嵌合原则

基于教育关系的主体性，社会主义核心价值观教育构成了教育者与教育对象的双重主体关系，也构成了"育人"与"自育"的双重教育实践。在全社会的价值场域中，人工智能与社会主义核心价值观教育之间具有价值手段与内容的耦合关系。人工智能作为社会主义核心价值观

---

①　中共中央文献研究室编：《十八大以来重要文献选编》（下），中央文献出版社 2018 年版，第 480 页。

教育的价值媒介，以智能化的价值媒体与中介，发挥着舆论引导、思想引领、文化传承与服务人民的价值功用。

首先，人工智能嵌入"全员育人"的教育对象之中。立足"为人"的价值维度，人工智能嵌入社会主义核心价值观教育，拓深了社会主义核心价值观教育对象的全员性，以全体社会成员为教育对象，以媒体传播为教育载体。媒体传播是将社会主义核心价值观内容转化为文字符号、图像画面、视频音频等多媒体形式，将抽象化表达与具象化呈现、内涵化界定与外延化拓展有机结合。基于人工智能的深度应用，人工智能媒体是数字化媒体与人工智能的有机融合，以社会主义核心价值观为价值主导内容，推动媒体内容及教育内容的高质量供给、全效传播与全方位影响。其一，人工智能媒体促成了全员育人的内容创新。主流媒体是媒体融合发展的中坚力量，构成了社会主义核心价值观教育的重要载体。人工智能的创新发展是推动媒体融合发展的重要内容，发挥着人工智能媒体对社会主义核心价值观传播的辐射与拓展作用。社会主义核心价值观教育借助人工智能媒体的创新应用，将一般意义上的价值原则具象化为高度沉浸感的价值情境，转化为媒体传播的典型故事、现实事例与生动话语。其二，人工智能媒体促成了全员育人的覆盖拓展。人工智能媒体是具有高技术含量的信息化载体，话语受众与话语传播覆盖面更具技术优势。媒体作为社会公共信息资源的重要载体与平台，发挥着社会主义核心价值观内容传播、语言表达与行为实践的重要作用，将价值理念、理想信念与道德观念落实到媒体发展的各个环节与过程。

其次，人工智能嵌入"全员自育"的教育主体之中。立足"人为"的价值维度，人工智能媒体嵌入社会主义核心价值观教育，提升了教育主体的全员性，促成全体社会成员皆成为社会主义核心价值观教育的弘扬者、践行者与建设者。其一，人工智能媒体增强"全员自育"的拓展性。人工智能嵌入是基于价值手段的本质定位，逐步构建具有现代治理作用的人工智能终端。在人工智能媒体融合发展过程中，人工智能嵌入充分发挥人工智能媒体在权威信息发布、宣传舆论导向、主流价值观引领的聚合作用。其二，人工智能媒体促成"全员自育"的渗透性。人工智能媒体以"智能""智慧"作为技术切入点，逐步构建城市、社区与家庭的多层次智慧平台，打造具有区块化的智慧生活平台。基于此，人工智能媒体促进了传统媒体平台与新媒体技术的有机融合，通过舆论导向、政务服务与信息互联，构建具有生态链架构的治理平台，提高智慧平台嵌入城市治理、社区服务与家庭生活的渗透度与覆盖面。其三，人工智能媒体提升"全员自育"的多样性。人工智能媒体是在线上与线下的媒体平台深度融加过程中，使自媒体与新媒体之间实现了文化主体与文化平台的高度契合。人工智能媒体融合发展正是基于新媒体技术与平台，深化媒体受众对自媒体的认知、接受与应用程度，为社会主义核心价值观教育注入生活化的文化活力与大众化的文化创新动力。

2. 基于社会主义核心价值观教育"全过程"的教育人工智能嵌合原则

基于教育过程的内在规定，社会主义核心价值观教育构成了人与教育的本质关联过程。人工智能作为教育的创新技术、方法与手段，融入至教育阶段有序衔接的全过程，也嵌入人的终身学习全过程。

首先，人工智能融入国民教育全过程。党的二十大报告指出，"用社会主义核心价值观铸魂育人，完善思想政治工作体系，推进大中小学思想政治教育一体化建设。"[①] 社会主义核心价值观教育是以有组织、有系统、有步骤的系统化方式，科学遵循学生成长规律、教育教学规律，运用人工智能技术，构建整体性与渐进性、科学性与实践性相融通的建设路径。其一，坚持一体化设计、渐进性提升与层次性推进相结合。人工智能融入国民教育是运用人工智能的精准化与个性化技术，将同一性教学原则具化为阶段性教学要求，以教育大数据平台为支撑，使课程资源的运用与共享发挥出全息、全效与全程的显著优势，构建以大数据智能为关键技术支撑的在线学习教育平台。社会主义核心价值观教

---

① 习近平：《高举中国特色社会主义伟大旗帜　为全面建设社会主义现代化国家而团结奋斗——在中国共产党第二十次全国代表大会上的报告》，人民出版社 2022 年版，第 44 页。

育要构建智能学习、交互式学习为创新驱动的新型教育体系，立足教学研究与实践的师资协同，重点在思想政治理论课教学方法与手段、教学评价和一体化保障体系建设等方面进行创新性探索，构建集体备课与研讨、教学研修与培训、课程展示与观摩的系统化运行机制。其二，坚持各学段的教育主题凝练与教育内容衔接相结合。人工智能融入国民教育是运用教育人工智能，构建以学生为中心的教育环境，创新更具针对性与实效性的教学模式。社会主义核心价值观教育是要运用教育人工智能的生成技术，遵循"知情意信行"协同并进的教育心理过程，加强教育人工智能的个性化设计与即时化反馈，在小学阶段注重体验式的情感塑造，在中学阶段注重讲授式的认知体验，在大学阶段注重翻转式、混合式的思辨升华。

其次，人工智能融入人的终身学习全过程。社会主义核心价值观教育作为价值内化与外化的系统化实践，以终身学习的价值内化，实现"知行合一"的价值养成。其一，运用人工智能技术，加快建设学习型社会。基于全民学习的本质要求，社会主义核心价值观教育将知识学习、能力塑造与习惯养成予以有机贯通。人工智能技术有助于营造"泛知识"学习的整体环境，逐渐摆脱了高度专一化的学习方式，使知识的生产、传播与服务更为迅捷，为大众化、普及化的知识学习打造智能化的教育平台。其二，运用人工智能技术，推进终身教育定制化。人工智能技术基于个体发展需求与社会发展，构建终身学习体系，面向全体社会成员，贯通至人的社会化发展各阶段，以在线教育的平台化运作，推进社区教育的个性化、家庭教育的专业化。社会主义核心价值观教育运用人工智能的数字化平台，根据不同受众及群体所关注的热点、焦点与难点问题，实现价值观培育、社会心态塑造与实践能力培养的有机贯通，增强社会主义核心价值观教育的理论解释力、指导力与信服力。

3. 基于社会主义核心价值观教育"全方位"的人工智能终端嵌合原则

"方位"意指方向位置，"全方位"是具有系统性、完备性和协同性的方向位置。习近平总书记强调，"要利用各种时机和场合，形成有利于培育和弘扬社会主义核心价值观的生活情景和社会氛围，使核心价值观的影响像空气一样无所不在、无时不有。"① 社会主义核心价值观教育是"全方位"的教育实践，在家庭、学校与社会的全方位场域中，发挥着"无时不有，无处不在"的场效应。社会主义核心价值观教育是以"全方位"的价值引领，在人工智能产品与服务的生活化应用过程中，促成宏观环境与微观情境的教育场域融通，通过显性与隐性、宏观与微观等方式，实现社会主义核心价值观的系统化影响与生活化渗透。

首先，人工智能融入日常生活的全方位。社会主义核心价值观教育是以构建"学校家庭社会育人机制"为关键，发挥全方位的协同育人功用，融入生活化的教育情境之中。其一，人工智能融入多维度的话语体系之中。人工智能终端在日常生活中的普及应用，为社会主义核心价值观教育营造了微观化与日常化的教育情境。尤其是人工智能技术使虚拟化技术嵌入到媒体传播之中，信息视频化成为显著趋势，通过智能仿真与虚拟再现效果。人工智能媒体作为图文信息、虚拟 3D 还原、视频音频呈现相整合的融媒体，运用话语分析与生成等技术，拓深了社会主义核心价值观话语的体系构建与类型转换。基于话语传播方式与受众的差别，社会主义核心价值观话语体系是由政治话语、学术话语与日常话语的多重维度构成。在政治话语层面，社会主义核心价值观话语体系是主流意识形态的话语表达体系，蕴含着中国特色与社会主义的本质规定。在学术话语体系层面，社会主义核心价值观话语体系是当代中国哲学社会科学话语体系的重要组成。在日常话语体系层面，社会主义核心价值观话语体系是思想政治教育话语体系的基本内容。由此，多维度的话语表达方式是要依托人工智能媒体传播，以多样化的话语传播方式，达到社会主义核心价值观的内容表达与内容传播的有机融合。其二，人

---

① 《习近平谈治国理政》，外文出版社 2014 年版，第 165 页。

工智能融入媒体融合发展之中。社会主义核心价值观话语体系是基于媒体受众的多样性，推动社会主义核心价值观话语体系的话语转化。话语体系是社会主义核心价值观的内容承载，以话语传播的方式，达到话语理解与话语接受的预设目标。基于话语体系的差异，社会主义核心价值观话语体系具有"和而不同"的价值通约性。在共同的价值取向上，人工智能媒体的融合发展是要以构建同心圆为价值引领，围绕主流舆论的引导与强化，增强社会主义核心价值观的培育效果。在差异化的话语方式上，人工智能媒体终端是基于受众的群体差异，运用政治话语、学术话语与日常话语等多样化表达方式，提高媒体对受众的吸引力。

其次，人工智能贯穿于社会公共生活的全方位。社会公共生活是基于人工智能融合发展趋势，构建资源集约、结构合理、差异发展、协同高效的价值传播路径。其一，人工智能融合发展要明确社会效益与经济效益的价值位阶。以公序良俗为基本价值标准，以价值通约的方式，达到价值规则的公共性与价值行为的有序性相契合。社会主义核心价值观在社会层面发挥着利益调节、关系协调与交往协作等多维功能，在文化产业发展、文化产品创作与传播领域发挥着价值引领与匡正作用。人工智能融合发展是以社会主义核心价值观为效益考量与选择的价值衡量标准，增强媒体融合发展的价值定力。由此，人工智能融合发展是坚持把社会效益放在首位，以满足人民精神文化需要为价值基点，实现文化效益的价值传导与价值渗透。其二，人工智能融合发展是要增强社会化效益与市场化运作的有机协调。人工智能嵌合社会主义核心价值观教育是运用人工智能的价值手段，发挥"成风化人、敦风化俗"的文明风尚熏陶作用。人工智能融合发展要注重社会效益的广泛性与普惠性，既提高公共文化服务与产品的优质供给，也要拓展媒体影响的全社会覆盖面与大众化接受度。由此，人工智能融合发展是基于主流媒体对媒体业界的影响力，以主流价值导向匡正媒体的市场化、商业化与娱乐化趋向，以社会主义核心价值观匡正媒体融合发展的技术伦理、技术算法。

二 人工智能嵌合社会主义核心价值观教育创新的具体策略

习近平总书记指出，"做好高校思想政治工作，要因事而化、因时而进、因势而新。"① 基于思想政治工作的本质要求，"因事而化、因时而进、因势而新"的基本原则蕴含着深厚的哲学方法论，确立了思想政治教育的基本遵循。社会主义核心价值观教育作为思想政治教育的主要内容，必然要遵循这一基本原则，以"因"为教育创新的内在依据，以"事""时""势"为教育创新的动态要素，基于人工智能的嵌合应用，推进社会主义核心价值观教育的融合创新。

1. 基于"因事而化"的人工智能算料应用策略

"因事而化"是基于社会主义核心价值观教育的内容维度，以"因事"的教育内容拓深，发挥"化人"的教育功用。人工智能算料是以大数据为基本要素构成，立足"因事而化"的教育原则，基于大数据的搜集、分析与应用策略，深化社会主义核心价值观教育的育人功能。

首先，基于"因事"的算料分析。"因"意指依据、凭借、顺随，也意指缘故和原因，即事物所依赖的客观规律和条件，构成了事物发展的内在依据，以及人的实践的自觉遵循。"事"意指事物，作为现实性的客观事实，构成了社会主义核心价值观教育的依据与根由。"因事"是以"事"作为社会主义核心价值观教育的客观前提，找准教育的结合点和接入点。信息化数据构成了人工智能算料的基本要素，数据的搜集与聚合构成了海量的"大数据流"，以算料的大数据整合，找准与把握社会主义核心价值观教育的热点与难点问题。其一，算料分析的热点锚定策略。人工智能的算料是以大数据聚合的方式，构成了大样本的数据统计，以精准快速的方式，分析与追踪社会热点与焦点问题的质性趋向与动态变化。社会主义核心价值观教育是基于现实关注点，遵循解决现实问题与思想问题相结合的教育策略。由此，运用算料的数字化与网

---

① 《习近平谈治国理政》第二卷，外文出版社 2017 年版，第 378 页。

络化技术，有助于更为精准把握教育受众的现实关注点与利益交汇点，动态把握现实诉求的周期变化与节点特征。其二，算料分析的动态研判策略。算料的大数据分析，将隐性、微观的思想动态，以显性、可视化的数据方式予以呈现。这有助于加强各类社会思潮的动态分析，提升社会焦点、热点与难点问题的舆情研判精准程度，将价值引领与思想引导的教育节点前移，进而达到澄清问题、增强认同与凝聚共识的教育功效。

其次，基于"因事而化"的算料引导。"化"意指变化、改变；也意指生成与创造；也意指融解与融入；也意指习俗、风气。① 由此，"化"包含着"化生"的意义，即促成发育滋长；也包含着"化育""教化成功"的意义，即实现人的本质生成和全面发展。"因事而化"是以"因"作为教育的原因和条件，成为教育的内在规定和依据，构成了教育的合理性基础；也是以"因"作为沿袭和遵循的路径，构成了教育的方法和手段。"因事而化"的算料策略是基于教育主体与教育内容的契合性，以教育热点与难点问题为教育引导的问题关键，推进社会主义核心价值观教育的分类分层引导与个性化引导。其一，算料的分类分层引导策略。算料的大数据整合是通过对不同社会群体、阶层与行业的分析，更为精确地呈现不同群体的数字画像，把握群体间的共性特征与差异化特点。由此，算法赋能于社会主义核心价值观教育，以教育层次与教育对象的精准区分，以贴近性的价值引导策略，找准不同群体的思想共鸣点，以对象化的价值引导策略，提升不同层次与对象的教育针对性。其二，算料的个性化引导策略。算法的大数据分析是通过人工智能终端用户的具体应用，分析用户的个性化偏好与特点，形成信息推送—用户接受—用户反馈—信息强化的数据运用闭环。算法的大数据分析有助于强化社会主义核心价值观教育的个性化引导策略，基于受众的个性特征与人格特点，采取价值取向的共性化与价值引导的个性化相结

---

① 夏征农、陈至立主编：《辞海》（第六版缩印本），上海辞书出版社 2010 年版，第425 页。

合的策略，促成价值感性认识、理性接受与悟性升华相递进融通。

2. 基于"因时而进"的人工智能的算法应用策略

"因时而进"是基于社会主义核心价值观教育的时间维度，以"因时"的教育时机与阶段把握，实现层层递进的教育内化与外化过程。人工智能算法作为人工智能在具体场景中解决问题的指令方法，是要聚焦"因时而进"的教育过程，基于教育场景的多维性，深化教育策略的精准性。

首先，基于"因时"的算法设计。"时"意指时间、时候，也意指时势、时机、时宜机会，又意指时代、时世。[①]"因时"是要选择教育时机，遵循教育阶段与过程，把握"因时"的教育时机，达到"制宜"的教育效果，根据不同时期的具体情况灵活地采取适宜的举措。算法设计是以增强人工智能的自适应自主学习能力为关键突破点，促成算法体系在社会主义核心价值观教育过程中，面对多场景变化与复杂情况时，具备更高层阶的自动适应与自主学习能力。其一，算法设计的价值锚定策略。在一般应用方面，算法设计是人工智能产品与服务的程序内核，以社会主义核心价值观锚定算法设计的价值取向与基准，避免人工智能终端应用的价值空场。基于应用场景的多样性与共性特征，算法设计要保持共同的价值立场与具体的应用环境的动态统一，既保持高度的自适应能力，又保持内在的价值稳定性。其二，算法设计的价值反馈策略。在具体应用层面，算法设计融入于社会主义核心价值观教育之中，增强教育的动态适应与实时调整能力。算法设计是以提升人工智能的感知识别、认知推理与人机交互能力为重点，基于互联网的群体智能理论体系，增强教育主体与对象之间的交互反馈程度；基于教育场景、教育受众与教育内容的多样性，增强教育的自主适应与动态协同能力。

其次，基于"因时而进"的算法决策。"进"意指前进、向前；也

---

① 夏征农、陈至立主编：《辞海》（第六版缩印本），上海辞书出版社 2010 年版，第 1669 页。

意指进入。①"进"具有过程性，彰显教育的生成性和动态性。"因时而进"是以"时"作为教育的条件和场域，达到"进"的教育创新和发展目标。"因时而进"的算法策略是基于"时"与"进"的辩证关系，系统考量社会主义核心价值观教育的多维现实因素，实施"因时"的教育选择和引导方法，达到"进"的教育发展目标和预定成效。其一，算法决策的价值生成策略。算法决策是基于算法设计的自适应性，在精准接收外界信息的前提下，做出精准的信息反馈与适宜的行动指令。算法决策嵌入社会主义核心价值观教育，是在准确搜集与分析教育因素的基础上，运用自主适应环境的混合增强智能系统，增强教育主体间的交互性、教育方法的契合性与教育场景的适用性。其二，算法决策的价值协同策略。算法决策是基于人机协同共融的情境理解，增强自主协同控制能力与决策优化能力。在社会主义核心价值观教育体系中，算法决策的应用是基于人的价值理解与接受、恪守与践行的协同过程，充分考量教育主体间、载体与环境、内容与方法等多维协同关系，创设与完善教育智能算法，优化教育算法决策的适应性与自动化程度。

3. 基于"因势而新"的人工智能算力应用策略

"因势而新"是顺应社会主义核心价值观教育的时代趋向，立足"因势"的教育发展趋势与方向，实现教育模式与机制创新。人工智能算力作为人工智能的运算、整合与决策能力，遵循"因势而新"的教育趋向，深化社会主义核心价值观教育的教育要素整合、模式创新与机制完善。

首先，基于"因势"的算力指向。"势"意指威力和权力，又意指形势和气势，也意指情势和姿态。②"因势"意味着历史发展的必然性与趋向性，顺着事物发展的趋势而加以引导。习近平总书记指出，"善

---

① 夏征农、陈至立主编：《辞海》（第六版缩印本），上海辞书出版社 2010 年版，第 914 页。

② 夏征农、陈至立主编：《辞海》（第六版缩印本），上海辞书出版社 2010 年版，第 1617 页。

于运用创新思维、辩证思维，善于运用矛盾分析方法抓住关键、找准重点、阐明规律，创新课堂教学，给学生深刻的学习体验"①。人工智能嵌合社会主义核心价值观教育，是顺应新一代人工智能的发展趋势，善于运用创新思维，遵循价值规律、教育规律的本质规定。其一，算力发展的价值优化策略。究其本质，算力是人工智能的信息化处理能力，具体包含计算速度、数据存储力、数据传播等多方面能力。人工智能的算力发展呈现为向量结构向散列结构的转向，呈现为类人脑的神经散列特征，在一定程度上逐步具备类人脑功能的信息计算能力。基于教育的人本旨归，算力嵌合至社会主义核心价值观教育，是运用其语音识别、文本生成与情感分析等类脑智能技术，提升社会主义核心价值观教育的教育方法乃至教育范式的创新发展。其二，算力发展的价值聚合策略。算力的提升是对人工智能硬件与软件的系统优化，关涉计算机科学、软件工程与信息技术等多领域协同发展。算力的提升对于硬件、软件与网络呈现为强依赖关系。基于教育的系统要素，算力嵌合社会主义核心价值观教育，是深化线下与线上教育的深度融合，在线下场域运用虚拟现实技术，在线上场域运用现实增强技术，促进社会主义核心价值观教育要素的系统融合化。

其次，基于"因势而新"的算力拓深。"新"是指改旧更新，吐故纳新。②"因势而新"是以"势"作为"新"的现实依据和逻辑前提，以"新"作为"合目的性"的教育指向。人工智能的算力拓深，是基于算力的发展趋势与特点，具象化为"因势"的教育遵循方法和"求新"的教育创新方法。正如孟子所言："虽有智慧，不如乘势"③。其一，算力拓深的价值决策策略。算力是对算料的综合处理能力，是对大数据的采集与类化、存储与标注、萃取与传播的多维能力。基于教育的

---

① 习近平：《思政课是落实立德树人根本任务的关键课程》，人民出版社 2020 年版，第 14 页。

② 《辞源》编辑组编：《辞源》（修订本），商务印书馆 2010 年，第 1501 页。

③ （战国）孟子：《孟子·公孙丑上》。

方法优化，算力拓深是基于人工智能的算料处理能力，在教育知识、教育决策、教育引导等各个环节，有针对性地优化具体教育方法。其二，算力拓深的价值评价策略。算力是对算法的运作执行能力，表现为通用计算能力与特定应用计算能力。在通用应用方面，算力表现为数据库、数据计算等能力；在特定应用方面，算力表现为图像识别、自然语言处理、趋势研判等能力。基于教育的效果评价，算力是基于教育场景的特定应用，以过程性与结果性相结合的测评，既注重教育效果的显性特征与结果考评，又注重教育过程的隐性特征与微观测评，进而构成了教育目标—教育过程—教育评价—教育反馈的动态优化模式。

人工智能嵌合社会主义核心价值观教育的创新路径

社会主义核心价值观教育是基于"培养担当民族复兴大任的时代新人"的教育目标，立足"融入社会发展各方面"的教育任务，在国民教育、社会治理、宣传教育、日常生活等领域，拓展"教育引导、实践养成、制度保障"的教育路径。基于价值嵌合的方法论省察，人工智能嵌合社会主义核心价值观教育，是立足"人工智能＋"的嵌入融合趋势，秉持"守"与"变"的价值创新张力，将人工智能深化应用至社会主义核心价值观教育的各要素、各环节。基于"守"的价值立场，社会主义核心价值观教育始终是以社会主义核心价值观为根本价值基准，将其根本要求融入系统化的教育要素之中。基于"变"的价值创新，社会主义核心价值观教育是将人工智能的创新要素嵌入至教育系统之中，推进教育关系与教育载体、教育环境与教育评价等教育要素的耦合创新。

第一节　人工智能嵌合社会主义核心价值观教育的主体协同

基于价值观教育的主体维度，社会主义核心价值观教育是遵循"育人自育"的教育要旨，"坚持全民行动、干部带头，从家庭做起，从娃娃抓起"①。以"人工智能＋教育""人工智能＋交往"的价值嵌合路径是基于"人工智能＋"的嵌入和融合作用，有力促成教育主体间的关系协同，在育人层面以全社会成员作为教育对象，在自育层面发挥全社会成员的教育主体作用。

一　"人工智能＋教育"促进社会主义核心价值观教育的教育主体协同

"人工智能＋教育"是基于价值嵌合的本质规定，立足人工智能的价值规定与本质定位，以人工智能作为教育方法、教育手段与教育载体，以社会主义核心价值观为教育内容，有力促成社会主义核心价值观融入国民教育全过程。

1. "人工智能＋教育"促进教育关系的互动协同

习近平总书记强调，"发挥教育在培育和践行社会主义核心价值观中的重要作用，深化学校思想政治理论课改革创新，加强和改进学校体育美育，广泛开展劳动教育，发展素质教育，推进教育公平，促进学生德智体美劳全面发展，培养学生爱国情怀、社会责任感、创新精神、实践能力"②。教育蕴含着"教学相长"的主体关系，呈现为教育者与教育对象之间的双重主体。在国民教育的全过程，社会主义核心价值观教育是以教师与学生为双重主体，既充分发挥着教师的主导作用，也尊重与彰显学生的主体地位。由此，"人工智能＋教育"是基于人工智能的交互性，在人机协同的技术运用过程中，推进社会主义核心价值观纳入国民教育总体规划的教育实践，促进思政课程与课程思政的有机衔接，深化社会主义核心价值观教育的师生关系协同。

首先，"人工智能＋教育"深化思政课程的交互式学习。其一，构

① 中共中央党史和文献研究院编：《十九大以来重要文献选编》（上），中央文献出版社2019年版，第30页。
② 《习近平谈治国理政》第四卷，外文出版社2022年版，第339页。

建交互式学习的新型教育体系。交互式学习是立足一体化的教育贯通，确立"凝练系统化教学主题、衔接各学段教学内容"的一体化建设路径，形成课堂教学、社会实践、校园文化多位一体的育人平台。思政课程的交互式学习是基于人工智能的大数据智能技术，构建教育资源深度整合的在线学习教育平台。思政课程的交互式学习是依托"教材优化＋教学转化"双渠道，通过教材电子化、搜索引擎检索、电子数据库、网络集体备课平台等建设路径，有效实现教材内容供给优化与教学内容渐进衔接的双向提升。其二，开发智能化的立体综合教学场。智能化教学场的系统开发是立足教学研究与实践的师资协同，坚持一体化设计、渐进性提升与层次性推进相结合，重点在思政课教学方法与手段创新、教学评价创新和一体化保障体系建设等方面进行创新性探索。立足"人工智能＋教育"的资源协同与整合，思政课程的交互式学习是建立以学习者为中心的教育环境，将同一性的教育原则具化为阶段性教学要求，能够有效实现集体备课与研讨、教学研修与培训、课程展示与观摩的常态化、制度化运行。

　　其次，"人工智能＋教育"促进课程思政的交互式学习。习近平总书记强调，"基础教育是立德树人的事业，要旗帜鲜明加强思想政治教育、品德教育，加强社会主义核心价值观教育，引导学生自尊自信自立自强"①。立足各学段要求、课程特色与学生特点，创新更具针对性与实效性的教学模式。其一，构建智能学习的新型教育体系。在智能教育助理的开发与应用过程中，课程思政的交互式学习是充分发掘各类课程之中的思政元素，发挥思政育人与专业育人的协同作用。基于"教师为主导、学生为主体"的教学理念，课程思政的交互式学习是根据不同学段学生关注的热点、焦点与难点问题，实现教材知识点、教学内容与教学专题的有机融通，增强了教学内容的理论解释力、指导力与信服力。其二，建立智能、快速、全面的教育分析系统。课程思政的交互式学习

---

① 习近平：《思政课是落实立德树人根本任务的关键课程》，人民出版社 2020 年版，第4—5 页。

是围绕课程内容贯通与教学方法衔接的整体性、师资力量优化与课程资源的协同性，使专业课程资源的运用与共享发挥出全息、全效与全程的显著优势，构建人工智能嵌入式的平台运行机制。课程思政的交互式学习是以课程校本化的系统化实践为育人路径，注重教学成果可复制、推广与普及，构建中小学各学段相贯通、"以文化人"与"立德树人"相协同的"课程思政"体系。与此同时，课程思政的交互式学习是推动人工智能在各类专业课程教学、专业课程资源建设中的全流程应用，运用人工智能的教育分析系统，挖掘社会主义核心价值观的教育元素与文化底蕴，在专业课程的智育培养过程中，有机融入德育、美育等教育内容。

2. "人工智能 + 教育"促进教育学段之间相协同

习近平总书记指出，"使社会主义核心价值观润物细无声地浸润学生们的心田、转化为日常行为，增强学生的价值判断能力、价值选择能力、价值塑造能力，引领学生健康成长"[1]。社会主义核心价值观教育是基于立德树人的根本任务，遵循着"立德"的思想品德塑造规律，也遵循着"树人"的人的全面发展规律。社会主义核心价值观教育贯穿于基础教育、高等教育、职业技术教育、成人教育各领域，注重不同学段之间的循序渐进与有机衔接。基于此，"人工智能 + 教育"是注重分层化的分类引导，充分考虑学生随着年龄增长由浅入深、从感性到理性的认知发展特点，确定不同学段的教育目标以及具体学习内容、载体形式，区分层次、突出重点。

首先，小学阶段注重体验式的情感塑造。其一，社会主义核心价值观教育的启蒙引导。"人工智能 + 教育"是注重运用交互式学习，以中华优秀传统文化涵养社会主义核心价值观，充分发掘中华优秀传统文化的精髓要义、文化内涵、典籍故事，使其成为涵养社会主义核心价值观的重要文化资源、思想道德资源。"人工智能 + 教育"注重运用即时反

---

① 习近平：《做党和人民满意的好老师：同北京师范大学师生代表座谈时的讲话》，人民出版社 2014 年版，第 6 页。

馈方法，坚持贴近生活，采用诵读、唱背、字源理解等丰富活泼的形式，感悟社会主义核心价值观在学习、交友、孝慈、礼仪、自强等方面的思想内容。其二，社会主义核心价值观教育的情感体验。社会主义核心价值观教育是要运用案例切入与情境营造等教育方法，培育学生对中华优秀传统文化的亲切感和感受力。"人工智能＋教育"是根据即时反馈的数据谱图，增强教育方式的情境性与具象性。基于此，"人工智能＋教育"立足密切联系儿童生活，有机融入社会主义核心价值观，培育正确的价值取向和养成良好的行为习惯；注重价值观认知与实践的有机结合，运用情景剧表演、博物馆参观、传统习俗体验等形式，增强学生对社会主义核心价值观的实践体认与情境体验。

其次，中学阶段注重讲授式的认知体验。其一，注重感性体验和知识学习相结合。"人工智能＋教育"是立足社会主义核心价值观的价值基准，运用"AI生成"等技术方法，在字源理解、词源演化、典故解读等教育形式的有机融合过程中，引导学生逐步体悟社会主义核心价值观在学习、交友、礼仪、笃志等方面的价值启迪。其二，注重实践体认和理论学习相结合。"人工智能＋教育"是立足"由表及里"的教育内化过程，注重价值体验与感悟相结合，基于学生的个性特点与学情状况分析，生成"菜单式""定制式"的教育方案，采用诵读、演讲、辩论等具体形式，增强学生的文化参与感、获得感和认同感。

最后，大学阶段注重翻转式、混合式的思辨升华。其一，立足明辨思维培养，社会主义核心价值观教育是以增强文化自觉与文化自信为重点，由智慧课堂与智慧实验室向智慧校园的智能化拓展。"人工智能＋教育"是基于智慧课堂、智慧实验室的平台衔接，注重学术性、权威性与普及性、时代性相结合，深化社会主义核心价值观的要义诠释、内容注解与热点释疑。"人工智能＋教育"是基于大学生的分众化倾向与个性化特征，运用增强学生对社会主义核心价值观教育的理性认识和践行能力，立足智慧校园的系统构建，引导学生在个人价值准则、社会价值取向、国家价值目标三个层面，形成正确的价值观和培育良好的社会责任感。其二，立足通识素质培养，社会主义核心价值观教育是以智慧教室建设为载体依托，推进混合式教学、翻转课堂等教育方法创新。"人工智能 + 教育"是运用"AI 生成"的技术优势，汲取人文典故、人文常识、艺术技法、文化遗产等丰厚文化资源，生动诠释中华优秀传统文化的精髓要义。社会主义核心价值观教育是要拓展通识素质的育人平台，通过社会实践、科学研究、创新创业、竞赛活动，推动社会主义核心价值观教育的生活践行、熏陶涵化、移风易俗。其三，立足学术素养塑造，社会主义核心价值观教育是基于科教融合、相互促进的协同培养机制，推动由"互联网 + 高等教育"向"人工智能 + 高等教育"的深化发展。"人工智能 + 高等教育"注重智能教育与人文教育的协同创新，将人工智能的研究成果与技术应用及时转化为教育教学内容，增强学生创新精神和科研能力。

二　"人工智能 + 交往"促进社会主义核心价值观教育的社会主体协同

党的二十大报告强调，"把社会主义核心价值观融入法治建设、融入社会发展、融入日常生活"。[①]"人工智能 + 交往"是基于社会主义核心价值观教育的社会场域，在安全便捷的智能社会建设过程中，由系统化与阶次化的学校教育拓展至全员、全场域的社会化育。"人工智能 + 交往"是立足"健全学校家庭社会育人机制"，拓深社会主义核心价值观教育的协同育人路径，促成学校育人、家庭育人、社会育人之间的价值贯穿与融入。

1. "人工智能 + 交往"促进社会共享互信

建设智能社会是营造无处不在的智能化环境，基于人工智能的交互性与开源性，"充分发挥人工智能技术在增强社会互动、促进可信交流

---

① 习近平：《高举中国特色社会主义伟大旗帜　为全面建设社会主义现代化国家而团结奋斗——在中国共产党第二十次全国代表大会上的报告》，人民出版社 2022 年版，第 44 页。

中的作用"①。由此，"人工智能 + 交往"是人工智能技术在全社会的深度应用，以人工智能的业态发展与产品形态承载主流价值观的根本内容，发挥着社会化育功用，推进社会关系的共享交互与社会心态的正向塑造。

首先，"人工智能 + 交往"推进社会关系的共享交互。社会主义核心价值观教育是以社会主义核心价值观引领社会主体之间的互动激励。归其本质，社会关系的互动激励是激发价值动机，以价值实践的自觉性、积极性的心理作用机制，发挥着价值诉求的激发、价值示范的带动与价值实践的聚合等作用。其一，基于社会关系的动机指向，目标激励发挥着价值动机的唤起与指向作用。价值动机作为价值诉求的表现，是激发并维系价值主体锚定与实现价值目标的内生动力。由此，目标激励是基于增强现实、虚拟现实等技术的社会化应用，在价值引领与匡正过程中，达到"理想信念、价值理念、道德观念上紧密团结在一起"的价值指向。其二，基于社会关系的正向引导，榜样激励发挥着价值示范的先进带动作用。榜样激励是立足理想人格的现实塑造，为社会主义核心价值观教育确立可亲、可敬、可信、可学的价值典范。榜样激励是以"见贤思齐"的价值引领，运用人工智能的实时信息推送，满足社会成员对于社会感知、分析、判断与决策等实时信息需求，营造"崇尚英雄、尊重模范、学习先进成为风尚"的价值氛围。其三，基于社会关系的主体交互，内生激励在价值主体的关系归属与意义归属凝聚过程中，发挥着社会主体的内在驱动作用。"人工智能 + 交往"在区块链技术与人工智能的融合过程中，有助于建立新型社会信用体系，在全社会成员共同践行过程中，有助于发挥价值引领的内生激励作用，凝聚正向激励的同频共振效应。

其次，"人工智能 + 交往"促进社会心态的积极塑造。社会主义核心价值观教育是以社会主义核心价值观引领价值主体之间的正面价值强

---

① 《新一代人工智能发展规划》，人民出版社 2017 年版，第 3 页。

化。在此意义上，正面价值强化是对价值行为给予肯定与奖励，巩固加强引导全社会成员的期望值，塑造正向的价值思维、稳固积极的价值行为的实践过程。其一，社会心态的正面强化是发挥价值自律的思维自觉性，也是发挥价值养成的思维惯性。人工智能有助于促进虚拟环境和实体环境协同融合，促成网络道德素养与现实道德素质的内在融通，引导全社会成员以价值内省的方式，达到个体与群体之间，乃至社会的高度道德认同，达到"推己及人"的道德共情与"反求诸己"的道德内省。其二，社会心态的积极塑造是发挥价值匡正的行为塑造作用，也发挥价值养成的行为定势作用。这是由高度的理性自觉转化为高度的实践自觉，实现自觉的价值认知、自行的价值选择与自为的价值实践的内在统一。人工智能技术创设多维化的社会场域，在工作、学习、生活、娱乐等多样化场景下，发挥移风易俗与礼仪敦化的价值养成作用，使社会公德、职业道德、家庭美德、个人品德建设更具有生活养成性与主体自觉性。

2. "人工智能 + 交往"促进个体内在和谐

社会主义核心价值观教育是发挥主流价值观对价值主体的引导、渗透与熏陶作用，"把社会主义核心价值观融入社会发展各方面，转化为人们的情感认同和行为习惯"①。"人工智能 + 交往"是基于人工智能的情感交互功能，在每个社会成员的价值心理层面，促进价值认知、情感、意志、信念、行为之间的互动融通。

首先，"人工智能 + 交往"深化价值认知的理解。价值认知是价值主体对价值观的认识与知觉，以价值理解与价值通约的方式，构建具有共识性的价值逻辑。"人工智能 + 交往"是基于信息技术，构建人机交互的技术框架，在此框架中注入共有的价值标准与道德标准。归其根本，"人机交互是从智能交互到情感交互""人机交互的最终目的还是促进'人际交互'，拉近人与人的关系"②。其一，"人工智能 + 交往"

---

① 《关于培育和践行社会主义核心价值观的意见》，人民出版社 2013 年版，第 6 页。
② 梁正平、陶锋：《人机结合——2020 年人工智能哲学前沿问题述评》，《中国图书评论》2021 年第 2 期。

深化社会主义核心价值观教育的价值分析。在价值主体层面，价值分析高度彰显主体的价值理性，以历史性、思辨性与系统性的理性认知，剖析社会主义核心价值观的内生演化逻辑与内在本质规定。在价值规律层面，价值分析是自觉理解价值规律的本质关联性、必然趋向性与普遍作用性。其二，"人工智能＋交往"深化社会主义核心价值观教育的价值接受。人机交互框架是在隐性的价值植入过程中，引导受众以主动采纳的方式，将共有的价值观念内化为自身的价值思维。基于人机交互的技术运用，价值接受是以逻辑概括方式，深刻理解社会主义核心价值观的本质要义。价值接受也是以逻辑自洽方式，将社会主义核心价值观内化为价值观念、价值规则与价值标准相自洽的价值思维。

其次，"人工智能＋交往"深化价值情感的共鸣。价值情感是对价值行为具有倾向性的内在感受，既具有个性化的主观体验因素，也具有共性化的主观感受。"人工智能＋交往"是以人机交互为技术媒介，以社会主义核心价值观为精神纽带，通过人机交互的情感描述、情感获取与情感反馈系统，将理性的价值认知转化为具有感性的情感体验，形成了价值主体间通感的价值感受。其一，"人工智能＋交往"促进社会主义核心价值观教育的价值共情。价值共情是价值主体之间的情感共通，形成相似或相同的情感体验与表达，对符合价值准则的行为产生正面积极情绪，对违背价值准则的行为形成负面消极情绪。基于人工智能的情感交互过程，价值共情是将社会主义核心价值观内化为道德情感体验，具体彰显为爱国情感、正义感、荣誉感、责任感等道德情感。其二，"人工智能＋交往"促进社会主义核心价值观教育的价值共鸣。价值共情的激发过程是社会主义核心价值观转化为具有共通感的道德意愿、道德情感，促成理性的价值认同与感性的价值体验之间高度契合基于人工智能的情感反馈表达，构建共同的情感交互框架，引导受众之间达到积极的情感交融，激发出"于我心有戚戚焉"的价值感受。

再次，"人工智能＋交往"深化价值意志的磨砺。价值意志是价值诉求产生、动机激发、过程调节的综合心理过程。人工智能的交互性是在人机关系的交互过程中，对于受众的数据采集、分析与类化，由零散性、碎片化的具体数据，聚合与归类为具有整体性与大样本的数据集合。在此运用过程中，"人工智能＋交往"有助于引领受众的价值意志激励，构成了个体间的多样性、差异性数据与社会群体的趋同性、稳定性数据的有机耦合。其一，价值意志具有激励性。在价值目标的感召下，价值意志是为实现价值目标、决定价值行为，呈现为一贯性、持续性的价值激励与磨砺过程。"人工智能＋交往"运用大数据的趋向性与确定性，以积极的价值效果评价，提升价值实现的期望值，稳固价值激励的内生动力。在"人工智能＋交往"的大数据推送过程中，社会主义核心价值观教育以高度的价值感召，引领全社会凝聚"是非、善恶、美丑"价值取向的共识性；以高度的价值自觉，促成公民道德观念更具有价值规则的匡定性。其二，价值意志也具有控制性，忍受价值实现过程带来的负面体验，克服畏难、冲动和懈怠等消极情绪，提高目标实现的耐受性，增强目标迁延的抑制力。在"人工智能＋交往"的价值强化过程中，社会主义核心价值观教育面对多样的利益选择、价值考量，引领与匡正拜金主义、享乐主义、极端个人主义等不良社会思潮，有效提高问题分析精度与价值引领策略的效度。

此外，"人工智能＋交往"深化价值信念的笃定。"人工智能＋交往"是运用人工智能的大数据分析，形成人的需求探知与分析、需求供给与实现之间的良性循环。基于人的价值需求的确证与实现，"人工智能＋交往"有助于价值信念的深化，促进价值主体对价值观真理性、正确性的精神笃信或确信，使价值主体与价值观之间形成相互确证、互诠互释的关系。其一，价值信念的笃定是具有价值指向的终极性，以高度的价值自觉，汇集为共有的价值愿景和终极的价值目标。社会主义核心价值观在道德理想层面，以价值观的高度凝练引领新时代的道德要求，树立全社会认同与翘盼的道德愿景。其二，价值信念的笃定具有价值实现的渐进性，以正确的道德判断和道德责任，实现一般意义的道德原则与具体化的道德情境相融通。由此，"人工智能＋交往"是在深化社会主义核心价值观的笃信过程中，促成价值认知向价值行为转化，将深刻而有根据的价值笃信转化为履行道德义务的责任感。

最后，"人工智能＋交往"深化价值行为的践行。"人工智能＋交往"是基于人工智能的技术媒介，由人工智能与受众之间的价值交互，延展为受众间的集合化交互行为。"人工智能＋交往"是基于用户终端的拓展与普及程度，聚合为具有鲜明指向性与感染力的价值行为。其一，价值知行的连贯性是价值认知与价值践行紧密衔接，实现由道德意识的塑造到道德规范的恪守。基于明确的目标导向，"人工智能＋交往"构成了社会主义核心价值观教育实践方式，以价值自觉引领实践自觉，将内隐的价值观念外显为价值主体的言行举止，由"讲道德"的价值表达，到"尊道德"的价值敬畏，再到"守道德"的价值践行，形成环环相扣的道德知行。其二，价值知行的持续性，是价值认知与价值践行的持续养成过程。基于弥散性的价值情境，"人工智能＋交往"构成了社会主义核心价值观教育实践情境，引导受众以身体力行的方式，将确定性价值原则与多样性的价值实践相融通。

第二节　人工智能嵌合社会主义核心价值观教育的载体拓展

基于价值观教育的载体维度，社会主义核心价值观教育立足"形神兼具"的价值载体与价值内容相协同，促成系统化的教育内容与多样化的教育形式有机耦合。人工智能嵌合媒体平台与话语应用之中，促成了社会主义核心价值观教育的全媒体发展与话语体系构建，有力深化"人工智能＋媒体"的价值观宣传功效、"人工智能＋话语"的价值观表达功能。

一　"人工智能＋媒体"强化社会主义核心价值观教育的全媒体传播

党的二十大报告指出，"加强全媒体传播体系建设，塑造主流舆论新格局。"① "人工智能＋媒体"的价值嵌合，呈现出"智媒"的发展趋向，使传统媒体与新媒体之间的界限逐渐消解，也使媒体技术、平台、形式与方法具有人工智能的技术属性。与此同时，"人工智能＋媒体"有力促成社会主义核心价值观教育"全媒体"的发展，在教育主体、内容、过程与效果等方面，彰显并发挥着"全"的媒体属性与功用，不断深化全程、全息、全员与全效的媒体宣传效能与教育效果。

1. "人工智能＋媒体"强化社会主义核心价值观教育的全程媒体传播

全程是媒体关注对象的发生全过程。"人工智能＋媒体"具有"全"的交融性与涵盖性，以协同高效的过程作用机制，推进社会主义核心价值观教育构建"立体多样、融合发展"的全传媒体系。

首先，"人工智能＋全程媒体"深化社会主义核心价值观教育的媒体全过程性。在媒体对象方面，全程媒体是全过程的媒体传播。习近平总书记强调，"要润物细无声，运用各类文化形式，生动具体地表现社会主义核心价值观，用高质量高水平的作品形象地告诉人们什么是真善美，什么是假恶丑，什么是值得肯定和赞扬的，什么是必须反对和否定的。"② 其一，"人工智能＋全程媒体"是基于"导向为魂"的价值前提，坚持正确的政治方向、舆论导向、价值取向。人工智能运用跨媒体协同处理技术，根据公众的关注热点或焦点，全过程跟进报道某一现象或对象的发展始末，通过权威、全面与真实的跟踪报道，使人民关注的热点、难点与焦点问题得到及时回应与反馈，提高了主流媒体话语权的引导力。其二，"人工智能＋全程媒体"是基于"内容为王"的价值支

---

① 习近平：《高举中国特色社会主义伟大旗帜　为全面建设社会主义现代化国家而团结奋斗——在中国共产党第二十次全国代表大会上的报告》，人民出版社 2022 年版，第 44 页。

② 《习近平谈治国理政》，外文出版社 2014 年版，第 165 页。

撑，增强社会主义核心价值观教育内容的跨媒体融合。跨媒体协同处理技术是以跨模态的多维信息传达，运用视觉、听觉的感知信息，结合语言的具象化表达，促成视觉感知、听觉感知与话语感知的智能处理与计算，营造更具现实场景性的多维感知传达。跨媒体协同处理技术是以跨平台的信息处理方式，促进媒体信息之间的分析与识别、检索与设计，促进社会主义核心价值观教育内容的高质量供给、全效传播与全方位影响。

其次，"人工智能＋全程媒体"深化社会主义核心价值观教育的媒体全时段性。在媒体时段方面，全程媒体是全时段的媒体传播，"构建网上网下一体、内宣外宣联动的主流舆论格局，建立以内容建设为根本、先进技术为支撑、创新管理为保障的全媒体传播体系"①。其一，"人工智能＋全程媒体"是基于智能感知的自主学习技术，运用跨媒体智能描述与生成技术，基于社会热点问题的全时态搜集、识别与分析，推进跨媒体平台的内容设计、创作和预测，实现了"多形式采集，同平台共享，多渠道、多终端分发"的全程传播方式。其二，"人工智能＋全程媒体"是运用跨媒体知识挖掘与推理技术，以构建城市全维度智能感知推理引擎为发展趋向，进行多模态数据的全天候描述。在跨媒体智能技术支撑下，全程媒体进行不间断、全天时传播与直播，实现了"因时而进"的全程报道，以客观信息全程呈现的方式，将社会主义核心价值观融入热点引导与舆论监督之中，深化价值引导、传播与渗透的协同功能。

2. "人工智能＋媒体"强化社会主义核心价值观教育的全息媒体传播

全息是媒体进行全信息传播的方式。"人工智能＋媒体"是基于跨媒体感知计算理论，探索运用跨媒体智能描述与生成技术，以类脑智能的多维感知分析，构建更具情境化的教育场景与效果。

首先，"人工智能＋全息媒体"推进社会主义核心价值观教育的媒

---

① 中共中央党史和文献研究院编：《十九大以来重要文献选编》（中），中央文献出版社2021年版，第284页。

体技术融合化。其一，"人工智能＋全息媒体"是运用自然环境听觉与言语感知技术，基于人脑认知的视听感知与抽象理解规律，模仿人脑对于信息搜集、分析与处理的过程机制，对传媒信息进行更快速度传播与更高信度表达。由此，全息媒体是充分运用各种媒体传播与制作技术，实现媒体信息的全面记录与传播，深化主题宣传、典型宣传的内容系统性、信息客观性，达到"可信""可敬"的宣传引导效果。其二，"人工智能＋全息媒体"是运用知识图谱构建与学习技术，对不同媒体类型数据进行泛化推理和整合，突破单一媒体信息处理的局限，由单一媒体形态的文本信息表达，转化为跨媒体形态的信息表达与推理。由此，全息媒体是模仿人脑记忆的媒体协同分析与处理方法，将媒体信息的表达形式与人脑的认知规律有机融合，降低了信息传达与接受的噪音及损耗，使受众更为全面高效地接受媒体信息，更为深刻地理解把握媒体信息所蕴含的价值导向与价值基准。

其次，"人工智能＋全息媒体"推进社会主义核心价值观教育的媒体情境沉浸化。"人工智能＋全息媒体"是基于人工智能的场景感知理论，运用跨媒体分析推理技术，构建具有高度仿真性的媒体场景。其一，"人工智能＋全息媒体"是运用复杂场景主动感知技术，实现高维度、多模式分布式大场景感知。全息媒体是运用跨媒体知识图谱分析，发挥媒体传播的信息协同，集合各种感官信息，使媒体受众以浸入情境的方式，更为直观化、沉浸式地接受媒体信息。其二，"人工智能＋全息媒体"运用智能描述与生成技术，营造具有高度仿真性的自然光学场景与声学场景。全息媒体有利于创设"历史空间"与"现实空间"相叠加的媒体情境，将跨时空、跨地域的人文精神与价值理念予以全面呈现，尤其是将具有高度凝练性的价值内容予以具象化与情境化呈现，实现价值引领与文化传播的有机结合。

3. "人工智能＋媒体"强化社会主义核心价值观教育的全员媒体传播

全员是具有全体性的媒体传播者和传播受众。"人工智能＋全员媒体"

是基于人工智能终端的普及化应用，降低了媒体传播的技术门槛，转变了线性、中心化的传播方式，呈现为非线性、去中心化的媒体传播态势。

首先，"人工智能＋全员媒体"推进社会主义核心价值观教育的媒体互动化。知识计算引擎与知识服务技术，促成了媒体数据向信息延展，再拓深至知识的分析与理解，使媒体传播呈现为结构化信息样态，其一，"人工智能＋全员媒体"实现了教育内容的泛知识供给。全员媒体运用知识图谱构建与学习技术，使跨媒体具有认知表征、挖掘与演化能力，为跨媒体的泛知识传播构建了受众关注热点的知识图谱。泛知识的平台构建与传播，促进了知识传播主体的多角色化，打破了关于知识传播领域高度专业化的固化认知。基于人工智能的算法优化与算力提升，"打造自信繁荣的数字文化""大力发展网络文化，加强优质网络文化产品供给，引导各类平台和广大网民创作生产积极健康、向上向善的网络文化产品"[①]。其二，"人工智能＋全员媒体"促成了社会主义核心价值观教育内容的主体间互动。在现实性方面，全员媒体具有实现自媒体传播的技术手段。伴随着 5G 技术的普及，媒体传播的即时性更高，媒体产品制作的成本更低，媒体平台的多样性与普及性更强。全员媒体实现由单向的内容供给转变为多向的内容互动，点对面的传播方式转变为点线面多维共存的互动方式，将生活化素材、大众化内容融入社会主义核心价值观的媒体传播过程之中。

其次，"人工智能＋全员媒体"推进社会主义核心价值观教育的媒体扁平化。人工智能运用跨媒体分析与推理技术，提升了图像、语音、文本识别能力与协同处理能力，使多样化的媒体样态实现了高度交叉与融通。其一，"人工智能＋全员媒体"促进社会主义核心价值观教育的媒体融通化。全媒体是全民皆可进行媒体传播，借助各种新媒体平台与人工智能应用终端，提升了跨媒体的信息检索效率。媒体终端用户能够借助跨媒体存储与推理技术，深化主流媒体与自媒体之间的融合程度，

---

① 《中共中央 国务院印发〈数字中国建设整体布局规划〉》，https：//www. gov. cn/xin-wen/2023－02/27/content_ 5743484. htm。

构建更为系统化的新媒体核心数据。其二，"人工智能＋全员媒体"促成社会主义核心价值观教育的媒体互动化。人工智能的知识服务技术是以多源、多学科和多数据类型的有机整合，构成了跨媒体知识图谱。全员媒体运用跨媒体知识图谱，发挥互动式的全员参与作用，使大众的文化产品制作与传播融入媒体渠道，提高受众对宣传弘扬社会主义核心价值观的文化自觉性与主动性。例如《行走大运河》作为大型融媒体文化节目，运用融媒体的多平台整合，在央视频、央视文艺新媒体矩阵、文艺之声、央广网、云听等平台同步上线，延展了节目多向传播的纵深空间，推动了广播节目与电视节目的类型融合；立足全矩阵的融媒体传播，融合运用音频节目、短视频、微博话题、H5 互动闯关游戏等多种方式，以融媒体的技术赋能推进话语传播的广度与深度，有力拓展了节目传播的受众圈层。

4. "人工智能＋媒体"强化社会主义核心价值观教育的全效媒体传播

全效媒体是以个体、群体与全体为多层面媒体受众，营造具有个性化、层次化的传播效果。"人工智能＋全效媒体"是基于人工智能的知识计算引擎，运用可视交互核心技术，增强媒体内容及形式的定制化与分众化效果。

首先，"人工智能＋全效媒体"推进社会主义核心价值观教育的媒体定制化。其一，"人工智能＋全效媒体"是以受众的个性化为关注点，增强媒体内容的定制化。在个性化层面，全效媒体是针对媒体受众的个性化特点，营造出具有定制化特征的媒体传播效果。全效媒体是融入 CG 特效、国漫动画等技术手段，提升话语传播的视听质感与跨次元表达，彰显出话语传播的"年轻化"风格与"活化"效果。全效媒体运用知识服务技术，通过概念识别与属性预测等功能，增强媒体内容的个性化推送，将社会主义核心价值观内容嵌入到知识服务技术的算法与算料之中，以定制化的媒体样态呈现深层次的价值意蕴。其二，"人工智能＋全效媒体"是以媒体受众的整体化倾向，营造具有"场效应"

的媒体宣传效果。全效媒体是基于人工智能的知识演化建模，运用知识加工技术，增强跨媒体智能的关系挖掘能力，以深度搜索的方式，增强媒体内容创意设计能力。基于跨媒体大数据平台，全效媒体发挥其文化媒介、文化样式的全效作用，以更具针对性的媒体受众与媒体表达方式，依托新技术加持的融媒传播，以技术赋能话语传播的效果优化，促进社会主义核心价值观教育融入全效媒体中。

其次，"人工智能＋全效媒体"推进社会主义核心价值观教育的媒体分众化。其一，"人工智能＋全效媒体"在社会交互环境之中，基于人工智能的言语感知及计算技术，增强媒体推送的决策精准化。全效媒体是根据媒体受众的社会归属特点，运用跨媒体分析与推理，在跨媒体验证系统的自适应过程中，不断提升全效媒体的升级迭代。由此，"人工智能＋全效媒体"构成媒体内容设计、推送、接受与反馈之间的良性循环，营造出具有社群化、分众化的媒体传播效果。其二，"人工智能＋全效媒体"运用人工智能的可视媒体化技术，将数据化的数字信息转化为可视化、具象化媒体内容。全效媒体有助于发挥社会主义核心价值观的"落细、落小、落实"作用，注重优化媒体受众的分众决策。"人工智能＋全效媒体"基于地理位置的地域特征、网络媒体的流量特点与城市基础数据的综合因素，注重媒体资源的深度整合，既增强媒体推送内容的思想性，也提升媒体推送方式的灵动性。

二　"人工智能＋话语"强化社会主义核心价值观教育的话语体系拓展

社会主义核心价值观教育蕴含着"文以载道"的价值功用，基于社会主义核心价值观话语体系的文辞表达与文化引领，对于增强意识形态领域的主导权和话语权、加强舆论宣传工作，发挥着重要意义与积极作用。"人工智能＋话语"是基于人工智能的自然语言分析等技术要素，运用"人工智能＋媒体"的全媒体技术，以社会主义核心价值观为根本内容，在话语情境营造与类型交融、技术赋能与意境升华的协同创新过程中，深化话语体系与话语功能的协同完善。

1. "人工智能 + 话语" 拓展社会主义核心价值观教育的话语体系

话语是 "言语交际中运用语言成分构建而成的具有传递信息效用的言语作品"①。话语体系是话语表达方式的系统化构成，具有话语信息、话语方式、话语载体的集合性。社会主义核心价值观话语作为社会主义核心价值观的内容表述与阐释，构成了社会主义核心价值观的具象化内容与载体。立足 "人工智能 + 媒体" 的全媒体发展，社会主义核心价值观话语是运用跨媒体智能技术，以多样化的话语类型传播、呈现与表达社会主义核心价值观的系统化内容。

首先，"人工智能 + 话语" 拓展社会主义核心价值观教育的话语类型。话语以言语作品的形式予以呈现，发挥着话语主体、话语内容、话语形式与话语情境的耦合作用。社会主义核心价值观话语体系蕴含着多维话语类型，具体呈现为政治话语、学术话语与日常话语等类型。基于话语传播方式、话语表达场景与宣传教育受众的差别，"人工智能 + 话语" 深化了社会主义核心价值观教育话语类型的内容与内涵。其一，在政治话语层面，社会主义核心价值观话语体系是主流意识形态的话语表达体系，蕴含着中国特色与社会主义的本质规定。基于政治话语的严肃性与权威性，"人工智能 + 话语" 运用自然语言处理技术，以话语表达的文本挖掘技术，深化发掘话语表达的语料，使话语表达形式更具有规范性。其二，在学术话语体系层面，社会主义核心价值观话语体系是当代中国哲学社会科学话语体系的重要组成。基于学术话语的专业性与缜密性，"人工智能 + 话语" 是运用机器认知智能的语义理解技术，来增强话语表达的创新性与思辨性。其三，在日常话语体系层面，社会主义核心价值观话语体系是思想政治教育话语体系的基本内容。基于生活话语的通俗化与口语化，"人工智能 + 话语" 运用自然语言的智能理解和生成技术，创造更为丰富多样的语料，灵活运用更为贴近生活的语词。

其次，"人工智能 + 话语" 拓展社会主义核心价值观教育的话语转化。话语具体包含话语符号与空间、话语视觉、听觉与动作等要素。基于话语的内涵界定，话语创新是基于话语要素构成，保持话语传承与发展的内在张力，促成话语体系的内稳态结构，增强话语表达的生命力、影响力。话语创新是要推进话语要素的时代创造与创新发展，呈现为开放性与生成性、创造性与灵活性等话语特征。由此，"人工智能＋话语"是社会主义核心价值观话语的形式承载，秉持"守"与"变"的创新张力，以话语传播的方式，达到话语理解与话语接受的预设目标。其一，基于话语类型的受众群体，"人工智能＋话语"促进话语表达类型与受众群体相贴合。在差异化的话语方式上，社会主义核心价值观教育话语体系是基于受众的群体差异，运用政治话语、学术话语与日常话语等多样化表达方式，提高媒体对受众的吸引力。由此，"人工智能＋话语"基于自然语言的语法逻辑，促进字符概念表征向话语语义表达的延展，深化"和而不同"的价值通约与表达。其二，基于话语类型的应用场景，"人工智能＋话语"促进语言表达类型与具体场景相契合。自然语言处理是以深度语义分析为核心技术，运用自然语言的语义理解技术。"人工智能＋话语"是基于自动生成的语言处理方式，在多领域的应用场景中，灵活切换多风格的话语类型，多维呈现社会主义核心价值观教育的内生逻辑，增强教育话语内容与场景的契合度。

最后，"人工智能＋话语"拓展社会主义核心价值观教育的话语融通。话语是基于其要素构成，发挥着信息功能、人际功能、感情功能等功能。社会主义核心价值观话语体系遵循时代指向与价值功用相契合的话语逻辑，在宣传教育过程中具有多样化的话语表达，有力发挥叙事与修辞的话语功用。"人工智能＋话语"有助于深化社会主义核心价值观教育的内涵诠释与内容表达，形成具有高度引领力与感染力的话语效果。其一，基于话语内涵的深刻表达，"人工智能＋话语"运用深度语义分析技术，有助于深化社会主义核心价值观教育的话语内涵与载体的有机融通，运用更为严谨、贴切与缜密的话语表达，高度凝练与生动表达社会主义核心价值观教育的要旨及内容。其二，基于话语内容的生动表达，"人工智能＋话语"有助于深化社会主义核心价值观教育的话语内容与形式之间有机融通。多维度的话语表达方式是要依托媒体传播，以多样化的话语传播方式，达到社会主义核心价值观的内容表达与内容传播的有机融合。"人工智能＋话语"有助于促成话语体系的创新发展，将社会主义核心价值观的内容转化为具体的话语表达，将一般意义上的价值原则转化为主体层面上的价值认知，促进价值要义、典型事例、现实情境与生动话语之间的有机融通。

2. "人工智能＋话语"优化社会主义核心价值观教育的话语功用

习近平总书记强调，"我们要加快推动媒体融合发展，使主流媒体具有强大传播力、引导力、影响力、公信力，形成网上网下同心圆，使全体人民在理想信念、价值理念、道德观念上紧紧团结在一起，让正能量更强劲、主旋律更高昂。"[①] 社会主义核心价值观教育是立足宣传教育的本质要求，以协同高效的作用机制，提升主流媒体的话语权，优化社会主义核心价值观教育的话语功用。

首先，"人工智能＋话语"提升社会主义核心价值观教育的话语传播力。话语是以言语交际为主要目的，由一套语音系统以及产生意义的语音组合成的系统，以此用来表达、交流思想和感受。话语传播是以话语的叙事表达与修辞手法之间的协同运用，创设沉浸式的话语情境。由此，"人工智能＋话语"是在话语情境营造与类型交融、技术赋能与意境升华的协同创新过程中，塑造特色鲜明的话语类型，增强话语表达的技术赋能，营造价值共鸣的话语效果。其一，"人工智能＋话语"夯实社会主义核心价值观教育的话语传播指向。"人工智能＋话语"基于深度推理与创意人工智能理论，遵循语音、语义与语用之间的内在机理，在坚持舆论内容的正确导向的前提下，夯实思想引领的价值取向，深化文化传承的发展趋向。人工智能运用节目视听传达的全息话语载体，以新技术之"形"的灵动运用，融合运用 CG、XR、全息影像等新技术，以融媒体的技术赋能推进话语传播的广度与深度。其二，"人工智能＋

---

① 《习近平谈治国理政》第三卷，外文出版社 2020 年版，第 317 页。

话语"拓展社会主义核心价值观教育的话语传播受众的覆盖面。"人工智能＋话语"是基于"大跨度、大视角、大信息和大服务"，运用语用媒体协同分析、智能感知推理引擎技术，优化跨媒体公共技术和服务平台的建设提升，提升了话语传播力度与受众的覆盖程度。

其次，"人工智能＋话语"提升社会主义核心价值观教育的话语引导力。话语发挥着传递信息效用的基本功能，具有价值导向性、文化传承性与社会约定性。社会主义核心价值观教育的话语引导力要"坚持正确的政治方向、舆论导向、价值取向"，在政治方向上坚持中国特色社会主义政治发展道路，在舆论导向上加强马克思主义在意识形态领域的指导地位，在价值导向上培育和践行社会主义核心价值观。其一，"人工智能＋话语"提升社会主义核心价值观教育的算法引导作用。大数据的算法推荐强化了媒体受众的价值偏好。"人工智能＋话语"是将大数据技术应用到移动媒体中，以算法推荐的方式，根据媒体受众的兴趣与偏好，增强同类信息的推送频率与数量，对媒体受众形成了"正强化"的影响力，使媒体受众的选择偏好受到强化。由此，社会主义核心价值观发挥着价值匡正作用，矫正算法推荐，避免媒体受众发生价值偏离，规避心理学意义上的锚定效应。其二，"人工智能＋话语"提升社会主义核心价值观教育的算法植入作用。"人工智能＋话语"是基于数据驱动与知识引导相结合的新方法，立足用户的关注热度与需求导向，根据用户的分众化特点，依托大数据算法进行价值渗透与熏陶，培育理性平和的价值心态，加强积极正向的价值行为养成。

再次，"人工智能＋话语"提升社会主义核心价值观教育的话语影响力。话语以言语作品的形式予以呈现，构成了话语内容与载体、话语类型与情境、话语功能与效果之间的互动耦合。其一，就影响高度而言，"人工智能＋话语"推进社会主义核心价值观教育"传得更开"。立足社会效益优先的价值原则，"人工智能＋话语"在媒体融合发展过程中发挥着政策导向的落实、制度设计的实施作用。其二，就影响广度而言，"人工智能＋话语"促进社会主义核心价值观教育"传的更广"。

"人工智能＋话语"促进社会主义核心价值观教育要素之间有机贯通，衍生出媒体要素之间的生态链结构，深度融入日常生活与社会公共领域。其三，就影响深度而言，"人工智能＋话语"促进社会主义核心价值观教育"传得更深"。"人工智能＋话语"将社会主义核心价值观的一般原则与媒体内容、媒体受众的具体特征相融通，在传播内容层面注重话语内容的深刻性、严肃性与真实性，在传播受众层面，注重话语内容的垂类拓展与精准推送。

最后，"人工智能＋话语"提升社会主义核心价值观教育的话语公信力。公信力是人民群众对主流媒体的共同信任程度与共同践行能力。习近平总书记指出，"主流媒体守土有责，更要守土尽责，及时提供更多真实客观、观点鲜明的信息内容，牢牢掌握舆论场主动权和主导权"①。公信力是人民群众对主流媒体的共同信任程度。一方面，"人工智能＋话语"提升社会主义核心价值观教育话语的权威度。"人工智能＋话语"在现实热点、焦点与难点问题上主动发声，进行权威报道解读，确保媒体的可信度。立足权威信息发布、宣传舆论导向与主流价值引领，社会主义核心价值观充分发挥其在媒体传播中的价值影响力。另一方面，"人工智能＋话语"提升社会主义核心价值观教育话语的匡正度。"人工智能＋话语"运用图像识别、语音识别技术，及时发现与甄别虚假信息，提高社会大众的信息判断、辨识与甄别能力，通过舆论导向、政务服务与信息互联，构建具有生态链架构的治理平台，提高智慧平台嵌入城市治理、社区服务与家庭生活的渗透度与覆盖面。

第三节 人工智能嵌合社会主义核心价值观教育的实践贯通

基于价值观教育的过程维度，社会主义核心价值观教育是在教育实

---

① 《习近平谈治国理政》第三卷，外文出版社 2020 年版，第 319 页。

践过程中，促成教育贯穿与融入相结合。基于教育实践的宏观、中观与微观的内在贯通，人工智能是在社会治理、日常生活等多维实践场域，以"人工智能＋"的嵌合方式，融入社会主义核心价值观教育的系统化实践之中。

一　"人工智能＋治理"深化社会主义核心价值观教育的社会治理实践

社会主义核心价值观教育在教育实践过程中，发挥着"以文化人"的治理功用，彰显出"凝聚人心、汇聚民力"的治理效能。在社会治理实践中，人工智能嵌合社会主义核心价值观教育，使人工智能构成治理手段与教育手段的双重价值定位，也促成了社会主义核心价值观与社会治理的高度价值契合。就此而言，"人工智能＋治理"构成了价值内容与价值手段、价值实践与价值功用的内在耦合性，秉持社会主义核心价值观的价值基准，运用人工智能的方法、技术与手段，融入社会治理的具体实践之中，发挥社会主义核心价值观的教育功能与治理效能。

1. "人工智能＋治理"深化社会主义核心价值观教育的制度化实践

在"人工智能＋治理"的实践过程中，社会主义核心价值观教育是由显性的教育实施，转化为隐性的教育渗透与熏陶，有力发挥着社会主义核心价值观教育的社会治理功能，促成了社会主义核心价值观教育融入社会治理的制度建设、机制优化与体系完善。

首先，"人工智能＋治理"推进社会主义核心价值观教育融入制度体系建设。社会主义核心价值观教育是价值目标、价值取向与价值规则相契合的系统化实践，蕴含着柔性的价值规则要求，也承载着价值引领的制度建设要义。其一，社会主义核心价值观教育的内容要求上升为法律法规。在此意义上，"人工智能＋治理"是基于社会治理的制度要义，催进了社会主义核心价值观教育的制度体系完善；基于人工智能的治理方式，拓深了社会主义核心价值观教育的制度运作方式。其二，社会主义核心价值观教育融入制度运作的全过程。社会主义核心价值观的根本要求贯穿于制度的顶层设计、规则完善、实施执行、监督反馈等各环节，促成社会主义核心价值观教育与制度体系之间的价值自洽、规则耦合。由此，"人工智能＋治理"是运用智能政务、智慧城市、智慧社区等智能化治理手段，在行政管理、城市管理、社区治理等各治理层面，拓深社会主义核心价值观教育的制度路径。

其次，"人工智能＋治理"推进社会主义核心价值观教育融入社会治理机制。社会主义核心价值观教育落实至社会治理领域，是基于价值引领的功能发挥，运用社会治理的智能化手段，有力提升柔性治理效能。其一，社会主义核心价值观教育融入社会治理，优化治理的柔性调节机制。党的二十大报告指出，"在社会基层坚持和发展新时代'枫桥经验'，完善正确处理新形势下人民内部矛盾机制"。① 社会治理的重心下沉至社区等基层领域，社会主义核心价值观发挥价值导向、匡正与协调的柔性治理作用，完善社会治理的运作机制，以价值关系的协调促进利益关系的调节，促成基层矛盾的有效化解与有序调解。其二，社会主义核心价值观教育依托"人工智能＋治理"，优化治理的前瞻应对机制。社会治理运用大数据搜索与分析引擎，有助于精准研判社会治理难点与热点问题。社会主义核心价值观教育是依托"人工智能＋治理"，以主动应声与回声的方式，增强价值引领的针对性与前瞻性，将社会治理的风险化解前置于思想引导与心理疏导的教育过程之中。

最后，"人工智能＋治理"推进社会主义核心价值观教育融入社会治理体系。社会治理下沉至基层治理，方能推进社会治理的现代化体系构建。基层治理的建设要义是要"健全党组织领导的自治、法治、德治相结合的城乡基层治理体系"②。其一，社会主义核心价值观教育融入

---

① 习近平：《高举中国特色社会主义伟大旗帜　为全面建设社会主义现代化国家而团结奋斗——在中国共产党第二十次全国代表大会上的报告》，人民出版社 2022 年版，第 54 页。
② 中共中央党史和文献研究院编：《十九大以来重要文献选编》（中），中央文献出版社 2021 年版，第 811 页。

基层治理体系，要发挥"德治"的导向功能。基于"导人向善"的德治要求，社会主义核心价值观教育是依托"人工智能＋治理"的平台建设，将一般性的价值规则转化为系统化的道德要求，落细为基层治理的道德实践，充分发挥道德品质塑造、道德典型引领、道德风尚营造的导向功能。其二，社会主义核心价值观教育融入基层治理体系，要发挥"德治"的匡正功能。基于"惩恶扬善"的德治要求，社会主义核心价值观教育依托智慧城市、智慧法庭等人工智能平台，加强对基层领域的失德、失范问题的纠偏矫治作用，完善惩戒失德行为的智能化与常态化运作机制。

2. "人工智能＋治理"深化社会主义核心价值观教育的平台化构建

党的二十大报告强调，"完善网格化管理、精细化服务、信息化支撑的基层治理平台"①。基于"人工智能＋治理"的实践场域，社会主义核心价值观教育是在基层治理平台的构建过程中，运用人工智能的信息化、智能化方式，促进教育认知内化与实践外化的有机衔接，发挥思政育人、管理育人与服务育人的协同作用。

首先，"人工智能＋治理"促进社会主义核心价值观教育融入网格化管理。社会主义核心价值观教育要发挥基层治理的价值引领作用，必然要下沉至网格化管理的全过程。由此，网格化管理是以信息化赋能为重要手段，将社会主义核心价值观教育的本质要求转化为治理的原则方法，发挥着准确研判、快速反应、精准实施的治理功效。其一，"人工智能＋治理"促进基层需求在网格发现与实现。"人工智能＋治理"立足建设社区公共服务信息系统，进一步拓展和畅通群众诉求表达、利益协调、权益保障通道。基于人工智能的信息化平台，解决基层群众的实际问题与思想问题有机结合，增强基层治理的网格下沉度，进而提高社会主义核心价值观教育落细至基层治理的实效度。其二，"人工智能＋

---

① 习近平：《高举中国特色社会主义伟大旗帜　为全面建设社会主义现代化国家而团结奋斗——在中国共产党第二十次全国代表大会上的报告》，人民出版社 2022 年版，第 54 页。

治理"促进基层纠纷在网格调处与化解。基于网格化的社区治理,"健全城乡社区治理体系,及时把矛盾纠纷化解在基层、化解在萌芽状态"[①]。"人工智能＋治理"是要实现基层治理下沉至社区网格,推进人工智能移动终端的普及化运用,提升基层问题摸排的精细度,提升社情民意搜集、联系服务群众与政策宣传教育的针对性。

其次,"人工智能＋治理"促进社会主义核心价值观教育融入精细化服务。社会主义核心价值观教育发挥柔性治理功能,是要及时把握群体认知及心理变化,增强人民群众自我教育、自我管理与自我服务的精准性。其一,"人工智能＋治理"促进精细化服务的无缝衔接。基于网格类别的差异,"人工智能＋治理"促进精细化服务的无缝衔接,增强服务内容与方式的多样性,基于城市社区、农村社区及大型园区、商务区等专属网格,增强网格边界清晰度与衔接度。人工智能移动终端作为基本服务的"感知触角",有助于优化便民服务、居民需求的社区资源配置,协同提升基层治理的自我教育与自我服务效能。其二,"人工智能＋治理"促进精细化服务的全员参与。立足自治、法治、德治相结合的基层治理要求,"人工智能＋治理"充分运用人工智能移动终端,提升精细化服务的群众参与度,增强对社区公约等社会规范的认知度与接受度,增强居民自我服务的意识,引导群众塑造理性积极的协商意识、方法与能力。

最后,"人工智能＋治理"促进社会主义核心价值观教育融入信息化支撑。社会主义核心价值观教育是依托"人工智能＋治理"的大数据技术,增强基层治理信息感知与预测、分析与决策能力,实现基层治理的风险防范模式向事前预防转型。其一,"人工智能＋治理"促进基层治理的信息高效归集。"人工智能＋治理"构建信息化平台的大数据资源整合,增强智能化移动终端配备,提高基层信息的收集广度与深度。其二,"人工智能＋治理"促进基层治理的信息智能分派。"人工

---

① 习近平:《高举中国特色社会主义伟大旗帜　为全面建设社会主义现代化国家而团结奋斗——在中国共产党第二十次全国代表大会上的报告》,人民出版社2022年版,第54页。

智能＋治理"围绕基层需求与问题的内容及性质，加强基层治理平台的一体化构建，消弭不同信息系统之间的数据壁垒，达到"多网合一"的信息化管理，提高基层信息的推送精准度。其三，"人工智能＋治理"促进基层治理的信息精准推送。立足基层治理的扁平化架构，运用基层信息平台的一体化建设，及时将信息反馈与推送至相关行政职能部门。其四，"人工智能＋治理"促进基层治理的信息高效处理。"人工智能＋治理"依托一体化的基层治理信息平台，构建一网通办的综合网格治理，高效统筹党建、社会保障、综合治理、应急管理、社会救助等基层事务。

3. "人工智能＋治理"深化社会主义核心价值观教育的社会治理效能

党的二十大报告强调，"健全共建共治共享的社会治理制度，提升社会治理效能。"① 基于"人工智能＋治理"的实践指向，共建共治共享充分彰显社会治理的主体性，在多元化治理关系的协同作用下，发挥着社会治理的根本价值功用。在人工智能的加持作用下，社会主义核心价值观教育融入社会治理之中，在价值规范、协调与匡正作用下，发挥着优化社会治理的教育功用与制度效能。

首先，"人工智能＋治理"提升社会主义核心价值观教育的治理共建效能。其一，"人工智能＋治理"提升社会治理的全民责任感。社会主义核心价值观教育是"坚持全民行动"的教育实践活动，将社会主义核心价值观融入社会的全场域。社会主义核心价值观落实到社会实践之中，是以社会治理为基本实践场域，将人工智能融入网格化基层治理之中，以技术驱动与支撑的方式，有力提高了基层治理的责任感，也促进了社会主义核心价值观的践行要求落细至基层治理的具体环节之中。其二，"人工智能＋治理"提升社会治理的全民行动力。社会主义核心价值观转化为人们的情感认同和行为习惯是社会主义核心价值观教育的

---

① 习近平：《高举中国特色社会主义伟大旗帜　为全面建设社会主义现代化国家而团结奋斗——在中国共产党第二十次全国代表大会上的报告》，人民出版社 2022 年版，第 54 页。

本质要求。社会主义核心价值观的习惯养成，是在"积习成性"的日常生活养成之中，发挥着"日用常行"的价值熏陶与实践养成作用。社会主义核心价值观教育是在人工智能的信息化应用下沉至基层治理的过程中，为积极正向的习惯塑造与生活养成设定了更为细微与多维的价值情境，为人人参与、人人尽责拓宽了治理渠道与平台。

其次，"人工智能＋治理"提升社会主义核心价值观教育的治理共治效能。"实现政府治理同社会调节、居民自治良性互动"，是立足社会治理的多元主体，以此促成政府、社会与居民之间的治理协同，提升社会治理的共治效能。其一，"人工智能＋治理"提升政府的治理效能。社会主义核心价值观教育是要"推动培育和践行社会主义核心价值观同实际工作融为一体、相互促进"①。人工智能嵌入政府职能之中，以"智能政务"的平台构建，拓宽政府与群众之间的交互渠道及服务平台，优化政府职责体系和组织结构，进而发挥政府在社会主义核心价值观教育中的统筹协调、督促落实等多维职能。其二，"人工智能＋治理"提升社会的治理效能。各类社会组织是社会治理的主体组成之一。运用人工智能建立新型社会信用体系，有助于促进非公有制经济组织和新社会组织在社会治理中的积极作用发挥，也有助于促进它们在培育和践行社会主义核心价值观教育中发挥着积极作用。其三，"人工智能＋治理"提升居民的治理效能。居民作为基层治理的主体力量，以自我管理、自我教育与自我服务的有机结合的方式，积极参与到基层治理之中。基于人工智能移动终端的功能拓深，以及社区信息化服务平台的构建完善，广大居民以兼职网格员、业主委员会成员等社区身份，积极践行社会主义核心价值观，有序参与到基层治理之中。

最后，"人工智能＋治理"提升社会主义核心价值观教育的治理共享效能。社会治理的成果与成效由全体人民共享，这是社会治理的旨归所在。基于社会治理的现代化发展指向，治理共享是立足"物质文明和

---

① 中共中央文献研究室编：《十八大以来重要文献选编》（上），中央文献出版社 2014年版，第 586—587 页。

精神文明相协调的现代化"的发展趋向，推进人的全面发展与社会全面进步。其一，"人工智能＋治理"提升了治理的现代化水平。"人工智能＋治理"聚焦社会治理的热点与难点问题，通过智慧政务、智慧城市、智能交通、智能环保等人工智能应用，为人民共享物质文明与精神文明奠定物质基础，也为人民共享社会主义核心价值观教育所衍生的文明成果设定了技术支撑。其二，"人工智能＋治理"提升了人民的现代化发展程度。"人工智能＋治理"的根本旨归是坚持人民立场，以人工智能赋能社会治理，提升人民的获得感、幸福感与安全感。在社会治理过程中，人工智能赋能社会主义核心价值观教育，基于人民精神生活共同富裕的现代化诉求，在精神生活领域充分彰显"人民"的价值主体性、"精神"的终极关怀性、"生活"的日常实践性、"共同"的普惠公平性、"富裕"的内涵层次性与"实现"的阶段渐进性。

二 "人工智能＋生活"深化社会主义核心价值观教育的日常生活实践

在日常生活实践中，人工智能嵌合社会主义核心价值观教育，构成了价值主体与手段的实践共生关系。基于价值主体的旨归指向，"人工智能＋生活"是基于价值主体的旨归指向，以人工智能构成人民美好生活的价值手段，以社会主义核心价值观笃定人的全面发展的价值基准。基于价值实践的生成过程，"人工智能＋生活"是在"日用常行"的生活过程中，以人工智能的生活化与日常化应用，深化社会主义核心价值观教育"日用而不觉"的教育功用。

1. "人工智能＋生活"深化公民道德建设

在公民层面，社会主义核心价值观教育是基于价值规则的知行合一，深化实施公民道德建设工程，切实将社会主义核心价值观的本质要求细化为公民道德规范。"人工智能＋生活"融入社会主义核心价值观教育，促成了生活品质的提升与道德素养的塑造相协同。

首先，"人工智能＋生活"推进公民道德建设的"大众化"与"化大众"有机统一。"要持续深化社会主义核心价值观宣传教育，增进认知认同、树立鲜明导向、强化示范带动，引导人们把社会主义核心价值观作为明德修身、立德树人的根本遵循。"① 其一，"人工智能＋生活"推进公民道德建设的"大众化"。"大众化"是公民道德建设的主体拓展过程，全体社会成员为公民道德建设主体，以"坚持提升道德认知与推动道德实践相结合"为大众化要求。"人工智能＋生活"是以科技元素的创新驱动，提升家居产品的智能化感知，在智能家居的价值载入过程中，凝聚共同的道德意愿、共通的道德情感、正向的道德判断。其二，"人工智能＋生活"推进公民道德建设的"化大众"。归其本质，"化大众"是公民道德建设的价值实践过程，即"坚持贯穿结合融入、落细落小落实，把社会主义核心价值观要求融入日常生活，使之成为人们日用而不觉的道德规范和行为准则"②。由此，"人工智能＋生活"融入公民道德建设，是在智能家居的算法应用中嵌入公民道德准则，加强社会主义核心价值观教育的日常融入，推动明大德、守公德、严私德，提高人民在日常生活中的道德水准和文明素养。

其次，"人工智能＋生活"促进公民道德建设的内化与外化之间互动融通。公民道德建设是坚持提升道德认知与推动道德实践相结合，尊重人民群众的主体地位，激发人们形成善良的道德意愿、道德情感，培育正确的道德判断和道德责任。其一，"人工智能＋生活"推进公民道德建设的价值内化。价值内化是将价值原则具象化为道德评价准则，以公序良俗为基本价值标准，形成具有鲜明价值标准的道德评判与道德选择，达到价值规则的公共性与价值行为的有序性相契合，发挥"成风化人、敦风化俗"的文明风尚熏陶作用。"人工智能＋生活"是基于人工智能的生活应用与道德规则的有机自洽，以人工智能的大数据资源整

---

① 中共中央党史和文献研究院编：《十九大以来重要文献选编》（中），中央文献出版社2021年版，第229页。

② 中共中央党史和文献研究院编：《十九大以来重要文献选编》（中），中央文献出版社2021年版，第229页。

合，加强公民道德建设的具体生活情境营造，实现由道德意识的塑造到道德规范的恪守，由"讲道德"的价值表达，到"尊道德"的价值敬畏，再到"守道德"的价值践行。其二，"人工智能 + 生活"推进公民道德建设的价值外化。价值外化是在价值观支配下，以价值自觉引领实践自觉，将内隐的道德观念外显为契合道德观念的言行。道德行为的恪守与践行是以身体力行的方式，将确定性道德原则与多样性的道德实践相融通。在道德认知与道德践行的持续养成过程中，"人工智能 + 生活"是在人工智能与日常生活融合创新过程中，持守人工智能算力的道德基准，增强"持之以恒、久久为功"的实践自觉，以笃实的道德践行，促成道德修养的涵化塑造。

2. "人工智能 + 生活"深化精神文明创建

社会主义核心价值观是社会主义精神文明的高度价值凝练。社会主义核心价值观教育作为社会主义精神文明的实践方式，不断推进"物质文明和精神文明相协调的现代化"发展。立足日常生活的大众化特征，人工智能作为提升人民生活品质的技术应用，在群众性精神文明创建过程中，"发挥社会主义核心价值观对国民教育、精神文明创建、精神文化产品创作生产传播的引领作用"①。

首先，"人工智能 + 生活"深化精神文明创建的精神弘扬。人工智能在日常生活的深度应用，逐渐营造出"无时不有、无处不在"的智能化环境，发挥着"行不言之教"的教育渗透与熏陶功能。其一，"人工智能 + 生活"深化时代精神的弘扬。社会主义核心价值观教育是以培养时代新人为育人指向，培育时代新风新貌。人工智能的产业化与生活化应用，创设了更为多样的生产生活空间，为培养与弘扬时代精神注入了创新驱动的时代要素。其二，"人工智能 + 生活"深化时代新风新貌的培育。人工智能运用分众化与精准化的信息推送策略，基于社会大众的年龄、行业、学历等多方面差异，提升社会主义核心价值观教育的定

---

① 中共中央党史和文献研究院编：《十九大以来重要文献选编》（上），中央文献出版社2019 年版，第 30 页。

制化程度。例如人工智能运用智能健康管理技术及平台，提升心理健康教育的系统化程度，"培育自尊自信、理性平和、积极向上的社会心态"①。

其次，"人工智能＋生活"深化精神文明创建的实践协同。社会主义核心价值观教育是在生活化的实践场域中，推进精神文明建设与"以文化人"的价值协同，"统筹推动文明培育、文明实践、文明创建，推进城乡精神文明建设融合发展"②。其一，"人工智能＋生活"深化文明培育。立足人的全面发展的价值要义，文明培育是提高人民的身心健康素质、科学文化素质及思想道德素质的重要路径。"人工智能＋生活"通过日常教育的精准化推送、终身教育的定制化贯通，在构建学习型社会过程中，切实提升人民终身学习的自觉性与自主性。其二，"人工智能＋生活"深化文明实践。"人工智能＋生活"有力推进新时代文明实践中心建设，提升社区公共服务信息系统的智能化水平，进而深化城乡公共文化服务体系构建，促进城乡精神文明建设融合发展。其三，"人工智能＋生活"深化文明创建。立足"贯穿结合融入"的社会主义核心价值观教育要求，文明创建是以精神文明的主体实践，达到宏观、中观与微观的有机贯通。人工智能运用虚拟现实等技术，有力整合远程教育与文化资源，以层层递进与拓深细化的方式，有效推进文明城市、文明村镇、文明单位、文明家庭的协同创建。

最后，"人工智能＋生活"深化精神文明创建的主体作用。深化群众性精神文明创建活动，是基于全体社会成员的积极主动参与，拓展精神文明创建的主体广度与实践深度。其一，"人工智能＋生活"拓展精神文明创建的主体广度。精神文明创建要注重时间节点的把握与环境氛围的营造。重要节庆日、纪念日作为社会主义核心价值观教育的重要节

---

①　中共中央党史和文献研究院编：《十九大以来重要文献选编》（上），中央文献出版社2019年版，第35页。

②　习近平：《高举中国特色社会主义伟大旗帜　为全面建设社会主义现代化国家而团结奋斗——在中国共产党第二十次全国代表大会上的报告》，人民出版社2022年版，第44页。

点，蕴含着丰富的文化意蕴、价值内涵与教育资源。在群众性庆祝和纪念活动中，"人工智能＋生活"是运用增强现实等技术，营造现实与虚拟相交融的教育情境，增强节庆日、纪念日的庄严庄重氛围与深厚价值内涵。其二，"人工智能＋生活"拓展精神文明创建的实践深度。基于"知行合一"的教育要求，精神文明创建注重精神文明的价值内涵与精神文明的实践外延有机统一。"人工智能＋生活"是运用人工智能移动终端、社区一体化信息平台，增强精神文明实践的生活深度，"推进诚信建设和志愿服务制度化，强化社会责任意识、规则意识、奉献意识"①。

3. "人工智能＋生活"深化公序良俗构建

社会主义核心价值观教育是基于价值引领的本质要求，发挥着"以文化人"的本质功用，以"文"的价值秩序，促成"化"的价值养成。基于人工智能的生活化深度应用，社会主义核心价值观教育是以价值规范与匡正、价值熏陶与养成等实践方式，促进公序良俗的价值渗透与涵育。

首先，"人工智能＋生活"增强社会主义核心价值观教育的公序规范。社会主义核心价值观教育是以价值规则的实践拓深，由共性的价值取向细化为具体性的价值规则，发挥着对社会公序的价值引领作用。其一，"人工智能＋生活"拓深社会公序的规则化。社会公序作为社会公共秩序，既承载着全社会的共同价值指向，也包含着具体生产生活领域的价值规则。人工智能移动终端的生活化普及，促进了社会交往的深度交互，使虚拟社会环境与现实社会环境之间更为深度融合，促成生产生活领域之间价值规则应用的深度融通。基于此，"人工智能＋生活"是注重现实与虚拟情境的有机衔接，促进生产实践与生活交往的价值契合，促成行业规范与市民公约、村规民约、学生守则之间的价值贯通。其二，"人工智能＋生活"拓深社会公序的规范化。人工智能的大数据

---

① 中共中央党史和文献研究院编：《十九大以来重要文献选编》（上），中央文献出版社2019 年版，第 30 页。

整合，促成了社会公序的信息一体化建设，通过社会公德的信息化监督评判、新型社会信用体系的构建完善，更为有力发挥社会公序的价值矫治与纠偏作用，达到"惩恶扬善""见贤思齐"的价值规范功能。

其次，"人工智能＋生活"促进社会主义核心价值观教育的良俗敦化。"敦化"蕴含着"明大德"的价值意蕴。正可谓，"小德川流，大德敦化，此天地之所以为大也"①。在此意义上，"敦化"是以敦厚深邃的价值意蕴，发挥着价值化育的根本功用。良俗作为社会善良风俗，发挥着"善"的价值引领作用，深塑着"俗"的民俗风俗养成。其一，"人工智能＋生活"促进社会良俗的价值内涵拓深。风俗作为相沿积久而成的风尚、习俗，承载着中华优秀传统文化的价值意蕴，也发挥着"行不言之教"的价值功用。"人工智能＋生活"是运用自然语言分析技术，深化社会良俗的内涵诠释、信息推送与价值表达，也运用智能化社交网络，充分发挥社会良俗在社会交往之中的价值缓冲与调节功能。其二，"人工智能＋生活"促进社会良俗的时代内涵融入。立足中国式现代化的道路指向，社会主义核心价值观教育是要深化精神文明的现代化发展，基于"守"与"变"的价值张力，秉持中华文化的价值精髓，深化开展移风易俗。在弘扬时代新风过程中，"人工智能＋生活"是运用虚拟现实等技术，实现新民俗与中华优秀传统文化的内在承接，促成新民俗与现代化发展的内在契合，促进新民俗的传统文化意境与日常生活情境相融通。

第四节 人工智能嵌合社会主义核心价值观教育的效度评价

基于价值观教育的系统维度，社会主义核心价值观教育是要实现价

---

① （战国）子思：《中庸》。

值观教育目标设定、过程实施与结果优化之间的整体衔接。基于人工智能的技术属性与社会属性，人工智能嵌合社会主义核心价值观教育，以数据化、智能化的教育评价方式，更为精准迅捷地评价考量教育的目标达成度、过程引领度与效果反馈度。

一　人工智能优化社会主义核心价值观教育的目标达成度评价

党的二十大报告强调，"全面贯彻党的教育方针，落实立德树人根本任务"。[①] 人工智能嵌入社会主义核心价值观教育，是基于育人的根本要求，深化实现"立德"与"树人"育人目标的协同评价，将社会主义核心价值观的教育目标呈现为结构化、可视化的教育数据系统。

1. 优化"立德"的目标达成度评价

"育人的根本在于立德"[②]。"立德"的目标指向是基于道德的本质内涵，以人的全面发展与社会的全面进步为本质要求，"推动明大德、守公德、严私德，提高人民道德水准和文明素养"。人工智能运用"人工智能＋教育"的精准化与精细化分析手段，提升"立德"目标评价的系统化、可视化与数字化程度。

首先，人工智能嵌入"明大德"的目标达成度评价。"明大德"是以中国特色社会主义为本质规定，蕴含着中华文化的道德观要义，秉持着社会主义的道德观原则。其一，"明大德"的本质内容是"坚持马克思主义道德观、社会主义道德观，倡导共产主义道德"。其二，"明大德"的本质要求是"以为人民服务为核心，以集体主义为原则，以爱祖国、爱人民、爱劳动、爱科学、爱社会主义为基本要求"[③]。由此，人工智能嵌入社会主义核心价值观教育的目标达成度评价，是基于算法

① 习近平：《高举中国特色社会主义伟大旗帜　为全面建设社会主义现代化国家而团结奋斗——在中国共产党第二十次全国代表大会上的报告》，人民出版社 2022 年版，第 34 页。

② 习近平：《高举中国特色社会主义伟大旗帜　为全面建设社会主义现代化国家而团结奋斗——在中国共产党第二十次全国代表大会上的报告》，人民出版社 2022 年版，第 34 页。

③ 中共中央党史和文献研究院编：《十九大以来重要文献选编》（中），中央文献出版社 2021 年版，第 228 页。

的信息化分析，将"明大德"的目标要求，细分为社会主义核心价值观教育的评价要素；基于算法的数据化整合，发挥全数据样本的运算优势，以"知情意信行"相贯通的教育目标数据化呈现，将"明大德"的内容要求整合为结构化、系统化的教育数据指标。

其次，人工智能嵌入"守公德"的目标达成度评价。"守公德"是基于社会全面进步的本质要求，蕴含着"立德"的共同价值取向与公共规范要求。其一，深化践行社会公德的目标要求。社会公德是以"鼓励人们在社会上做一个好公民"为践行目标，"以文明礼貌、助人为乐、爱护公物、保护环境、遵纪守法为主要内容"[①]，促成社会公共生活的关系和谐、行为规范与良好氛围营造。其二，深化践行职业道德的目标要求。职业道德是以"鼓励人们在工作中做一个好建设者"为践行目标，"以爱岗敬业、诚实守信、办事公道、热情服务、奉献社会为主要内容"[②]。基于此，人工智能是运用智能化的技术属性，基于"守公德"的目标要求，发挥着"数字化生存""虚拟化生存"的社会属性，将"守公德"的目标评价转化为系统化的指标评价；运用结构化的数据要素，将"守公德"内容评价予以具象化、可视化呈现。

最后，人工智能嵌入"严私德"的目标达成度评价。"严私德"是以"现实的个人"为价值基点，以个人生活为道德实践场域，促成个体的道德规范与习惯养成，进而达到"推己及人"的道德关系拓展。其一，深化践行家庭美德的目标要求。家庭美德是以"鼓励人们在家庭里做一个好成员"为践行目标，以"尊老爱幼、男女平等、夫妻和睦、勤俭持家、邻里互助为主要内容"[③]。其二，深化践行个人品德的目标要求。个人品德是以"鼓励人们在日常生活中养成好品行"为践行目

　　① 中共中央党史和文献研究院编：《十九大以来重要文献选编》（中），中央文献出版社2021年版，第228—229页。
　　② 中共中央党史和文献研究院编：《十九大以来重要文献选编》（中），中央文献出版社2021年版，第229页。
　　③ 中共中央党史和文献研究院编：《十九大以来重要文献选编》（中），中央文献出版社2021年版，第229页。

标，"以爱国奉献、明礼遵规、勤劳善良、宽厚正直、自强自律为主要内容"①。人工智能的生活普及化应用是基于"严私德"的目标要求，构建智能化的生活场域，运用大数据的个性化搜集、分析与反馈，人工智能算法有助于将"严私德"的目标评价具化为个人价值倾向分析，将"严私德"的内容要求融入为系统化的个性分析与素质评价。

2. 优化"树人"的目标达成度评价

基于培育和践行社会主义核心价值观的根本要求，"立德"与"树人"是内在统一的教育目标，以"明大德、守公德、严私德"的"立德"要求，引领"树人"的教育目标。"人工智能+教育"是基于群体智能等关键共性技术，促进"树人"目标的科学化与系统化评价。

首先，优化"社会主义建设者和接班人"的目标达成度评价。基于"培养什么人"的本质要求，"树人"目标是要"培养德智体美劳全面发展的社会主义建设者和接班人"。其一，科学评价全面发展的协同度。"德智体美劳"构成了社会主义建设者和接班人的能力与素质要求。社会主义核心价值观教育作为系统化教育实践，在第一、二课堂的协同实践中，有机融入德育、智育、体育、美育与劳育的协同发展之中。人工智能运用开源开放的信息化平台，推进开放式共享的教育资源整合，基于人的全面发展的本质要求，以协同发展的教育路径，拓深"德智体美劳"教育的目标要素评价。其二，科学评价全面发展的实现度。社会主义核心价值观教育是将价值目标、价值取向与价值规则融入"德智体美劳"教育内容之中，拓深教育的价值内涵与价值要求。人工智能运用大规模协作的知识资源管理，基于学段的衔接性、教育的类型化，深化德育、智育、体育、美育与劳育的目标要素评价。

其次，优化"时代新人"的目标达成度评价。基于培育和践行社会主义核心价值观的本质要求，"树人"目标是"以培养担当民族复兴

① 中共中央党史和文献研究院编：《十九大以来重要文献选编》（中），中央文献出版社2021年版，第229页。

大任的时代新人为着眼点"①。其一，科学评价培养时代新人的宣传教育协同度。习近平总书记指出，"深入开展社会主义核心价值观宣传教育，深化爱国主义、集体主义、社会主义教育"②。培养时代新人是在社会主义核心价值观宣传教育的深化开展过程中，借鉴与运用群智感知的知识获取融合等技术方式，增强意识形态话语权与影响力，拓深宣传教育的协同化目标评价要素。其二，科学评价培养时代新人的综合素养提升度。立足"更好构筑中国精神、中国价值、中国力量"的新时代要求，培养时代新人是遵循"不忘本来、吸收外来、面向未来"的时代发展趋向，立足培养时代新人的时代要求，适度借鉴与运用群体智能学习理论与方法，围绕文化自觉与自信、价值辨识与甄别、自主学习与终身学习等能力素质要求，拓深时代新人的综合素养评价目标。

最后，优化"高素质人才"的目标达成度评价。基于科教兴国战略的本质要求，"树人"目标是要"培养造就大批德才兼备的高素质人才"。其一，科学评价高素质人才的素质提升度。基于人才强国的战略布局，培养高素质人才是以德才兼备为根本素质要求。基于"用社会主义核心价值观培育人"的教育目标，运用知识计算引擎与知识服务等人工智能技术，构建完善人才培养、发展、引进与评价的系统化指标要素。其二，科学评价高素质人才的人才贡献度。高素质人才是以"爱党报国、敬业奉献、服务人民"为根本评价尺度。培养高素质人才的目标指向是"把各方面优秀人才集聚到党和人民事业中来"，为现代化强国战略注入"人才是第一资源"的价值驱动力。培养高素质人才的资源要素整合是运用大数据智能决策分析系统，增强高素质人才培养的政策优化、团队培养、学科布局与资源整合等多维度评价要素。

---

① 中共中央党史和文献研究院编：《十九大以来重要文献选编》（中），中央文献出版社2021年版，第89页。

② 习近平：《高举中国特色社会主义伟大旗帜　为全面建设社会主义现代化国家而团结奋斗——在中国共产党第二十次全国代表大会上的报告》，人民出版社2022年版，第44页。

二　人工智能优化社会主义核心价值观教育的过程引领度评价

社会主义核心价值观教育过程是基于社会主义核心价值观培育和践行的根本要求，深化目标导向与问题导向相统一的价值引领过程。人工智能嵌入动态化的教育实践过程中，促成教育目标导向与任务实现过程相契合，推进教育的问题导向与对策优化过程相耦合。

1. 基于目标导向的过程引领评价优化

在目标导向层面，社会主义核心价值观教育的效果评价是秉持以人民为中心的价值立场，以人的全面发展程度为根本衡量维度。人工智能嵌入社会主义核心价值观教育过程是基于目标导向，锚定教育的系统化任务，在动态教育实践过程中，运用人工智能的关键共性技术，推进教育任务的递进拓展、分层细化与循序落实。

首先，人工智能嵌入满足人民精神文化需求的过程引领度评价。社会主义核心价值观教育承载着"人为"与"为人"的双重实践过程。在"人为"的价值实践层面，社会主义核心价值观教育是"坚持以社会主义核心价值观引领文化建设"的系统实践过程。在"为人"的价值实现层面，社会主义核心价值观教育是要满足人民精神文化需求，引领人民精神生活的深化实践过程。由此，社会主义核心价值观教育效果是基于"为人"的根本价值旨归，以人民精神文化需求的有效满足程度为过程衡量尺度。其一，人民精神生活的需求生成度。在精神生活需求层面，社会主义核心价值观教育引领人民精神生活，是引领人民以高度的价值理性辨识与甄别精神文化需求的合理性及层次性，激发人民追求更高生活品质、更高文化品位、更多价值选择的精神生活。其二，人民精神生活的普惠享有度。在精神文化供给层面，社会主义核心价值观引领人民精神生活，是优化供给数量与质量，创造与生产更为充裕的文化产品、文化服务及文化资源。其三，人民精神生活的境界提升度。在精神生活内涵层面，社会主义核心价值观引领人民精神生活，是拓深精神生活的价值空间与境界，激发人民的价值内驱力，自觉追求"崇雅黜浮""导德齐礼"的精神生活。基于人民精神生活的要素构成，人工智能嵌入人民精神文化需求的过程引领度评价，是基于人民精神文化需求的多维化主体、多样化内容与多层次标准，运用数据驱动与知识引导相结合的大数据技术，增强人民精神生活的宏观数据整合、动态过程观测与引导策略优化。

其次，人工智能嵌入增强人民精神力量的过程引领度评价。习近平总书记指明，"在新的起点上继续推动文化繁荣、建设文化强国、建设中华民族现代文明，是我们在新时代新的文化使命"。[①] 增强人民精神力量是文化强国建设的战略要义与使命任务，"围绕举旗帜、聚民心、育新人、兴文化、展形象的使命任务，促进满足人民文化需求和增强人民精神力量相统一"[②]。其一，"举旗帜"的使命任务是高举中国特色社会主义伟大旗帜，激发人民的历史主动精神与历史创造精神，投身至中国特色社会主义的伟大实践之中。其二，"聚民心"的使命任务是以巩固共同思想基础为本质要求，笃定"人民有信仰，民族有希望，国家有力量"的民族复兴愿景。其三，"育新人"的使命任务是以培养担当民族复兴大任的时代新人为育人指向，引领人民增强实现中华民族伟大复兴的精神力量。其四，"兴文化"的使命任务是自觉遵循社会主义文化建设规律，推动社会主义文化发展繁荣，引领人民坚定文化自信，激发文化创新创造活力。其五，"展形象"的使命任务是立足文化强国的战略使命，引领人民提升自身素养，彰显成熟稳健的大国国民形象，积极塑造与高扬当代中国精神的良好国家形象。基于文化强国的使命任务，人工智能嵌入增强人民精神力量的过程引领度评价，是基于跨媒体感知计算等人工智能理论与技术，增强价值引领过程中个体价值心理、群体价值倾向与社会价值心态的动态分析与策略优化；运用知识计算引擎与知识服务等关键共性技术，增强价值引领的情感交互性、人际互动性与

---

① 习近平：《在文化传承发展座谈会上的讲话》，人民出版社 2023 年版，第 11 页。
② 中共中央党史和文献研究院编：《十九大以来重要文献选编》（中），中央文献出版社 2021 年版，第 804 页。

场景多维性。

2. 基于问题导向的过程引领评价优化

在问题导向层面，评价社会主义核心价值观教育效能是聚焦社会主义核心价值观教育面临的难点与症结，以问题疏导与化解程度为主要评价尺度。人工智能嵌入动态化的教育问题化解过程，是要发挥社会主义核心价值观在人民精神生活中的根本引领作用，增强教育难点化解的决策精准性、对策实效性与实施针对性。

首先，物质生活与精神生活不协同问题的过程引领评价。物质生活和精神生活的协同度是价值观教育引领人民精神生活的过程评价维度。党的二十大报告指出，"群众在就业、教育、医疗、托育、养老、住房等方面面临不少难题"[①]。其一，利益分化的物质生活在一定程度上阻碍了精神生活的境界提升。利益增量与存量的相互叠加，利益关系的分化与利益评判的差异，使现实的价值定位面临多维度的利益锚点，进而使价值评判出现多样化与差异化倾向，在一定程度上阻碍了价值引领发挥更深层次的价值通约作用。其二，多重环境中的精神生活在一定程度上影响了物质生活的价值引领。价值情境的多维性、价值考量的多样性、价值标准的多重性，导致一些人的价值认知缺乏内在的自洽性，无法形成"一以贯之"的价值评判标准，在一定程度上导致价值认知的内在失调，以及价值认知与价值行为的割裂及脱节。基于此，人工智能的应用普及化是要发挥隐性的价值引领作用。在新一代物联网发展过程中，物质生活与精神生活协同发展的价值导向嵌入人工智能算法之中，应用至人工智能的移动终端之中，将动态多变的教育过程转化为可量化、可呈现的过程性评价指标。

其次，城乡区域一体化发展不平衡问题的过程引领评价。城乡区域一体化发展的平衡度是社会主义核心价值观引领社会全面进步的过程评价维度。党的二十大报告指出，"城乡区域发展和收入分配差距

---

① 习近平：《高举中国特色社会主义伟大旗帜　为全面建设社会主义现代化国家而团结奋斗——在中国共产党第二十次全国代表大会上的报告》，人民出版社 2022 年版，第 14 页。

仍然较大"①。其一，公共服务体系的城乡一体化发展面临的短板。这在一定程度上影响迁延到文化建设、精神文明建设、公民道德建设等领域，人民群众的道德素质、文化修养、文明素养存在不平衡、不协调的问题。其二，民生建设领域的城乡一体化发展面临的区域发展不均衡、地域差异等问题。这在一定程度上影响到社会文明程度的整体提升与价值引领效能的系统优化，阻滞了文明新风的塑造、移风易俗的养成。基于一体化发展的目标指向，开放动态环境下的群智融合与增强技术，有助于增强民生领域的城乡一体化发展；基于大数据的信息化协同，精准把握一体化发展的短板问题，运用大规模协作的知识资源管理技术，推进公共文化服务、教育资源的动态协作与有机整合。

最后，错误思想与不良社会心态问题的过程引领评价。错误思想与不良社会心态的匡正度是社会主义核心价值观教育增强意识形态主导权和话语权的过程评价维度。其一，文化思潮的渗透隐微，在一定程度上阻滞了价值考量的聚合性。各类思潮在交流、交融过程中暗藏交锋，价值观之间的角力更为激烈，各类文化产品所裹挟的价值观良莠混杂。"拜金主义、享乐主义、极端个人主义"等错误思潮隐性植入于文化消费与文化产品之中。其二，社会心态的多样多变，在一定程度上分化了价值心理的趋同性。自媒体的广泛普及与传播加速，短视频等形式的情境化展现，构成了"制造焦虑""躺平""内卷"的心理暗示，易于形成具有弥散性、广泛性与从众性的负面情绪感染。基于人工智能的个性化、多元化应用，运用跨媒体感知计算理论，在社会主义核心价值观教育过程中，塑造具有鲜明导向、沉浸化情境的价值场；运用大数据智能理论，增强从大数据到知识生成、从知识生成到价值引领的能力，有力破解"信息茧房"形成的价值偏差，增强社会主义核心价值观教育的热点解释性、信息透明性与推送即时性。

---

① 习近平：《高举中国特色社会主义伟大旗帜　为全面建设社会主义现代化国家而团结奋斗——在中国共产党第二十次全国代表大会上的报告》，人民出版社 2022 年版，第 14 页。

三　人工智能优化社会主义核心价值观教育的效果反馈度评价

社会主义核心价值观教育效果是基于教育目标、过程与效果的系统化机制，深化教育效果的评价与反馈之间的贯通机制。人工智能嵌入教育的效果反馈度评价是要构建系统化的评价指标体系，精准科学地评价教育效果，完善教育效果与目标、过程的动态反馈机制。

1. 优化教育效果评价指标体系

科学评价反馈社会主义核心价值观教育效果，是要确保评价内容的效度，科学衡量与精准测量社会主义核心价值观教育的实现程度，优化指标体系构建的逻辑性与结构性。

首先，在指标体系的逻辑性层面，构建真实反映逻辑效度的教育指标体系。人工智能嵌入社会主义核心价值观教育的指标体系，运用数据驱动的通用人工智能算法模型，确保指标的关联性，科学反映价值观教育的关系契合性与要素耦合性。人工智能嵌入社会主义核心价值观教育的指标体系是要确保指标的自洽性，注重价值观教育的指标体系及具体指标之间的整体统一性。与此同时，科学评价反馈社会主义核心价值观教育效果是要确保指标的典型性，充分反映教育的根本要求与人民群众的合理利益诉求。

其次，在指标体系的结构性层面，构建科学反映结构效度的教育指标体系。人工智能嵌入社会主义核心价值观教育的指标体系，是运用人工智能的大数据算法、信息化整合与开源式协同技术，基于社会主义核心价值观教育的内在特征与属性，建立智能、快速、全面的教育分析系统。基于社会主义核心价值观教育的指向性与确定性，教育指标体系是要完善显性评价与隐性评测相结合的评价指标，深度反映价值观教育受众的个性差异和多样选择程度，以及价值趋同和关系协同程度。基于社会主义核心价值观教育的现实性与超越性，教育指标体系是要完善实证统计与主观体验相结合的评价指标，以大数据的算法优化与算力提升，精准评测人民精神生活的主体观感。基于社会主义核心价值观教育的生成性与阶次性，教育指标体系是要完善过程观测与结果分析相结合的评价指标，系统评测教育的动态生成过程，科学衡量人民综合素质发展的效能实现程度。

2. 优化教育效果评价反馈方法

科学评价反馈社会主义核心价值观教育效果，是要确保评价方法的信度，优化评价方法的可靠性、一致性与稳定性。人工智能嵌入社会主义核心价值观教育，是要构建教育效果与目标锚定、任务设定与过程实施之间的良性反馈机制，实现科学评价、动态反馈与精准优化的内在贯通。

首先，显性与隐性维度相结合的评价反馈方法。基于显性的评价反馈方法，人工智能运用可比较与可量化的评价方法，系统化解析社会主义核心价值观教育的自变量因素，综合分析教育与经济、政治、文化、社会、生态等多维因素的关联度。基于隐性的评价反馈方法，人工智能运用个性化与交互化的评价方法，系统化把握社会主义核心价值观教育的受众分层与需求、精神生活内涵与品位等因变量特征。

其次，定性与定量维度相结合的评价反馈方法。基于定性的反馈施策方法，人工智能构建面向开放环境的教育决策引擎，增强社会主义核心价值观教育的精准施策，加强良好舆论环境营造的舆论引导，持续优化人民力量凝聚、精神境界升华、日常生活贯通相耦合的动态反馈方法。基于定量的反馈施策方法，人工智能运用自主协同控制与优化决策理论，构建适用于教育评价的人工智能平台，聚焦社会主义核心价值观教育的热点搜集与问题剖析、过程追踪与效能评价，构建目标达成度、社会适应度、条件保障度、任务有效度和结果满意度相耦合的决策反馈机制。

社会主义核心价值观引领
人工智能发展的实践路径

聚焦人工智能的本质属性,社会主义核心价值观引领人工智能发展是要拓深社会主义核心价值观教育在人工智能领域中的广泛性与系统性,围绕"把社会主义核心价值观融入社会发展各方面"的内在要求,融入人工智能全要素与全生命周期之中。基于人工智能的发展趋向,社会主义核心价值观引领人工智能发展是拓宽"教育引导、实践养成、制度保障"的教育路径,强化人工智能治理实践、伦理规范与现实应用的价值引领。

第一节 社会主义核心价值观引领人工智能
发展的制度保障路径

在"贯穿结合融入"的教育视域中,社会主义核心价值观教育引领人工智能治理,是以制度保障为根本的规范前提与规则支撑。制度保障是以制度作为价值引领的规范化依据,发挥着价值引领的刚性约束作用;以"系统完备、科学规范、运行有效的制度体系"为价值引领的系统化依托,确保价值引领的原则性、方向性与基础性;以制度优势转化为治理效能,促进价值引领的实践贯通与治理成效巩固。由此,社会主义核心价值观引领人工智能治理，是基于制度保障的本质要义，引领人工智能的制度体系构建、法律法规完善与治理功能优化。

一　社会主义核心价值观引领人工智能的制度系统构建

基于"系统完备"的制度保障要求，社会主义核心价值观引领人工智能制度建设，是要深化制度构建的系统性与完备性，在制度规则、运作机制、评价尺度等制度要素之中，融入社会主义核心价值观的本质内容与规则要义；在制度顶层设计、完善与发展、监督与反馈的制度运作过程中，高度彰显和深化贯通社会主义核心价值观的价值取向与本质要求。

1. 社会主义核心价值观引领人工智能的制度顶层设计

基于系统观念的战略考量，社会主义核心价值观引领人工智能制度建设，是在制度的顶层设计层面，将社会主义核心价值观的本质要求贯穿至制度设计的系统化布局之中，融入制度设计的耦合化要素之中。

首先，深化人工智能的制度系统布局。基于价值引领的整体性，人工智能的制度设计蕴含着两个层面的系统化布局。其一，价值引领人工智能制度设计的要素布局。基于价值引领的贯通性，人工智能的制度设计是要促成制度要素之间的系统化布局，实现人工智能的全要素在整体制度框架中有机运作。由此，价值引领是秉持"一"与"多"的价值关系，以社会主义核心价值观作为一元化的价值基准，贯通于整体制度体系之中，坚持安全性、可用性、互操作性、可追溯性原则，构建人工智能标准框架体系；以人工智能的全要素为多样化的价值引领对象，根据基础研究、技术研发、产业发展和行业应用等多领域特点与实情，促成制度设计的针对性与系统性相契合。其二，价值引领人工智能制度设计的要素耦合。基于价值引领的导向性，人工智能的制度设计是以社会主义核心价值观为根本价值内容，明确人工智能在国家发展战略中的价值定位。人工智能的制度构建是充分考量人工智能的技术属性与社会属性，聚焦人工智能的内在特征、功能属性与影响作用，在经济、法治、社会、文化等多维领域中构建与完善系统化制度。

其次，推进人工智能的制度体系衔接。基于价值引领的衔接性，人工智能的制度设计呈现为两个层面的价值自洽与价值关联。其一，价值引领人工智能制度设计的内在自洽。在人工智能的自组织层面，内在制度设计具有高度的价值自洽性，实现了宏观、中观与微观的制度层次相契合。基于宏观层面的制度目标，人工智能的制度设计是以社会主义核心价值观的价值目标为根本导向，锚定建成现代化强国的战略目标。立足中观层面的制度政策，人工智能的制度设计是以社会主义核心价值观的价值取向为政策导向，确立人工智能创新发展与规范发展的政策目标。立足微观层面的制度落实，人工智能的制度设计是以社会主义核心价值观的价值规则为价值基准，确立人工智能的经济效益与社会效益相统一的实践导向。其二，价值引领人工智能制度设计的互动关联。在人工智能与其他领域的协同层面，人工智能的制度设计与其他制度之间具有高度的价值耦合性。鉴于人工智能的多维属性，人工智能的制度设计与其他制度安排之间要具有高度的价值融通性。立足人工智能的技术属性，人工智能的制度设计是要放置于科教兴国战略任务中予以价值考量，促进其制度安排与全局化的科技创新体制机制之间的有机衔接。立足人工智能的社会属性，人工智能的制度设计是要锚定公平性、均衡性与普惠性的价值取向，促进民生建设的共建共享，促成社会建设智能化与社会安全稳定、和谐有序相协调。

2. 社会主义核心价值观引领人工智能的制度机制完善

人工智能的发展具有技术的颠覆性、发展的不确定性等特征。社会主义核心价值观引领人工智能的制度完善是在一元化的价值引领过程中，保持制度的价值基准与导向具有高度稳定性，也是在理论与技术、产业与应用的实际发展过程中，促进制度的内在协调、动态调整与细化完善。由此，社会主义核心价值观引领制度机制的完善，是将人工智能的系统化制度规则，转化为高效化的制度运作机制，促成人工智能的制度完备性与效能性有机统一。

　　首先，完善人工智能的科技引领机制。社会主义核心价值观引领人工智能的发展机制，是要遵循价值规律与科技发展规律，促成价值生成发展的人本性与科技发展的创新性有机结合。其一，坚持"一"与"多"的价值引领关系，秉持人工智能的科技创新与有序规范之间的价值张力。立足"一"的价值基准，社会主义核心价值观构成了引领人工智能发展的根本价值取向，审视人工智能发展的价值主体、价值动力与价值归属等多维价值关系，以此作为人工智能科技引领的价值前提与衡量标尺。与此同时，立足"多"的价值样态，人工智能的科技引领要注重其构成要素的多样性、前沿发展的多变性、技术应用的变革性，顺时与应时把握人工智能发展趋势，推进前瞻性的研发部署与系统性的发展布局。其二，坚持"一以贯之"的价值引领定力。人工智能的制度机制完善是在中国特色社会主义制度体系框架下，充分彰显中国特色社会主义的本质优势，"坚持全国一盘棋，调动各方面积极性，集中力量办大事的显著优势"①。由此，人工智能的制度设计是坚持"一以贯之"的价值引领，推进人工智能理论与方法、工具与系统、人才与教育等多维要素之间的有机聚合，推进人工智能的原始创新能力激发与先发优势构筑。

　　其次，完善人工智能的市场主导机制。社会主义核心价值观引领人工智能发展，是在坚持和完善社会主义基本经济制度的制度框架下，遵循市场规律，深化推进经济高质量发展。其一，社会主义核心价值观引领人工智能的市场应用导向。人工智能的市场主导机制构建是加快完善社会主义市场经济体制的组成部分。基于市场经济的资源配置特征，社会主义核心价值观引领人工智能发展是基于市场经济的竞争性、开放性与主体性等特点，加强对人工智能相关企业的价值引领，助力推进现代化经济体系建设。具体而言，在社会主义核心价值观的价值规则统摄下，价值引领人工智能的技术路线发展，是以社会主义核心价值观引领

① 中共中央党史和文献研究院编：《十九大以来重要文献选编》（中），中央文献出版社2021年版，第270页。

技术伦理，促成理论研发与现实应用、经济效益之间的有机平衡。与此同时，价值引领人工智能的行业产品标准，是以社会主义核心价值观引领商业伦理，基于人工智能成果的商业化应用，促成理论研发的创新突破与市场应用的竞争优势相协同。其二，社会主义核心价值观引领人工智能的市场规范导向。社会主义核心价值观引领人工智能的政策保障完善，"建立以企业为主体、市场为导向、产学研深度融合的技术创新体系"①。基于政府与市场分工的关系，充分发挥政府在市场主导过程中的重要导向作用，深化价值引领与制度引领的有机结合。就此而言，完善人工智能的市场主导机制是要加强人工智能的发展规划引导、系统配套政策支持、安全预警与风险防范、市场运作监管与法律法规完善，"强化标准引领，提升产业基础能力和产业链现代化水平"②。

3. 社会主义核心价值观引领人工智能的制度监管评估

人工智能的制度监管评估是在系统化的制度框架下，秉持社会主义核心价值观的价值衡量尺度，优化制度运作的机制功能，强化人工智能的制度监督与纠偏、制度评价与反馈，促成人工智能安全可靠与可控的良性发展态势。

首先，强化人工智能的制度监管机制。制度监管蕴含着双重衡量尺度，基于制度的价值规则性与价值归属性，充分考量制度运作的规则合法性与价值合理性。人工智能的制度监管机制是以制度的体系化构建，将人工智能的全生命周期置于制度监督与管理之中，规避人工智能在各个环节中的制度盲区。其一，社会主义核心价值观引领人工智能的全流程监管。人工智能的全生命周期是以全流程为主要架构，包括研发、供应、使用、管理等各个流程环节。价值引领是将社会主义核心价值观的匡正与规范功能，融入到制度的刚性约束与矫治功能，在理论研发、技

---

① 中共中央党史和文献研究院编：《十九大以来重要文献选编》（上），中央文献出版社2019年版，第22页。

② 中共中央党史和文献研究院编：《十九大以来重要文献选编》（中），中央文献出版社2021年版，第282页。

术运用、产业发展、产品使用与管理职权等多重维度，设定具有底线性、边界性的监管规则。由此，人工智能的全流程监管是基于公开透明的制度原则，强化源头监督，完善设计问责的监管机制；增强过程监督，规范生产与应用环节监管机制。其二，社会主义核心价值观引领人工智能的全主体监督。人工智能的全生命周期聚合着多重主体作用，具体包括自然人、法人、企业及相关机构。价值引领是深化社会主义核心价值观践行的全员参与，将根本价值要求具化为各行业的职业守则，由具有柔性约束力的价值规则转化为具有刚性匡正力的制度规则。基于人工智能主体的影响效力，对人工智能行业与企业进行重点监管，加大对数据滥用、侵犯个人隐私、违背伦理等行为的惩戒力度。

其次，深化人工智能的制度评估机制。制度评估是基于制度监管的衡量基准，以多维度的评价要素，综合考量制度目标、运作过程与实现效能。"建立健全运用互联网、大数据、人工智能等技术手段进行行政管理的制度规则。推进数字政府建设，加强数据有序共享，依法保护个人信息。"① 人工智能的制度评估机制是基于常态化、规则化与系统化机制，科学规范评估人工智能全要素，增强人工智能的安全可控与持续健康发展。其一，深化人工智能评估框架构建的价值引领。基于人工智能的目标导向，人工智能的评价框架是基于制度的系统化架构，将人工智能的全要素纳入系统化的评价指标之中，以社会主义核心价值观的价值规则引领人工智能发展规制。基于人工智能的问题导向，评估框架的构建是基于风险防范，增强对人工智能的短周期乃至中长周期的风险预判与评估，增强前瞻预防与政策引导，完善人工智能安全可控的标准化框架。其二，增强人工智能评估功能优化的价值引领。人工智能的评估功能是基于评估机制的结构化完善，以前瞻性、预判性与系统性评估，增强对复杂性、不确定性、多变性的风险防范能力。与此同时，人工智能的评估功能是立足评估机制的常态化运作，基于人工智能全要素，构

---

① 中共中央党史和文献研究院编：《十九大以来重要文献选编》（中），中央文献出版社 2021 年版，第 280 页。

建跨领域的系统性测试平台，规范人工智能的安全认证、标准设定与性能评估。

二　社会主义核心价值观引领人工智能的法律法规完善

基于"科学规范"的制度保障要求，人工智能的法律法规完善是以社会主义核心价值观为根本价值基准，在法律法规的出台与落实过程中，高度彰显"良法"的价值要义，增强相关法律法规内容的科学性与自洽性，优化相关法律法规效用的规范性与约束性。

1. 社会主义核心价值观引领人工智能的法律框架构建

新一代人工智能在经济社会发展需求的驱动作用下，实现了大数据、超级计算、脑科学等关键技术突破，呈现出技术的突破性、应用的普及性与影响的不确定性等特点。由此，人工智能所适用的法律法规有待完善，亟待构建针对人工智能的法律框架，构建系统化的人工智能法律体系。

首先，构建适应人工智能发展的法律解释框架。人工智能的法律体系构建是立足中国特色社会主义法律体系的本质要求，"增强立法系统性、整体性、协同性、时效性"[①]。人工智能具有技术的颠覆性，对于传统意义上的法律准则形成了前所未有的挑战。其一，关于人工智能的本质定位，需要明确法律解释。如若人工智能的概念认知与本质界定存在模糊性与争议性，其法律框架构建则无从谈起。人工智能是否能够成为法律主体，在哪种类型或应用场景下的人工智能能够成为法律主体等诸多问题，需要进一步划定清晰的法律解释标准。其二，关于人工智能的权责关系，需要在立法层面明确其地位。在弱人工智能向强人工智能发展的过程中，如何界定人工智能的"类人"特征需要进一步予以清晰界定。围绕上述法律解释的问题焦点，基于马克思主义哲学的价值审视，人工智能作为价值手段，是由人作为价值主体所研发、创设与运用

---

① 习近平：《高举中国特色社会主义伟大旗帜　为全面建设社会主义现代化国家而团结奋斗——在中国共产党第二十次全国代表大会上的报告》，人民出版社 2022 年版，第 41 页。

的，也是服务于人的价值发展与价值享有的。立足社会主义核心价值观的"法治"要义，法治的价值要义融入于人工智能的规范性、透明性与安全性发展之中，在高度价值通约与价值共识达成的前提下，构建完善人工智能的法律解释框架。

其次，构建应对人工智能风险的法律防范框架。社会主义核心价值观引领人工智能的法律框架完善，是以社会主义核心价值观为本质要求，"要把社会主义核心价值观贯彻到依法治国、依法执政、依法行政实践中，落实到立法、执法、司法、普法和依法治理各个方面"①。关于人工智能的法律防范框架是通过系统化的法律创制，立足社会主义核心价值观的价值衡量基准，在法律领域构建法律防范的基本原则与导向，发挥对人工智能的安全评估、管控与规范作用，规避法律真空、法律滞后等问题。其一，法律防范框架的共治导向。基于人工智能的业态链发展，人工智能的法律防范是基于人工智能的多元化主体，在法律防范的监管对象层面，政府、企业、社会机构、自然人等使用人工智能的主体，均纳入共治监管的对象范围。在法律防范的主体参与层面，发挥政府主导作用，加强企业、社会机构以及专家、公众的广泛参与，发挥多元主体共治作用，注重效率与公平兼顾的价值导向，避免出现因技术应用而衍生出利益鸿沟及利益冲突。其二，法律防范框架的安全导向。基于人工智能作为具有颠覆性的技术应用，人工智能具有科技双刃剑的特征与作用。如何确保人工智能的安全性，是要辩证审视其优势与弊端，通过系统化的法律防范，构建围绕"评估、诊断、修复的环形研发"的法律监管模式，力求实现人工智能风险的最小化。在此基础上，立足社会主义核心价值观践行的全员参与，人工智能的法律防范是基于国家层面价值目标、社会层面价值取向与公民层面价值规则，深化人工智能的透明化发展导向，规避人工智能算法的黑箱问题、算力的解释模糊问题、算料的信息不对称问题。

---

① 中共中央文献研究室编：《十八大以来重要文献选编》（上），中央文献出版社 2014 年版，第 581 页。

2. 社会主义核心价值观引领人工智能的法律规范完善

基于社会主义核心价值观的"法治"要义，社会主义核心价值观引领人工智能的法律规范，聚焦人工智能面临的突出问题与潜在风险，细化部门法的法条规定，"注重把社会主义核心价值观相关要求上升为具体法律规定，充分发挥法律的规范、引导、保障、促进作用"①。

首先，人工智能应用的民事与刑事责任确认。基于新一代人工智能的发展趋向，当前弱人工智能处于广泛应用之中，而强人工智能正显现多样与多变的发展趋势。基于人工智能发展阶段的当下性与指向性，关于人工智能的民事与刑事责任确认主要是立足当前弱人工智能的应用现状，在法律层面予以规范与完善。其一，完善人工智能的追溯问责制度，明确人工智能的法律主体范围。立足人工智能研发者、使用者和受用者等法律主体划分，确立相关法律主体所具有的权利、义务和责任。其二，完善人工智能问责的法律规制策略。社会主义核心价值观是基于价值自律与他律相统一的价值引领，促进人工智能领域的法治思维塑造与法治行为养成。基于弱人工智能的功能作用是法律主体的意识体现，划定法律主体的风险防范义务以及责任认定情况。具体而言，研发者或使用者具有运用人工智能进行主观犯罪的目的，根据实施犯罪的故意性程度，追求相关民事或刑事责任。与此同时，研发者设计人工智能具有合法行为的目的，使用者操作不当造成损害，或者基于人工智能技术的不确定性或不稳定性造成的难以预见的损害，在复杂场景下的突发风险需要进一步明确相关法律主体的责任认定。

其次，人工智能应用的产权保护。人工智能的广泛运用使其自身及衍生物面临着知识产权保护问题。其一，明确人工智能的产权保护范围。人工智能本身是否应受到专利法保护的争议需要进一步明晰。关于人工智能深度学习与协同学习的衍生物或创造物能否作为知识作品或著作，需要进一步明确其产权保护范围。立足社会主义核心价值观的社会

---

① 中共中央文献研究室编：《十八大以来重要文献选编》（上），中央文献出版社 2014 年版，第 582 页。

价值取向，人工智能的产权保护既要尊重"自由"的创新活力与空间，又要加强"平等""公正"的权利保障，进一步明确人工智能生成发明的专利性、创作作品的可版权性，以及相关权利主体与责任主体的认定。其二，规避因人工智能的产权保护而产生不正当竞争。基于人工智能算法的黑箱机制，其算法垄断与数据保密易于形成人工智能相关领域的垄断风险，损害正常竞争秩序。基于不正当竞争的现实与潜在风险，社会主义核心价值观引领公平与效率相统一的价值原则，基于人工智能的算法、算力与算料的全要素构成，设立并细化人工智能的反垄断法律专条。

　　最后，人工智能应用的个人隐私保护。人工智能的大数据链已逐渐构成个体的数字化生存方式，也嵌入个体的日常生活各方面。人工智能对于个人信息收集方式具有全息性与隐秘性，进而引发侵犯个人隐私的法律问题。基于此，个人隐私与信息安全的法律保护具有注重大数据链的透明性，以及多种应用情况认定的明晰性。其一，保障人工智能的大数据链运作透明性。"隐私保护设计是一种价值敏感设计，将人类价值纳入整个设计过程，将隐私保护算法嵌入产品或系统中""隐私保护是主动的而非被动的，是预防性的而非补救性的""隐私保护是默认设置，即在默认情况下使用最高可能的隐私保护设置"。[1] 基于大数据链的运作过程，明确每个环节的法律标准与规范，保障数据收集、存储、使用、加工、传输、提供、公开等各项环节中的数据规范性、及时性与一致性。其二，强化人工智能的大数据运用范围与职权的明晰性，明确人工智能领域个人隐私与信息的监管机制、责任机制，以及个人隐私与信息侵害的处罚机制。基于个人信息的专门立法保护，明确个人信息与隐私的数据界定，细化人工智能领域的个人信息分类，划定个人合法数据权益的范围，制定个人信息使用的系统化标准，保障个人运用人工智能的信息知情权与选择权。

---

① 李伦、黄关：《数据主义与人本主义数据伦理》，《伦理学研究》2019 年第 2 期。

3. 社会主义核心价值观引领人工智能的法律应用领域细分

人工智能领域的法律法规完善，是基于当下应用的普及性与长远发展的趋向性的结合，增强法律规范的前瞻性与效用性。立足当前理论研发与技术应用相对成熟的人工智能领域，在具体领域进行法律法规的细分完善，促进价值引领、法律规制与科技引领的有机协同。

首先，人工智能的智能化操作领域的法律完善。在智能化操作方面，无人驾驶、自动驾驶技术、工业机器人、服务机器人正逐步进入实际应用。基于人工智能操作的安全性、可靠性与可控性，相关领域的法律完善是重点加强其风险等级的划分、风险应对的举措与风险责任的认定等方面规范。自主无人系统的智能技术处于技术发展与应用普及阶段，应立足技术的领域拓展性，加强法律法规的适应性。其一，加强自主无人系统的智能技术标准的系统建构。以社会主义核心价值观的价值基准，引领构建跨领域、跨行业的系统化标准。以汽车自动驾驶的智能技术为例，基于可控可信与主体自主决策等价值原则，完善智能网联汽车标准、信息通信标准、智能交通标准、车辆智能管理标准以及电子产品服务标准。其二，加强自主无人系统的智能技术法规的及时完善。自主无人系统的智能技术发展呈现出多点突破的发展态势，法律规制必然要与智能技术的发展同步协调。法律规范的完善发展，要注重法律法规的稳健性与适用性，适时完善无人机自主控制以及汽车、船舶和轨道交通等自动驾驶技术的法规政策。

其次，人工智能的信息化处理领域的法律完善。在信息化处理方面，中文信息处理、生物特征识别、智能监控等应用日益融入经济社会发展之中。人工智能的信息技术应用具有关键技术的共性特征，也具有应用领域、行业与地域的具体特点以及相应的价值规范要求。其一，构建人工智能信息化技术的适用标准体系。立足纲领性的上位法律，对于社会生活紧密相关的信息化技术确立系统化的适用原则与标准。例如司法裁决系统、社会信用评价系统要确立明确的法律规范，进一步明确适用范围及权限，提高系统评价结果的可解释程度与评价过程的可靠程度。其二，细化人工智能信息化技术的使用规范要求。基于人工智能信息技术的功能特征，其应用领域是要划定其功能作用的风险等级，由此确定法律规范的适用程度与范围。例如远程生物识别技术是基于对人的信息的特定性与独一性分析，以远程方式进行人的信息获取与身份识别。基于价值引领的底线原则与保障原则，审视远程生物识别系统的高风险问题，亟待规范使用标准与要求，既要避免引发高风险的技术滥用，又要合理把握个体权益保护与群体权益发展的适度平衡点。

第二节　社会主义核心价值观引领人工智能发展的治理实践路径

基于"运行有效"的治理实践要求，人工智能的治理功能是以社会主义核心价值观为根本价值尺度，将人工智能的制度建设与法律规范更好转化为治理效能，促进人工智能的"良法"充分发挥"善治"功用。在此意义上，"人工智能治理"是以人工智能的实践养成路径，也是以人工智能为治理对象，以促进新一代人工智能健康发展为治理目标，以促进人工智能的协调发展与有效治理为治理原则，切实发挥"确保人工智能安全可靠可控，推动经济、社会及生态可持续发展"的治理功能。

一　社会主义核心价值观引领人工智能的治理框架构建

基于人工智能发展的价值定位，安全性、可用性、互操作性、可追溯性的基本要求构成了人工智能的治理目标指向。与此同时，人工智能治理显现出鲜明的问题指向。"我国新一代人工智能治理的核心问题主要包括整合技术社会复合体的离散性认知、实现系统生态主权的非均衡调适、突破包容审慎探索的有限性实践三个方面。"[①] 由此，人工智能

---

① 姜李丹、薛澜：《我国新一代人工智能治理的时代挑战与范式变革》，《公共管理学报》2022 年第 2 期。

的治理是基于人工智能的技术属性与社会属性的协同作用，以人工智能为治理对象，立足经济、社会、文化等多维领域，在人工智能的制度建设与法治建设过程中，构建完善人工智能的治理框架，推进治理体系与治理能力的现代化发展。

1. 人工智能的经济治理框架构建

人工智能融入经济领域，发挥着创新驱动、技术融合与产业升级的协同作用，逐渐塑成"数字经济"的新经济形态。究其本质，数字经济是以数据资源为关键要素，以现代信息网络为主要载体，以信息通信技术融合应用、全要素数字化转型为重要推动力，促进公平与效率更加统一的新经济形态。立足经济领域的人工智能治理，是以数字经济规范健康可持续为治理目标，构建现代化的数字经济治理体系。

首先，构建人工智能的多元共治格局。基于数字经济的新形态、新特征，关于人工智能的治理是要加强多元化的协同作用，有力提升政府、市场主体与社会公众的治理合力。其一，立足政府主导，发挥政府的治理调控与监管作用。基于人工智能的治理目标与对象特征，政府的治理调控是重点发挥治理政策的规划引导作用、治理过程的监管广泛作用、治理环境的整体营造作用以及治理效能的评价反馈作用。由此，发挥政府主导作用是在人工智能治理体系的构建完善过程中，充分发挥着政府对人工智能的治理目标、治理举措、治理环境与治理效能的导向引领与整体调控功能。其二，立足市场主体，促进行业组织、企业与平台的创新能力提升与合法依规运营。基于人工智能的技术标准与产业特点，行业组织要在行业产品标准制定过程中，发挥治理风险的"吹哨人"作用。企业与平台是在市场运作中，推进治理体系的技术路线选择，促进人工智能的商业化应用与高效能治理之间的有机平衡。其三，立足社会公众参与，切实增强公众监督、社会监督、媒体监督的治理作用。基于智能社会建设与社会治理现代化的协同发展，社会各方积极参与到人工智能治理实践之中。基于消费者、媒体人、社会组织等多重治理角色，社会公众以更为自主自觉、积极有序的治理监督方式，拓宽人工智能治理的多方渠道，构建社会关切、社会监督与社会治理之间的良性互动机制。

其次，完善人工智能的协同治理机制。其一，构建协同治理的信用体系。人工智能的协同治理是要立足政府数字化治理能力与数字经济治理水平相协同，加强对人工智能行业、产业与平台的信用体系治理。针对人工智能的黑箱机制，重点增强人工智能的透明运作与信用保障，基于人工智能应用主体的治理要求，构建人工智能行业与企业、平台的信用评价体系，完善人工智能的行业失信惩戒与守信激励机制。基于人工智能受用主体的治理特点，发挥人工智能的自律公约、应用守则与法律监管作用。其二，促进协同治理的权责划定。鉴于人工智能的技术应用融合与产业生态链特点，人工智能的协同治理是要拓展治理领域范围与推进治理规则统一，构建跨区域、跨行业与跨层级的协同治理格局。与此同时，人工智能的协同治理是要优化治理程序与治理环节，划定人工智能行业准入的行政许可、资质资格等事项清单，加强数据全过程的规范化治理构建，激发人工智能行业、企业与平台参与治理的主体动力及内生活力。

2. 人工智能的社会治理框架构建

人工智能不仅是社会治理的重要手段，也成为社会治理的焦点与对象。人工智能的社会治理是立足人工智能的社会属性，在推进智能化社会构建过程中，推进人工智能的有序规范应用与风险问题矫治。

首先，构建人工智能的社会治理格局。其一，构建人工智能全过程的社会治理格局。基于人工智能技术存在的不确定性、解释性差与可控性偏差等问题，人工智能全过程治理是要规避因人工智能滥用、恶意使用，或因人工智能的技术缺陷，导致社会主体间的数据鸿沟、知情权缺失与决策权隐匿等治理问题。"从治理效果看，要进一步加强算法风险评估，形成具备韧性、适应性的风险治理架构。""从治理客体和治理规制看，算法正在从使用工具变成规范规制对象，要进一步负责任和可持续地推动算法应用。"① 在社会应用中的供给、维护、使用与受用等各个环节，人工智能算法是社会应用中的治理重点，立足安全治理、风险治理与规范治理相结合，重点增强人工智能算法应用的开放共享与安全保障、可控操作相协调。其二，构建人工智能全领域的社会治理格局。人工智能的社会应用具有强交互性，在社会主体、社会关系与社会资源的聚合作用下，呈现为具有整体叠加态势的链式反应。由此，人工智能的社会治理是要增强各领域间的整体治理，增强人工智能风险防范的社会治理精准性、协调性与有序性，构建人工智能运用的事前严格审批、事中规范监管、事后科学评估的全领域治理体系。

其次，完善人工智能的社会安全治理机制。其一，完善人工智能的公共安全治理机制。党的二十大报告强调，"完善公共安全体系，推动公共安全治理模式向事前预防转型。"② 公共安全治理要注重人工智能的治理精准性，提高人工智能的风险研判精细化程度；注重人工智能治理的协调性，在人工智能应用的各环节建立应急响应机制；优化人工智能治理的有效性，加强系统性风险防范，提高人工智能的公共安全治理水平。其二，完善人工智能的信息安全治理机制。在社会治理领域，人工智能的安全治理是要注重信息安全的治理关键作用，完善对于人工智能算法、算力与算料的安全监测与分析，尤其是对关涉国家安全、社会安全的大数据信息，重点加强社会应用的网络安全、云服务安全的审查评估、统计监测与权限监管，增强公共信息的安全运行。与此同时，基于个人数据信息的安全保护，增强人工智能对于个人身份信息、生物特征信息的监管与审查，将个人信息的采集与传输、存储与处理、共享与销毁等各环节置于安全监管范围之中。

3. 人工智能的文化治理框架构建

人工智能运用跨媒体感知计算、虚拟现实智能建模、自然语言处理

---

① 张于喆、盛如旭：《人工智能治理的逻辑起点和路径抉择》，《宏观经济研究》2022 年第 7 期。

② 习近平：《高举中国特色社会主义伟大旗帜　为全面建设社会主义现代化国家而团结奋斗——在中国共产党第二十次全国代表大会上的报告》，人民出版社 2022 年版，第 54 页。

等关键技术，成为推进先进文化传承与发展的技术驱动与载体创新，也成为文化领域不可忽视的重要治理对象。

首先，构建人工智能的文化治理体系。其一，构建人工智能治理的文化生态体系。人工智能作为文化载体与媒介，构成了线上与线下深度融合的文化传媒系统。党的二十大报告强调，"健全网络综合治理体系，推动形成良好网络生态。"① 构建积极正向的文化生态，是基于"治"与"理"相融通的实践逻辑，加强文化治理的问题整治，聚焦人工智能在文化领域的突出问题，加强算法设计与大数据推送的规范性，系统化规避算法歧视、诱导沉迷、恶意生成错误信息等算法问题。其二，构建人工智能治理的文化传媒体系。人工智能在文化领域，发挥着文化治理的载体与对象的双重作用。基于"人工智能＋媒体"的"智媒"应用，文化治理是加强对人工智能的全媒体应用，增强人工智能的价值嵌入功能。基于"人工智能＋治理"的文化治理要求，文化治理是要增强人工智能的价值引领，以社会主义核心价值观的本质要义匡正人工智能的算法推荐、算力运用，促进巩固主流思想舆论与全媒体传播体系建设的有机协同。

其次，优化人工智能的文化治理机制。其一，人工智能治理的文化主体协同机制。立足国家文化数字化战略的实施要义，人工智能的文化治理是立足文化产业与文化事业的主体构成，从文化产品与服务的供给、传播与受用等各维度，注重社会效益的价值引领，加强人工智能对于文化资源整合与文化产品供给的普惠性、共享性；加强经济效益的价值匡正，发挥人工智能在现代文化产业体系中的创新驱动作用。其二，人工智能治理的文化自律与他律协同机制。立足提高全社会文明程度的治理指向，人工智能治理的文化治理是在"人工智能＋文化"的行业应用中，切实将文化治理与新时代精神文明实践相结合，加强人工智能的相关文化行业自律；立足网络综合治理体系的深化构建，增强人工智

---

① 习近平：《高举中国特色社会主义伟大旗帜　为全面建设社会主义现代化国家而团结奋斗——在中国共产党第二十次全国代表大会上的报告》，人民出版社 2022 年版，第 44 页。

能的使用受众的价值自律，增强社会公众的网络自律意识与能力。

二　社会主义核心价值观引领人工智能的治理规则完善

2019 年国家新一代人工智能治理专业委员会以"发展负责任的人工智能"为治理导向，明确提出人工智能的基本治理原则。基于此，人工智能的治理规则完善是基于人工智能的基本治理原则，在人工智能的具体治理领域中，以社会主义核心价值观引领人工智能的治理规则完善。

1. 遵循和谐友好与公平公正原则

人工智能治理规则是基于人与人工智能的价值关系，立足人机协同的技术互动机制，确立和谐友好的治理原则；基于人工智能的价值效能，聚焦人工智能跨界融合的发展态势，明确公平公正的治理原则。

首先，和谐友好的治理规则细化。和谐友好的价值要义是以人工智能为价值手段定位，彰显人的价值主体作用。基于人的类本质，人工智能的治理原则是以人的自由自觉的本质确证与价值实现，作为和谐友好原则的根本治理要义。其一，遵循人本性的治理规则。在人工智能的全生命周期中，其首要治理原则是契合全人类的共同价值观，以人的自由全面充分发展为根本价值前提。基于尊重人类权益的价值前提，坚持和谐友好是秉持社会主义核心价值观的人本性规定，始终将人工智能的研发、应用与管理规则，契合社会主义核心价值观的价值要求，推进人工智能的人机和谐治理，发挥促进社会全面进步、提升社会文明程度的治理效用。其二，遵循人民性的治理规则。坚持人民立场是注重人工智能的安全可靠治理，发挥其在实现人民美好生活向往中的价值效能。由此，坚持和谐友好的治理原则，是基于人民发展的价值实现，始终以实现人民的现代化发展为人本旨归，以人工智能的深度融合应用奠定人的全面发展的物质基础与文化根基，引领社会主义精神文明和物质文明协调发展，深化人民物质生活富裕和精神生活富裕协同促进。

其次，公平公正的治理规则完善。立足人工智能的人本价值归属，聚焦人工智能的多重价值主体，细化治理的关系协调与利益调节规则。其一，遵循平等性的治理规则。公平公正的治理规则是基于人工智能的价值中介与手段，承载着科技伦理的主体平等性与价值指向性，规避因颠覆性技术引发的技术异化问题。由此，公平公正的治理规则是立足社会主义核心价值观的社会价值取向，保障价值主体的权益平等、机会平等，完善人工智能全生命周期中的利益相关者权益。其二，遵循正义性的治理原则。公平公正的治理规则是立足人工智能主体的价值关联，既关注显性层面相关利益主体的权益诉求，又要关注隐性层面相关群体的利益保障。基于此，公平公正的治理规则是以规避人工智能的价值偏见与算法歧视为问题化解导向，在社会整体层面尊重不同社会群体间的利益诉求，协调不同利益相关群体的权益关系；在社会短板层面，关注特殊群体与弱势群体的利益保障；在算法、算力与算料的全要素层面，促进设计与研发、开发与应用的公平公正导向。

2. 遵循包容共享与尊重隐私原则

人工智能的治理既要充分发挥开源开放的技术共享优势，又要规避开源开放的信息泄露风险。由此，包容共享与尊重隐私是基于"执两用中"的价值原则，促进人工智能发展活力与人工智能风险规避的有机协同。

首先，包容共享的治理规则拓展。人工智能的治理规则是要遵循自由的价值取向，坚持价值包容与技术开放，为社会各领域发展注入创新驱动力，推进经济转型升级、社会治理效能提升与民生福祉增进。其一，基于自由的价值归属，人工智能的治理规则是遵循人的自由个性塑造，规避技术异化与物化困境。由此，包容共享的治理原则是确立鲜明的问题导向，化解数据鸿沟、技术壁垒与平台垄断的治理问题。包容共享的治理原则是要立足主体共建共享的价值导向，聚合全要素之间的共创合力，优化产学研用各环节的共享关系，提高人工智能发展红利的普惠性与共享性。其二，基于自由的价值空间，人工智能的治理规则是遵循"和而不同"的价值开放性与包容性，尊重人工智能的科技创新、应用创新与跨界创新，推进人工智能的资源配置包容力与融合力，由此构建全要素与跨领域相融合的创新发展格局。

其次，尊重隐私的治理规则深化。人工智能的治理规则是基于个体、群体与社会的价值关系，在人工智能全要素运用中，厘清与持守多维主体关系的价值底线，维系与实现主体间的价值权益。其一，秉持自由的价值底线，人工智能的治理规则是要适度处理好社会整体的共享发展与社会群体、个体的权益保护之间关系。由此，尊重隐私的治理原则是要明晰划定人工智能各环节的技术权限边界，以合情合理的价值伦理，增强人工智能的数据共享性，构建人工智能的公序良俗；以合规合法的法律规定，保护群体及个人的数据隐私性，提升社会整体的数据开源共享与开放协同程度。其二，拓展自由的价值权益，人工智能治理规则是要增强个体、群体与社会之间的价值空间及价值边界。尤其是在个体层面，尊重隐私的治理规则是要切实保障关于个人信息与数据的知情权，人工智能的受众明确知悉个人信息的搜集与上传范围；保障个人信息的选择权、决策权，在保障知情权的前提下，完善个人数据授权的撤销机制。

3. 遵循安全可控与共担责任原则

人工智能的治理规则是基于人与技术的本质关联，在科技理论研发与应用实践过程中，协调处理技术应用主体与技术应用手段之间的价值关系。人工智能愈发呈现出群智开发的发展态势，在融合应用的深度与广度拓深过程中，如何发展高度安全与负责任的人工智能是其治理的基本原则。

首先，安全可控的治理规则完善。其一，人工智能的技术应用是遵循全流程的安全可控原则。基于应用目的与效果、内容与手段的多维影响，人工智能的技术应用具有"溢出效应"，承载着确定性的应然价值目标，催生出不确定性的实然价值效果。由此，人工智能的科学理论的基础研究、技术研发的应用研究、产业运行的产品供给与生产生活的实际应用，在各个领域衔接过程中，要注重安全原则的可监督性与可追溯性，形成具有动态反馈机制的安全调控体系。其二，人工智能的治理规则是要增强人工智能全过程运用的安全透明原则。人工智能呈现出系统化、平台化的应用介质。在产权保护、资本运作与利益归属的多重作用下，增强人工智能系统与平台的透明性，是强化安全性与可靠性的重要前提。由此，人工智能的治理规则是要增强人工智能研发的安全性评估，推进应用过程的可解释性规范，确保全要素融合的可控性监管。

其次，共担责任的治理规则拓深。社会成员在人工智能的全要素应用中，构成了人工智能的多重责任主体，以多样化的治理角色，承担着多重治理责任。其一，基于法治思维塑造，人工智能的治理规则是要明确责任主体的权责利统一性。共担责任的治理规则立足人工智能的主体责任定位，明确人工智能研发主体、使用主体与受用主体的责权利关系，在保障知情权与决策权的前提下，构建责任界定、认定与追究的系统化规则。其二，基于法治行为养成，人工智能的治理规则是要聚合责任主体间的责任共通性。立足人工智能的全生命周期，共担责任是将人工智能的责任划定于各个周期阶段，保障安全可控的共同责任要求，细化具体环节的责任规范与要求，完善不同流程之间的责任衔接与责任追溯。

4. 遵循开放协作与敏捷治理原则

基于人工智能的开源开放取向，新一代人工智能具有智能化的人机协同、信息化的数据开源、全要素的资源共享特征，其治理规则是要遵循科技发展规律、经济发展规律与社会发展规律，增强全要素治理的协作性与敏捷性，优化人工智能的全要素整合与资源系统配置。

首先，开放协作的治理规则细化。人工智能治理是基于开放的技术与社会属性，达到协作有序的治理要求。其一，基于开放的人工智能特征，人工智能治理是要注重全要素的开放性，打破各要素、各领域之间的人设壁垒，推进各要素之间的资源流通与合理配置。人工智能的开放治理是基于跨领域、跨介质的信息开放、资源整合以及主体协同，加强共性关键技术的有序治理与共同开发，围绕原创理论的基础夯实、关键技术的瓶颈突破、产业链的系统布局等上游与中游要素，构建开放协同的人工智能治理体系。其二，基于协作的人工智能特征，人工智能的治理规则是要注重治理框架的统一性与治理规范的融通性，在"产学研用"相协同的过程中，形成深度融合发展的共建共享格局。由此，人工智能的协作治理是基于人工治理各要素之间的有机协作，发挥相关治理主体的协作能力，理顺各治理环节中的主体关系，聚合研发主体的创新创造能力、产业应用主体的优质供给能力、终端受众主体的自律自为能力。

其次，敏捷治理的治理规则规范。人工智能治理是注重激励发展与合理规制的有机协调，保持人工智能创新活力与保障人工智能安全可控的适度张力，增强风险治理的敏捷性与即时性。其一，基于敏捷性的治理要求，构建风险预警的系统甄别机制。人工智能的治理过程具有复杂性与多变性，必然要求在人工智能全生命周期中，坚持动态治理的原则，增强潜在风险的系统预估，做到风险评价与预判的前置；增强风险演化的动态追踪，提高风险预警的辨识与甄别能力。其二，基于即时性的治理要求，构建风险化解的迅速响应机制。人工智能的治理过程具有潜在的不确定性与风险性，必然要求立足敏捷治理规则，注重风险预判的迅捷性，增强风险应对的即时性，提升风险化解的效能性，以风险化解的机制完善推进人工智能的可持续健康发展。

三　社会主义核心价值观引领人工智能的治理功能优化

人工智能的治理功能是基于治理能力的现代化要求，"加强系统治理、依法治理、综合治理、源头治理"[①]，高度彰显人工智能的制度优势与治理效能。立足人工智能发展的价值匡正，人工智能的治理是要重点加强对人工智能的预测、研判和跟踪。社会主义核心价值观引领人工

---

① 中共中央党史和文献研究院编：《十九大以来重要文献选编》（中），中央文献出版社2021 年版，第 272 页。

智能的治理功能，是要凝聚治理主体的价值合力，增强治理规范的价值匡正，促进治理效能的价值优化。

1. 聚合治理功能的主体性

社会主义核心价值观是以高度的价值凝练，以最大化的价值通约，聚合价值主体的价值共识。基于供给端与应用端的有机融通，人工智能治理关涉全生命周期与全要素的多元主体，必然需要以更为广泛的价值共识，推进治理体系的主体协同与机制贯通。

首先，社会主义核心价值观引领人工智能的供给端主体协同。基于人工智能的系统布局，人工智能治理是立足治理的多元主体，聚焦人工智能各领域，在供给端层面推进多元主体的系统化治理。其一，在全生命周期层面，人工智能治理是理论研究主体、技术研发主体与产业应用主体的协同治理。人工智能的治理主体是基于人工智能发展与治理的关系，由人工智能监管、研发、应用等多维主体构成。社会主义核心价值观以"贯穿结合融入"的方式，在人工智能全生命周期中，聚合人工智能的治理目标与治理共识，将根本价值要求转化为人工智能的基本治理原则。其二，在全要素层面，人工智能治理是算法设计主体、算力研发主体与算料应用主体的协同治理。社会主义核心价值观以"落细落小落实"的方式，融入人工智能的算法设计、算力提升与算料整合，推进不同群体受众之间的价值整合，将共同的价值素养转化为共同的治理能力。

其次，社会主义核心价值观引领人工智能的应用端主体协同。人工智能的治理主体是基于人工智能的受用主体划分，由社会、群体与个体的多元主体构成。立足社会治理的公共性与个体性特征，人工智能治理是在应用端，增进智能社会的治理合力，增强治理主体的共建共治能力。其一，在社会公共领域，人工智能的治理主体是人工智能系统及平台的应用主体。人工智能治理是注重公共需求的供给与实现的平衡性及普惠性，强化社会效益对经济效益的匡正与引领，避免因经济利益引发的违法问题及失范行为，规避人工智能公共风险的预警失灵与举措失当。其二，在个人生活领域，人工智能的治理主体是人工智能终端的受用主体。人工智能治理是个体在家庭生活与工作应用、社会交往的各方面，增强人工智能应用的共享互信，以高度的价值自律与实践自为能力，提升人工智能的共享交互程度与信任程度。

2. 强化治理功能的规范性

社会主义核心价值观以柔性的价值规则，发挥着重要的价值缓冲、价值调节与价值规范功能，拓深了刚性制度规则与治理规范的价值空间。由此，人工智能治理是要立足安全可靠可控为治理规范要求，发挥价值引领的规范匡正功能，增强人工智能系统安全性、运行稳定性与发展可控性。

首先，社会主义核心价值观引领人工智能的合理规制功能。其一，完善人工智能治理的规划系统性。根据人工智能发展的阶段特征，通过近期、中期与远期相结合的系统规划予以有机衔接。基于弱人工智能的近期应用，人工智能治理是以系统化的规制方式，在数据获取、算法设计、算力开发环节，以柔性的价值规范，增强治理体系的贯通性，重点关注与加强在就业政策、日常生活等民生领域方面的人工智能治理。基于强人工智能及超人工智能的中长期发展，人工智能治理是重点考量与规范社会伦理、制度设计与法律完善等方面。其二，完善人工智能治理的范围周延性。人工智能治理是根据治理对象的外延划分，在产业链构建、产品研发、服务推广环节，以弹性的价值约束，为治理体系的对象范围划定更为清晰的价值边界。与此同时，人工智能治理是要加强治理功能的外延划分，构建设计问责、应用监督与效用评价相结合的治理监管体系。

其次，社会主义核心价值观引领人工智能的匡正引导功能。其一，以价值引领的通约性匡正人工智能治理的不确定性。人工智能治理呈现为跨界融合的发展趋向与技术颠覆性的发展态势，必然需要在经济社会的各个领域，促进治理规范的共通性与协同性。社会主义核心价值观是以广泛的价值通约，促进人工智能不同领域之间的价值衔接，促进跨领域之间的规则贯通与具体领域之内的规则细化，构建人工智能治理的动态应用与评估评价机制。其二，以价值引领的共识性匡正人工智能治理的多变性，以社会价值取向与公民价值规则为治理原则基准，以发展负责任的新一代人工智能为治理原则指向。由此，人工智能治理是基于共同的治理原则，推进人工智能的理论技术创新、智能经济发展与智能社会建设，在各个领域的应用发展过程中，应对诸多发展因素的多变性与不确定性。

3. 优化治理功能的效能性

社会主义核心价值观以最本质的价值表达，构成了人工智能的价值内核，以系统完备的价值要求，优化治理规则的透明性、程序性与效能性。基于人工智能的物联协同，人工智能治理是基于人、技、物、管之间的系统化治理，增强安全监督的前瞻性与安全评估的系统性。

首先，社会主义核心价值观引领人工智能的前瞻预防功能。其一，立足人工智能发展的内在特质，增强人工智能治理的前瞻性。人工智能蕴含着人机协同的基本特质，呈现出目标设定的确定性与运作过程的多变性。社会主义核心价值观是基于价值践行的透明性与价值诠释的可解释性，引领人工智能的可靠性与可控性，加强人工智能风险的研判前置与迅捷处置。其二，立足人工智能发展的潜在趋向，增强人工智能治理的针对性。人工智能治理是要聚焦问题导向，着重应对人工智能设计、产品和系统的复杂性、风险性、不确定性、可解释性、潜在经济影响等问题。具体而言，人工智能治理是立足技术标准的多样性，加强人工智能关键技术的基础共通、产业发展的互联互通与行业应用的安全稳定，促进技术创新、专利保护与标准化认证的有机协同。

其次，社会主义核心价值观引领人工智能的风险防控功能。其一，立足人工智能安全的风险测试，增强人工智能风险评价的系统性。人工智能治理是要把握人工智能的安全性、稳定性与应用性、互操性之间适度关系，基于人工智能系统、平台与产品的关键性能，构建人工智能安全认证的标准化体系、系统性的安全测试方法与科学性的安全指标体系。其二，立足人工智能安全的风险防范，增强人工智能风险应对的稳定性。人工智能的群智开放特征，逐渐具备移动群体智能的协同决策与控制能力。社会主义核心价值观是以高度的价值理性，匡正高效的工具理性，提高人工智能鲁棒性与抗干扰性，规避人工智能的"黑箱"机制引发的一系列风险，促进人工智能的经济价值与社会价值的协同实现。

第三节　社会主义核心价值观引领人工智能发展的伦理规范路径

　　价值引导路径是社会主义核心价值观发挥价值引领的系统化功能，立足人工智能伦理框架的系统构建，遵循教育终身化、信息化与全民化的发展趋向，发挥"行不言之教"的价值渗透与熏陶功用。基于人工智能的全生命周期与全要素构成，价值引导路径是要引领人工智能伦理规范完善与风险应对，发挥"无时不在、无时不有"的价值涵育与敦化功用。

一　社会主义核心价值观引领人工智能的伦理框架构建

　　"伦理"是基于"伦"的规则要义，以人的类本质为规则前提，立足人与人之间的血亲及道德关系，构建"理"的条理化与系统化的人际秩序。由此，伦理是基于客体规律性与主体目的性的有机统一，由"事物的条理与规律"延伸为"人们相互关系所应遵循的行为准则"。"从技术实践活动来看，自其诞生之日起，就以追求力量为目的，以标准化和机械化为方法，以有效与合理作为评价指标而展开。概括起来，技术理性表征为力量伦理（追求最大化力量和力量最大化）、效率伦理（追求产出最大化和投入最小化）、计算伦理（追求规则与目标的一致性）和增长伦理（追求永无止境的增长等）"。① 在此意义上，人工智能伦理是立足人工智能的技术理性特征，规避技术理性所衍生的负面效应，在人工智能全要素中，规范人工智能研发与供应、管理与使用等各环节主体关系的系统化准则，成为人工智能健康有序发展的价值规则约定。

1. 社会主义核心价值观引领人工智能伦理框架的基本原则确立

2021 年，国家新一代人工智能治理专业委员会发布的《新一代人工智能伦理规范》，提出"增进人类福祉、促进公平公正、保护隐私安全、确保可控可信、强化责任担当、提升伦理素养"等六项基本伦理要求。上述基本伦理要求蕴含着社会主义核心价值观的本质要义，以此构建基于人本原则、安全原则与责任原则的人工智能伦理框架。

首先，人工智能伦理框架的人本原则。人工智能伦理框架是以"增进人类福祉，促进公平公正"为价值旨归要义，以人工智能作为价值手段，以期达到满足人的需要、实现人的价值、促进人的发展等根本价值指向。其一，增进人类福祉，是以社会主义核心价值观的深化践行，推进人类共同价值观的自觉遵循。人工智能的伦理原则是以人的价值实现为根本价值前提，以人类根本利益诉求的满足与实现为根本衡量维度。"这种新伦理表征人类对待技术的一种未来态度，主张非力量伦理、责任伦理和发展伦理，追求人与技术的自由关系，更准确地说，追求基于技术的人与人的自由关系，即非力量伦理（为力量设定边界）、责任伦理（面向未来的实质责任）、发展伦理（确保人类可持续发展）。"② 其二，促进公平公正是以社会主义核心价值观引领社会发展的普惠性与包容性。基于社会主义核心价值观"平等"与"公平"的社会价值取向，人工智能伦理是要构建机会公平、权利公平与过程公平的伦理原则，以人工智能的发展构成了推进全社会福祉增量的创新驱动力，保障全社会成员公平共享人工智能的发展红利与福祉，适度处理协调人工智能的社

---

① 参见李伦、宋强《技术理性的伦理表征及其超越》，《伦理学研究》2022 年第 1 期。
② 参见李伦、宋强《技术理性的伦理表征及其超越》，《伦理学研究》2022 年第 1 期。

会公共利益发展与全社会成员公平享有的价值关系。

其次，人工智能伦理框架的安全原则。人工智能伦理框架是以"保护隐私安全、确保可控可信"为价值底线要求，基于人工智能安全可控的运用过程，拓展社会公共价值空间。其一，保护隐私安全，是以社会主义核心价值观匡正人工智能的发展路径，将人类安全的伦理原则贯穿于人工智能发展全过程。具体而言，人工智能的设计安全原则是要确保算法设计的安全性与透明性；人工智能的操作安全原则是要确保算力运行的安全性与稳定性；人工智能的数据安全原则是要确保算料运用的安全性与隐私性。其二，确保可控可信，是秉持社会主义核心价值观的社会价值取向，为人工智能的设计、研发与运用设定了最低的价值限度与要求。具体而言，人工智能的可控可信是将人工智能定位为人的价值手段与工具，始终保障人所运用人工智能的自主决策权、选择权与终止权。

最后，人工智能伦理框架的责任原则。人工智能伦理框架是以"强化责任担当、提升伦理素养"为价值关系规范，促进伦理的自律与他律相协调，实现个体、群体与社会之间的关系自洽。其一，强化责任担当，是坚持社会主义核心价值观培育的全员主体性。基于人的最终责任主体定位，人工智能伦理原则是坚持自律性与他律性相统一，确立人工智能相关主体的责任定位，明确自省自律的伦理原则；构建全过程的问责机制，确立他律监督的伦理原则。在此基础上，自律与他律的伦理原则具象化为具体伦理准则，形成具有鲜明价值标准的伦理评判与选择，促进伦理规则的公共性与伦理行为的有序性相契合。其二，提升伦理素养，是拓深社会主义核心价值观践行的过程贯通性。人工智能的伦理素养提升，是由共识性的伦理原则转化为主体性的伦理实践，是在伦理知识的普及、伦理问题的应对与伦理实践的拓展过程中，推进价值认知与情感、意志与信念，以及价值行为的全过程贯通。

2. 社会主义核心价值观引领人工智能伦理框架的系统建构

人工智能伦理是基于人工智能的本质规定，立足人与人工智能之间的伦理定位，构建人与人之间的伦理关系架构。由此，人工智能伦理框架是以人机协作的伦理架构为伦理关系基础，构建人与人工智能、人与人之间的多层次伦理判断结构。

首先，人工智能的人机协作伦理框架。其一，人机协作的伦理框架是根植于人的目标定位。人工智能的原初目标设定，是根植于人的目标设计，基于人类生存的原初目标，围绕生命进化出"复制"这一最基底的生存目标，人工智能的目标是以实现人类更高层次的生存与生活为根本设定。其二，人机协作的伦理框架是基于"保证人工智能对人类有益"的价值衡量尺度，以确证与实现人的价值主体性。具体而言，人机协同伦理是立足人工智能的类意识特征，高度凸显与保障人的意识与意志自由彰显人的意识反身性；立足人的主体性地位，彰显人的自我反思与省察能力，确证人的智慧存在方式，即以智能的方式思考问题的能力。人工智能伦理要彰显人的意识自主性，确保人的自由意识，增强人的自主性和整合性的信息处理能力，增强人的意识能力，即主观上体验到自我存在与对象存在的能力。由此，人机协同伦理框架的建设，是基于人的主体性价值与地位，构建人工智能发展的伦理原则。具体而言，"合作、多样性和自主性等伦理原则也可以视为子目标，因为它们帮助社会运转得更加高效，进而有助于人们的生息繁衍，以及实现它们可能拥有的更基本的目标"。①

其次，人工智能的伦理多层次判断结构。人工智能伦理具有多层次判断结构，是基于伦理原则的一般性与具体性相结合，也是基于人工智能体的类人智能程度，划定多层次的伦理判断结构。其一，根本伦理原则与具体伦理原则相契合的多层次判断结构。在根本伦理原则层面，构建友好的人工智能是以创造对人类有益的人工智能为衡量基准。在具体伦理原则层面，人工智能的伦理结构是注重一般原则向具体情境的应用转化，立足根本伦理原则的本质要求，聚焦具体的伦理场景，在目标选

---

① ［美］迈克斯·泰格马克：《生命3.0》，汪婕舒译，浙江教育出版社2018年版，第365页。

择与实现过程中，应对与化解所面临的伦理困境。其伦理困境的应对原则主要源自两个层面：人与人工智能之间的伦理难题，例如人工智能的法律责任归属问题；以人工智能为价值手段与中介，产生人与人之间的伦理冲突，例如"电车难题"的争议未决。其二，基于人工智能发展程度的伦理多层次判断结构。新一代人工智能正处于弱人工智能的关键技术突破阶段，也逐渐呈现出强人工智能的技术特征。由此，人工智能体承载着伦理关系，逐渐具备了类人特征的伦理影响，呈现为四个层面的伦理智能体特征。"伦理影响智能体"，运用弱人工智能的技术手段，对社会和环境产生伦理影响；"隐性伦理智能体"，通过特定软硬件嵌入安全，可靠等隐含的伦理设计；"显性伦理智能体"，能根据情势的变化及其对伦理规范的理解采取合理行动；"完全伦理智能体"，像人一样具有自由意志并能对各种情况做出伦理决策。基于人工智能的强弱形态，社会主义核心价值观是基于国家的价值目标、社会的价值取向与公民的价值要求，运用伦理多层次判断结构，始终保障人工智能安全可控的根本伦理底线，构建多层次的人工智能伦理目标及原则。

二 社会主义核心价值观引领人工智能的伦理规范完善

基于人工智能的全生命周期，人工智能伦理是在人工智能的科技研发、产业运作与产品服务、生活应用等各环节，蕴含着科技伦理、市场伦理与生活伦理等三个层面的伦理规范。人工智能的伦理规范是聚焦"隐私、偏见、歧视、公平等伦理关切"，以前瞻性、系统性与科学性的风险应对意识，深化人工智能管理与研发、供应与使用的伦理风险应对能力。社会主义核心价值观引领人工智能的伦理规范，是以社会主义核心价值观的本质要求，贯穿于人工智能的伦理框架之中，促成具有高度通约性与抽象性的价值原则，拓深为具有可操作的伦理规范。

1. 社会主义核心价值观引领人工智能的科技伦理完善

人工智能是以算法、算力、算料为底层理论架构与共性关键技术。人工智能的伦理规范首先是基于理论与技术研发、应用的伦理规范，以科技伦理为人工智能伦理规范的初始规范与价值前提。

首先，社会主义核心价值观引领算法伦理的规范完善。人工智能算法是人工智能运行过程中的系统化指令构成与流程处理，构成了具有确定性与决策性、输入性与输出性的智能化运作机制。算法伦理构成了人工智能伦理决策的基本前提，其自动决策系统的伦理逻辑直接关涉后续应用过程中的伦理决策，进而引发一系列的连锁反应。社会主义核心价值观引领人工智能研发的伦理风险应对，主要是加强算法偏见歧视的伦理风险应对，以及算法隐性植入的伦理风险应对。其一，算法设计的公正原则。算法设计者或开发者要保持高度的价值自律，坚持算法价值立场的公正性，避免有意将价值偏见强加于算法设计之中，或者下意识地将自身价值倾向嵌入算法系统。其二，算法转译的透明原则。算法转译是将算法设计的逻辑架构转化为算法运行的效用过程，要确保算法运用的价值公允性与透明性，避免看似价值中立的算法体系中隐匿着不可解释、不可验证的价值偏见或偏差。其三，算法输出的规范原则。算法输出是将算法决策运用到一系列的应用场景中，形成算法影响的叠加效应与连锁效应。算法输出要保持价值衔接性与可追溯性，增强对算法歧视的价值纠偏力与伦理追溯力。

其次，社会主义核心价值观引领算力伦理的规范完善。人工智能的算力是人工智能运用算法的任务处理与解决能力，基于超级计算、云计算等信息计算系统，应用于复杂多维场景之中。社会主义核心价值观引领人工智能供应的伦理风险应对，主要是加强设计与产品缺陷相关的伦理风险应对，以及设计与产品障碍相关的伦理风险应对。强化人工智能产品与服务的质量监测和使用评估，避免因设计和产品缺陷等问题导致的人身安全、财产安全、用户隐私等侵害，不得经营、销售或提供不符合质量标准的产品与服务。其一，算力的情景应用具体化原则。算力应用要注重伦理原则的系统性匡正，基于应用场景的主体、任务、问题等多重维度，构成具有公正性的伦理衡量基准，以及伦理冲突的价值排序原则。其二，算力的多维主体间动态反馈原则。算法的研发与应用之间构成了伦理原则的价值逻辑与价值实践的融通过程，需要研发者、应用者与监管者共同参与算力设计、应用的共同参与，以及动态的算力伦理优化。其三，算力的应用者个性化原则。算力的效能关涉应用主体的切实利益，要充分考量应用主体的伦理通约性，也要注重保障应用主体的伦理决策权，在共同的伦理框架下保障应用主体的伦理评判与决策权利。

最后，社会主义核心价值观引领算料伦理的规范完善。人工智能的算料是具有大容量、多类型、云存储与应用范围广等特征的数据云集合，构成了以云计算为依托的分布式处理方式与分布式数据库。社会主义核心价值观引领算料伦理是立足社会层面的价值取向，强化自由、平等、公正与法治的价值引领。其一，大数据使用者的自主权原则。大数据使用者要予以保障数据使用的决策权，保障在何种程度上使用、在何种范围内运用数据等方面的自主权，以及数据搜集与上传的知情权。其二，个人数据的权利边界划定原则。适度处理个人数据与云数据之间的关系，既要保障云数据的汇集、类化与运用的系统化，也要保障个人数据的隐私性与安全性。其三，大数据生产者与使用者的权利对等原则。二者的权利对等是算料伦理规范的关键前提，即人工智能移动终端的用户作为数据生产者，要保障数据生产的知情权与决策权；人工智能平台作为大数据使用者，要注重数据使用的公平性与安全性。

2. 社会主义核心价值观引领人工智能的市场伦理完善

党的二十大报告强调，"完善产权保护、市场准入、公平竞争、社会信用等市场经济基础制度"。[①] 基于市场经济的规律遵循，人工智能的市场伦理完善是立足社会主义市场经济的本质规定，注重经济效益与社会效益的内在协同，以社会主义核心价值观引领人工智能的高效发展与核心竞争力的大幅提升。

首先，人工智能的市场自由伦理。人工智能的市场伦理是基于应用

---

① 习近平：《高举中国特色社会主义伟大旗帜　为全面建设社会主义现代化国家而团结奋斗——在中国共产党第二十次全国代表大会上的报告》，人民出版社 2022 年版，第 29 页。

导向，推进科技成果的商业化应用，促成人工智能全要素的自由流通与整合。由此，社会主义核心价值观引领市场伦理，是聚焦人工智能的研发、生产与应用的全过程，加强其经济自由行为与经济规则限定的有机统一。其一，基于自由原则的伦理导向，人工智能的各环节是处于市场主体的自主发展状态，遵循市场等价交换与自愿自主原则，尊重生产、分配、交换、消费等各环节主体的自由选择、自由决断与自由行为，有力促进生产要素的有机流动与自由配置。其二，基于价值约束的伦理导向，人工智能的各市场环节是要遵循市场规则的法律约束与道德规范，规避因市场主体追求资本效益最大化，而导致市场整体的运行无序性与失范性。

其次，人工智能的市场效率伦理。人工智能的市场伦理是尊重企业的主体作用，在技术路线选择、行业标准与服务标准制定等环节中，发挥积极高效的主体推进作用。社会主义核心价值观引领市场伦理，是注重加强效率与公平相统一的价值引领。其一，基于经济效益的效率导向，人工智能的市场伦理是要遵循市场利益的效率原则。具体而言，效率原则是以自身要素的有机耦合与高效率协同，以效率优先激励市场主体的积极性与自主性；以市场的高效运作机制，促成人工智能的最新技术成果与市场资源及服务之间的高效对接。其二，基于社会效益与经济效益相统一的公平原则，人工智能的市场伦理是要注重生产领域的经济增量发展，推进人工智能发展作为创新驱动与技术赋能的高效能产业。在此基础上，人工智能的市场伦理是要基于兼顾公平的价值考量，注重人工智能发展的宏观政策调控，规避因技术壁垒、数据鸿沟导致的社会不公与分化问题。

最后，人工智能的市场竞争伦理。人工智能的市场伦理是注重竞争优势的培育，以技术标准、服务体系与产业链的协同竞争，激发市场主体的竞争活力，促进市场竞争的公平有序。社会主义核心价值观引领市场伦理，是要着重加强竞争和合作相统一的价值引领。其一，基于核心竞争力的战略定位，人工智能的市场伦理是将人工智能作为战略性技术，发挥技术研发与产业链的竞争优势及先发优势。其二，基于资本逐利的市场特征，人工智能的市场伦理是要注重人工智能发展的有序竞争与合作导向。立足人工智能的竞争原则与合作原则相统一，避免无序竞争与恶性竞争而导致人工智能的资源浪费与发展失序。立足政府和社会资本合作模式，人工智能的市场伦理是要注重资本的有序引领与伦理规范，引导社会资本参与的积极性与竞争性，财政资金、金融资本、社会资本多方支持，推进人工智能技术研发与产业应用的有效转化。

3. 社会主义核心价值观引领人工智能的行业伦理与生活伦理完善

人工智能与生产生活构成了互动融合的共生关系，对于各行业发展、日常生活的影响日益广泛。基于人工智能的发展趋向，人工智能的行业伦理与生活伦理要以社会主义核心价值观为根本价值基准，"融入人们生产生活和工作学习中，努力实现全覆盖，推动社会主义核心价值观不断转化为社会群体意识和人们自觉行动"[1]。

首先，人工智能的生产行业伦理完善。社会主义核心价值观引领人工智能行业管理的伦理风险应对，主要是加强管理职责与权力边界模糊的伦理风险应对，以及研判、监测与评估不足的伦理风险应对。社会主义核心价值观引领行业伦理，"完善市民公约、村规民约、学生守则、行业规范，强化规章制度实施力度，在日常治理中鲜明彰显社会主流价值，使正确行为得到鼓励、错误行为受到谴责"[2]。基于行业应用的特点，人工智能的行业伦理要基于"人工智能＋"各领域的应用融合，注重具体行业领域的应用性与人工智能的规范性相结合。其一，在智能制造行业，行业伦理是基于智能制造标准体系的建立，对于流程智能制造、智能化协同制造、智能制造云服务平台等行业环节，加强从业人员的伦理责任意识与行业自律意识，进而提升智能化工业产品制造的稳定

---

① 中共中央文献研究室编：《十八大以来重要文献选编》（上），中央文献出版社2014年版，第588页。

② 中共中央文献研究室编：《十八大以来重要文献选编》（上），中央文献出版社2014年版，第582页。

性与可控性程度。其二，在智能金融行业，行业伦理是基于人工智能的金融大数据系统，优化多媒体数据处理能力，推进智能金融客服、智能金融监控的行业运用，规范从业人员的金融安全规范意识与人工智能操作规范，增强人工智能的金融风险预警与防控能力。其三，在智能商务行业，行业伦理是基于跨媒体知识运算引擎与服务，构建人工智能的商务决策系统，注重以商业伦理的规范性与智能决策的透明性相结合，提升商务智能决策的定制化与安全化水平。其四，在智能家居行业，行业伦理是基于家居建筑系统与家居产业的智能化应用，增强家居智能化共享、智能化感知与智能化物联能力，增强从业人员对家居产品的隐私保护意识与数据安全意识。

最后，人工智能的日常生活伦理完善。社会主义核心价值观引领人工智能使用的伦理风险应对，重点加强误用滥用、违规恶用的伦理风险应对。社会主义核心价值观引领生活伦理，是基于日常生活的价值主体，面向市民、村民、学生等社会公众群体，完善人工智能的市民公约、村规民约。其一，完善人工智能的市民公约与村规民约。基于生活的日用常行，人工智能的生活伦理要注重生活规范的简约性与可行性，立足人工智能应用的规范要求，加强市民公约与村规民约的伦理规则建设，重点规避人工智能应用的日常风险；立足人工智能应用的引领指向，加强市民公约与村规民约的典型示范引领，发挥道德模范人物、"乡贤""居民生活调解员"等先进典型的价值引领作用。其二，完善人工智能的学生守则。学生守则的规范完善是坚持立德树人的根本任务，将社会主义核心价值观的根本要求融入各学段学生的具体行为规范之中，注重学生文明自律的网络行为养成，促进人工智能科学素养与伦理素养的协同提升，以道德自律意识与能力引领匡正人工智能的知识素养与能力培养。

参考文献

一　经典文献

《马克思恩格斯文集》，人民出版社 2009 年版。

《马克思恩格斯选集》，人民出版社 2012 年版。

《习近平谈治国理政》第一卷，外文出版社 2018 年版。

《习近平谈治国理政》第二卷，外文出版社 2017 年版。

《习近平谈治国理政》第三卷，外文出版社 2020 年版。

《习近平谈治国理政》第四卷，外文出版社 2022 年版。

《习近平著作选读》第一卷，人民出版社 2023 年版。

《习近平著作选读》第二卷，人民出版社 2023 年版。

习近平：《高举中国特色社会主义伟大旗帜　为全面建设社会主义现代化国家而团结奋斗——在中国共产党第二十次全国代表大会上的报告》，人民出版社 2022 年版。

习近平：《在文化传承发展座谈会上的讲话》，人民出版社 2023 年版。

中共中央宣传部编：《习近平新时代中国特色社会主义思想学习纲要》，学习出版社、人民出版社 2023 年版。

中共中央文献研究室编：《习近平关于社会主义经济建设论述摘编》，中央文献出版社 2017 年版。

中共中央文献研究室编：《习近平关于社会主义政治建设论述摘编》，
中央文献出版社 2017 年版。

中共中央文献研究室编：《习近平关于社会主义文化建设论述摘编》，
中央文献出版社 2017 年版。

中共中央文献研究室编：《习近平关于社会主义社会建设论述摘编》，
中央文献出版社 2017 年版。

中共中央文献研究室编：《习近平关于社会主义生态文明建设论述摘
编》，中央文献出版社 2017 年版。

《中共中央关于党的百年奋斗重大成就和历史经验的决议》，人民出版
社 2021 年版。

中共中央党史和文献研究院编：《十九大以来重要文献选编》（上），中
央文献出版社 2019 年版。

中共中央党史和文献研究院编：《十九大以来重要文献选编》（中），中
央文献出版社 2021 年版。

中共中央党史和文献研究院编：《十九大以来重要文献选编》（下），中
央文献出版社 2023 年版。

《新一代人工智能发展规划》，人民出版社 2017 年版。

《新时代公民道德建设实施纲要》，人民出版社 2019 年版。

二　学术著作

鲍军鹏、张选平：《人工智能导论》，机械工业出版社 2013 年版。

陈昌凤、李凌：《算法人文主义：公众智能价值观与科技向善》，新华
出版社 2022 年版。

陈凯泉、仲国强：《人工智能教育应用的理论与方法》，科学出版社
2022 年版。

陈先达：《马克思主义和中国传统文化》，人民出版社 2015 年版。

郭维平：《社会主义核心价值观生成与认同研究》，学习出版社 2016
年版。

韩庆祥：《马克思的人学理论》，河南人民出版社 2011 年版。

韩震：《社会主义核心价值观·关键词》系列丛书，中国人民大学出版社 2015 年版。

金东寒：《秩序的重构——人工智能与人类社会》，上海大学出版社 2017 年版。

李德顺、孙伟平、孙美堂：《精神家园：新文化论纲》，黑龙江教育出版社 2010 年版。

李伦：《人工智能与大数据伦理》，科学出版社 2018 年版。

李世黎：《社会主义核心价值观教育论——以高校思想政治理论课为视角》，人民出版社 2016 年版。

罗国杰：《马克思主义价值观研究》，人民出版社 2013 年版。

欧阳康：《民族精神——精神家园的内核》，黑龙江教育出版社 2010 年版。

戚万学：《冲突与整合——20 世纪西方道德教育理论》，山东教育出版社 1995 年版。

孙伟平：《价值哲学方法论》，中国社会科学出版社 2008 年版。

田海舰：《培育和践行社会主义核心价值观多维研究》，人民出版社 2015 年版。

万光侠：《思想政治教育的人学基础》，人民出版社 2006 年版。

王永贵：《马克思主义意识形态理论与当代中国实践研究》，人民出版社 2013 年版。

王作冰：《人工智能时代的教育革命》，北京联合出版有限公司 2017 年版。

徐英瑾：《人工智能哲学十五讲》，北京大学出版社 2021 年版。

杨耕、吴向东主编：《社会主义核心价值观理论与方法》（上中下册），四川人民出版社 2017 年版。

杨晓雷：《人工智能治理研究》，北京大学出版社 2022 年版。

于江生:《人工智能伦理》,清华大学出版社 2022 年版。

袁贵仁:《价值观的理论与实践》,北京师范大学出版社 2006 年版。

张景荣:《社会主义核心价值观研究综述》,社会科学文献出版社 2017
年版。

张凌寒:《权力之治:人工智能时代的算法规制》,上海人民出版社
2021 年版。

张耀灿等:《现代思想政治教育学》,人民出版社 2006 年版。

周辉等著:《人工智能治理:场景、原则与规则》,中国社会科学出版
社 2021 年版。

邹广文:《当代文化哲学》,人民出版社 2007 年版。

[美] 约翰·冯·诺伊曼:《计算机与人脑》,王文浩译,商务印书馆
2021 年版。

[美] 杰瑞·卡普兰:《人工智能时代》,李盼译,浙江人民出版社 2016
年版。

[美] 盖瑞·马库斯、欧内斯特·戴维斯:《如何创造可信的 AI》,龙志
勇译,浙江教育出版社 2020 年版。

[美] 约翰·马尔科夫:《与机器人共舞:人工智能时代的大未来》,郭
雪译,浙江人民出版社 2015 年版。

[美] 约翰·马尔科夫:《人工智能简史》,郭雪译,浙江人民出版社
2017 年版。

[美] 迈克斯·泰格马克:《生命 3.0 》,汪婕舒译,浙江教育出版社
2018 年版。

[英] 阿里尔·扎拉奇、莫里斯·E. 斯图克:《算法的陷阱——超级平
台、算法垄断与场景欺骗》,余潇译,中信出版集团 2018 年版。

[英] 尼克·波斯特洛姆:《超级智能:路线图、危险性与应对策略》,
张体伟、张玉青译,中信出版社 2015 年版。

[英] 安东尼·塞尔登、奥拉迪梅吉·阿比多耶:《第四次教育革命:

人工智能如何改变教育》，吕晓志译，机械工业出版社 2019 年版。

［英］玛格丽特·博登：《AI：人工智能的本质与未来》，孙诗惠译，中国人民大学出版社 2017 年版。

［英］卡鲁姆·蔡斯：《人工智能革命：超智能时代的人类命运》，张尧然译，机械工业出版社 2017 年版。

三　学术论文

安维复：《人工智能的社会后果及其思想治理——沿着马克思的思路》，《思想理论教育》2017 年第 11 期。

包心鉴：《习近平新时代中国特色社会主义思想的鲜明特质和社会主义核心价值观的本质规定》，《学校党建与思想教育》2018 年第 1 期。

成素梅：《人工智能研究的范式转换及其发展前景》，《哲学动态》2017年第 12 期。

褚凤英、李光烨：《论思想政治教育研究模式的转变——以"现代的人"作为思想政治教育研究的出发点》，《思想教育研究》2006 年第9 期。

崔宇路、张海：《教育人工智能应用的困境、成因及对策》，《现代教育技术》2022 年第 6 期。

戴木才：《培养担当民族复兴大任的时代新人——党的十九大报告关于社会主义核心价值观的重要论述》，《道德与文明》2017 年第 6 期。

方圆媛、黄旭光：《中小学人工智能教育：学什么，怎么教——来自"美国 K–12 人工智能教育行动"的启示》，《中国电化教育》2020年第 10 期。

盖君芳、黄宝忠：《教育人工智能：新的革命》，《浙江大学学报》（人文社会科学版）2022 年第 6 期。

宫长瑞、张迎：《人工智能时代思想政治教育叙事的转向及其实践》，《思想教育研究》2022 年第 9 期。

韩庆祥、陈曙光：《中国特色社会主义新时代的理论阐释》，《中国社会科学》2018 年第 1 期。

何玉长、宗素娟：《人工智能、智能经济与智能劳动价值——基于马克思劳动价值论的思考》，《毛泽东邓小平理论研究》2017 年第 10 期。

黄欣荣：《人工智能与人类未来》，《新疆师范大学学报》（哲学社会科学版）2018 年第 4 期。

姜李丹、薛澜：《我国新一代人工智能治理的时代挑战与范式变革》，《公共管理学报》2022 年第 2 期。

李伦、孙保学：《给人工智能一颗"良芯（良心）"——人工智能伦理研究的四个维度》，《教学与研究》2018 年第 8 期。

刘丽莉、周建超：《新时代推进社会主义核心价值观融入社会治理路径探赜》，《学校党建与思想教育》2018 年第 1 期。

刘鑫：《人工智能自主发明的伦理挑战与治理对策》，《大连理工大学学报》（社会科学版）2023 年第 7 期。

梅娟：《哲学向度中社会主义核心价值观的培育和践行》，《广西社会科学》2018 年第 1 期。

梅立润：《技术竞争与权力流动：人工智能时代国家治理权力的空间配置变化》，《哈尔滨工业大学学报》（社会科学版）2023 年第 3 期。

孟亚玲、武帅、魏继宗：《人工智能教育研究的现状、热点与趋势——基于 1979—2019 年 1043 篇人工智能教育文献的数据分析》，《现代教育技术》2020 年第 3 期。

欧阳英：《从马克思的异化理论看人工智能的意义》，《世界哲学》2019 年第 2 期。

齐志远、高剑平：《从延伸、强化到替代：人工智能对人类劳动的影响》，《自然辩证法通讯》2023 年第 7 期。

桑新民：《教育视野中的人工智能与人工智能教育——理念、战略和工程化设计》，《中国教育科学（中英文）》2022 年第 3 期。

沈壮海、段立国：《习近平社会主义核心价值观战略思想研究》，《东岳论丛》2017 年第 6 期。

孙伟平：《关于人工智能的价值反思》，《哲学研究》2017 年第 10 期。

万光侠、焦立涛：《人工智能赋能思想政治教育双重向度》，《思想教育
　　研究》2023 年第 5 期。

王锋、刘玮：《人工智能参与决策过程的挑战与图景》，《求实》2023 年
　　第 3 期。

王礼鑫：《马克思主义新认识论与人工智能——人工智能不是威胁人类
　　文明的科技之火》，《自然辩证法通讯》2018 年第 4 期。

王亮：《情境适应性人工智能道德决策何以可能——基于美德伦理的道
　　德机器学习》，《哲学动态》2023 年第 5 期。

肖贵清等：《人民主体地位：习近平治国理政新思想的核心理念》，《思
　　想理论教育》2016 年第 12 期。

徐伟：《论生成式人工智能服务提供者的法律地位及其责任——以 Chat-
　　GPT 为例》，《法律科学》（西北政法大学学报）2023 年第 4 期。

徐晔：《从"人工智能教育"走向"教育人工智能"的路径探究》，
　　《中国电化教育》2018 年第 12 期。

徐英瑾：《胡塞尔的意向性理论与人工智能关系刍议》，《上海师范大学
　　学报》（哲学社会科学版）2018 年第 5 期。

杨振闻：《习近平关于社会主义核心价值观的三个核心命题》，《毛泽东
　　研究》2017 年第 1 期。

袁利平、陈川南：《美国教育人工智能战略新走向——基于〈2019 年国
　　家人工智能研发战略计划〉的解读》，《外国教育研究》2020 年第
　　3 期。

张海生：《人工智能赋能学科建设：解释模型与逻辑解构》，《高校教育
　　管理》2023 年第 3 期。

张建文：《建设以阿西莫夫机器人学法则为基础的现代人工智能伦
　　理——以〈机器人学与人工智能示范公约〉的解读为基础》，《山东

社会科学》2020 年第 7 期。

张进宝、李凯：《中国人工智能教育研究现状的反思》，《电化教育研究》2022 年第 8 期。

张于喆、盛如旭：《人工智能治理的逻辑起点和路径抉择》，《宏观经济研究》2022 年第 7 期。

赵汀阳：《人工智能的自我意识何以可能?》，《自然辩证法通讯》2019 年第 1 期。

祝智庭：《教育人工智能（eAI）：人本人工智能的新范式》，《电化教育研究》2021 年第 1 期。

四　英文文献

David Carr, Jan Steutel, eds., *Virtue ethics and moral education*, Routledge, 2012.

Jerry Kaplan, *Human Need Not Apply: a guide to wealth and work in the age of artificial intelligence*, Yale University Press, 2015.

Kohli, Wendy, eds., *Critical conversations in philosophy of education*, Routledge, 2013.

Lesley, Jennifer Head, Atchison, *Cultural ecology: emerging human – plant geographie. s.*, Sage UK: SAGE Publications, 2009.

L. Philip, P. Arnold and Ann Grodzins Gold, Eds., *Sacred landscapes and cultviral politics*, Aldershot, England Burlington, VT: Ashgate, 2001.

L. Ricca Edmondson and Henrike Rau, Eds., *Environmental argument and cultural difference*, Oxford New York: Peter Lang, 2008.

Nils, J. Nilsson, *The Quest for Artificial Intelligence: A History of Ideas and Achievements*, New York: Cambridge University Press, 2010.

Philip Husbands, Owen Holland, Michael Wheeler, *The Mechanical Mind in History*, Cambridge: The MIT Press, 2008.

Philip Husbands, Owen Holland, Michael Wheeler, *The Mechanical Mind in History*，Cambridge：The MIT Press，2008.

Popkewitz T.，*Cultural history and education：critical essays on knowledge and schooling*，Routledge，2013.

Storey，John，*Cultural Theory and Popular Culture：An Introduction*（5th Edition），Pearson/Prentice Hall，2009.

后　记

　　人工智能与社会主义核心价值观教育的融合创新，是立足全面建成社会主义现代化强国的战略要义，深化推进科教兴国与文化强国的战略协同、价值融通与实践贯通。本书以马克思主义价值哲学、人学与技术观为学理基础，阐释人工智能与社会主义核心价值观教育融合创新的必要性意义与重要性价值，探究二者融合创新的现实性境遇与可行性路径，以期深化二者之间的契合性、融通性与协同性研究。

　　鉴于作者水平有限，本书存在着一些粗疏与不足之处。在此，诚挚期望得到学界专家、学者和读者的批评指正。本书参考、吸取和借鉴了许多专家、学者的研究成果，在此表示由衷的感谢。本书的出版得到了中国社会科学出版社领导和同志们的指导、关心与支持，特别是本书责任编辑许琳同志的悉心指点与心血付出，在此一并致以诚挚的感谢。

作者

2024 年 1 月